日本の
局地風
百科

真木 太一 著

HUNDRED LOCAL WINDS IN JAPAN

丸善出版

ま え が き

　編者として出版した『図説　日本の風』（朝倉書店，2022．以下，『日本の風』）では，多くの項目も執筆したが，今回は局地風全体を『日本の局地風百科』と題して執筆した．

　『日本の風』では専門的な事項，局地風の特性を理解している専門的知識を有する執筆者に依頼して対応したが，書き方にバラエティがあり，良かったと思う一方，ある程度統一したスタイルで改めて執筆したいとも考えていた．また，局地風の気象特性についての用語は，時代とともに拡大的解釈をしたり，利用拡大されたりすることがあるので，使い方や内容の一部を軌道修正するためにも新たな単行本として出版することを目指した．

　さらに，『日本の風』では 50 の局地風を解説したが，今回は 100 の局地風に倍増させて，単独で執筆することにした．実際は 110 ほどの局地風が選定されたが 100 に絞った．

　なお，筆者は以前に『風の事典』を丸善出版から編集委員長として出版し，200 以上の項目について共同で解説した．また『沙漠の事典』（丸善出版）にも関与した．それぞれ気象用語，局地風，沙漠用語等々を解説しており，ある意味，本書と共通点・類似点がある．そして，局地風の特性を視覚に訴えるために国土地理院の色別標高地図，気象庁の天気図や衛星画像を多用し，局地風と関連する地形・状況等を表現するために，付近の関連写真も可能な限り整えた．一方，トーウツ岳，檜前山，肱川・川内川・円山川などの一部の写真は提供を受けた．提供者に対して謝意をあらわしたい．

　なおまた，局地風の特性については，いまも新たな情報が出ていることから今後とも情報を収集していく予定である．

　　つくば市梅園公園の紅白梅の花を観賞後

　　2025 年 2 月

　　　　　　　　　　　　　　　　　　　　　　真　木　太　一

は　じ　め　に

　本書では，まず日本を 9 地区に区分して最初に気候・地形的な事項を記述した．局地風名と関連する地域（9 地区），地形，地理，気候等のことを簡単に説明したあとで，局地風の吹く地域，風向，風速，天気図，天候，関連産業等について解説している．

　局地風名に関しては，名称が同じで別の局地風である場合や，同一の局地風であるのに別の局地風名である場合は，それぞれについて解説していく．なお，局地風名は高山や河川，特に当該地域で有名な日本百名山・日本百高山の名称が風向とはあまり関係なく付けられる場合がある．たとえば，空っ風の「筑波おろし（颪）」は，実際の風向とは無関係である．また，局地風名と関連する日本百名山・日本百高山等に関する情報も記載した．

　また，100 の局地風は北からと東から順に番号を付けている．対象地域が重なることがあるが，その場合はおもに局地風の影響地域を考慮した番号付けとしている．中部地方については連続的な記述ではないが，中部地方北部（北陸地方：新潟県・富山県・石川県・福井県）と中部地方中南部（山梨県・長野県・岐阜県・静岡県・愛知県）に区分し，そのあいだに関東地方が入る順としている．

　「やませ」は地域指定の固有名詞が付いていないが，各地のやませを局地風の集合体として記述した．たとえば北海道やませ，東北地方やませなどがその例である．

　局地風の選定の基準は，主として日最大風速と日最大瞬間風速の順位に従い，最大 5 位までとしている．色別標高地図はできるだけ同じ 10 km スケール（地図の左下に表示）で統一した．したがって，複数の局地風が入った地図となるが，相互関係がわかると思われる．また，最大風速・最大瞬間風速が吹いた日の日本時間 9 時の天気図は 2002 年以降の地上天気図を示している．一部，「デジタル台風」（国立情報学研究所）の天気図はあるが，範囲が広過ぎ，不鮮明であるため，一部の使用に止めている．したがって，最大風速，最大瞬間風速の歴代（観測史上）1 位でない場合の天気図もあるが，そ

れは変化のある天気図の比較の意味もある中で，気象状況・気圧配置はおおむね一致した特性を有すると考えて使用している．天気図は各局地風に対して妥当な図を選定する一方，各節1枚程度として，天気図が重複しないように心掛けた．

気象データは主として気象庁のデータを使用している．気象台・測候所等のデータが含まれるが，アメダスのデータに関しては「アメダス札幌・雄武」などとして，最初に「アメダス」を付けている．長年のアメダスのデータが整ってきたので，局地風の解析の精度がより高くなっている．今後も一層の多数化・精密化が進むことと期待される．

なお，本書では100の局地風を選定したが，実際はそれ以上の局地風がある．論文での記述，地域で耳にする場合，文献で見る場合など種々ある．中にはほとんど使用されていない局地風名もあるので，それらについては本書では採用しなかった．

なお，巻末付録として一覧表と局地風の風向地図を示した．図中の番号は局地風毎に区分している．

目　次

第Ⅰ章　北海道地方
1. ひかた風（ひかた）　1／2. ルシャ風　4／3. 羅臼だし（羅臼風）　7／4. 斜里おろし　10／5. 十勝風　13／6. ひかただし（ひかた）　19／7. 手稲おろし　23／8. 寿都だし　26／9. 樽前おろし　29／10. 日高おろし　31／11. 日高しも風・オロマップ風　34／12. 襟裳岬風（襟裳風）　37

第Ⅱ章　東北地方
13. やませ　41／14. 八甲田おろし　46／15. 岩木おろし　49／16. 岩手おろし　52／17. 生保内だし（生保内東風）　54／18. 鳥海おろし　58／19. 清川だし　61／20. 月山おろし　64／21. 蔵王おろし　66／22. 吾妻おろし　68／23. 安達太良おろし　71／24. 盤梯山おろし　74

コラム①　2種類の『風の事典』　76

第Ⅲ章　北陸地方（中部地方北部）
25. 三面だし　79／26. 荒川だし　82／27. 胎内だし　85／28. 飯豊おろし　88／29. 安田だし　91／30. 関川だし（関川おろし）　94／31. 姫川だし（姫川おろし）　97／32. 白馬おろし　101／33. 立山おろし　104／34. 神通川だし（神通川おろし）　108／35. 庄川あらし（庄川だし）　111／36. 井波風（井波だし）　114／37. 砺波だし　118／38. 白山おろし　120

第Ⅳ章　関東地方
39. 那須おろし　125／40. 男体おろし（日光おろし）　129／41. 上州お

ろし　134／42. 赤城おろし　138／43. 榛名おろし　141／44. 白根お
ろし（草津白根おろし）　144／45. 浅間おろし　146

コラム②　関東地方の空っ風　149

コラム③　山越え気流による局地風モデル　150

コラム④　関東地方の局地風のボラとフェーンの特徴　151

46. 妙義おろし　152／47. 筑波ならい　154／48. 筑波おろし　157
／49. 下総赤風　163／50. 下総ならい・下総ごち　166／51. 秩父お
ろし　170／52. 練馬風　173／53. 丹沢おろし　176／54. 大山お
ろし　179／55. 箱根おろし　182

コラム⑤　筑波山の斜面温暖帯利用のミカン栽培とそれを支える筑波風　186

コラム⑥　三宅島・御蔵島の風況と航空機による人工降雨実験　186

コラム⑦　春一番・木枯らし1号と黄砂発生日数　188

第Ⅴ章　中部地方中南部

56. 八ヶ岳おろし　191／57. 笹子おろし　196／58. 富士おろし　201
／59. 富士川おろし　206／60. 西山おろし　211／61. 碓氷おろし
215／62. 鉢盛おろし　220／63. 乗鞍おろし　223／64. 御嶽おろし
227／65. 益田風　230／66. 遠州おろし　233／67. 三河空っ風（三
河の空っ風）　236／68. 伊吹おろし　238

第Ⅵ章　近畿地方

69. 鈴鹿おろし　245／70. 平野風　248／71. 風伝おろし（尾呂志）
252／72. 比良おろし（比良八荒）　256／73. 比叡おろし　260／74. 三井
寺おろし　263／75. 北山おろし　265／76. 生駒おろし　269／77. 信
貴おろし　272／78. 葛城おろし　274／79. 金剛おろし　277／80. 由
良川あらし　278／81. 円山川あらし　281／82. 六甲おろし・摩耶おろし
284

コラム⑧　強風と鉄道事故　287

目 次　vii

第Ⅶ章　中 国 地 方
83. 大 山 お ろ し　289／84. 広戸風（那岐おろし）　292／85. やまえだ（や
まえだ風）　296／86. 弥 山 お ろ し　299

第Ⅷ章　四 国 地 方
87. 剣おろし（剣山おろし）　305／88. や ま じ 風　308／89. 西条あら
せ　311／90. 石 鎚 お ろ し　316／91. 肱 川 あ ら し　320／92. わ た く し
風　325
コラム⑨　愛媛県西条市上空での液体炭酸散布による人工降雨　329
コラム⑩　高知空っ風（高知の空っ風）　330

第Ⅸ章　九州・沖縄地方
93. みのう山おろし（みのうおろし）　333／94. 大　　根　　風　338／95. ま
つぼり風（阿蘇おろし）　341／96. 白川だし（阿蘇おろし）　348／97. 霧 島
お ろ し　353／98. 川内川あらし　357／99. 開 聞 お ろ し　362／100. ニ
ンガチ・カジマーイ（二月風廻り）　366
コラム⑪：沖縄の風向・風速の特徴　371

付録①　日本の100局地風の一覧（発生地域，風速，風向，季節，気圧配置
　　　　など）　374
付録②　日本の100局地風の発生位置と風向の概略　380
お わ り に　381
引用・参照文献　383
索　　引　395

第 I 章　北海道地方

　北海道は亜寒帯気候区に属し，オホーツク海・太平洋・日本海に面し，大雪山系，日高山脈があるため気候が大きく異なる．年平均気温は5〜10℃，年降水量は700〜1700 mm である．北海道には梅雨はないとされるが，蝦夷梅雨の用語を使う場合もある．夏季は太平洋高気圧に覆われる時期もあるが，太平洋側ではやませの霧が多く発生する．冬季の日本海側は雪日や曇天が多く，太平洋側は晴天が多い．冬季にオホーツク海で流氷に覆われるなどの特徴がある．

　本章では北海道地方の局地風（ひかた風，ルシャ風，羅臼だし，斜里おろし，十勝風，ひかただし，手稲おろし，寿都だし，樽前おろし，日高おろし，日高しも風，襟裳岬風）を解説する．なお，「ひかた」の局地風は雄武・興部地方と余市・小樽地方にあるが，区別するために，前者を「ひかた風」，後者を「ひかただし」とし，複数の名称はあとに記述した．

1. ひかた風（ひかた）

　ひかた風の吹く北海道北部雄武町・興部町付近の色別標高地図（国土地理院）を図1-1に示す．

　北海道のオホーツク海沿岸の気候は亜寒帯湿潤気候であり，冬季1〜2月に流氷が押し寄せる．ひかた風（日方風）は春季（3〜5月）に，そのオホーツク海沿岸の雄武町，興部町付近で吹く強風である．オホーツク海を低気圧が通過すると，北見山地を越えた風はトーウツ岳（図1-2，図1-3）の北側の雄武川とそれにほぼ並行に流れる当沸（トーウツ）川河口付近で雄武川に合流する地域，すなわち雄武川と当沸川に沿った低地域を南西から西南西方向より吹き降（下）ろし，しばしばフェーン風（高温風・乾燥風）を伴う（真木，2022；鮫島，2022）[1],[2]．春季を中心に晴天日に多く吹くが，夏秋季にも台風や低気圧の通過と関連して吹くことがある．ひかた風は南高北低の気圧配置で等圧線が東西に走るときに突然，強く吹く特徴があり，吹き始めには雄武の南南西方向のトーウツ岳山頂付近に白い綿雲（風枕・かざ枕）が懸かるとされる．

　アメダス雄武の春季の南西寄りの最大風速（日最大の10分間平均風速）・風向（発生日）は32.7 m/s 西南西（1948年5月12日），32.0 m/s 西南西（1947年5月25

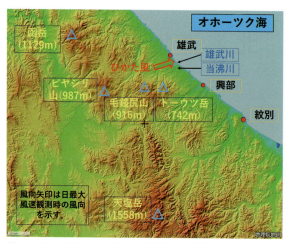

図1-1 ひかた風の吹く地域の色別標高地図［国土地理院の地図をもとに筆者作成］

図1-2 海上から望むトーウツ岳 ［雄武町観光協会提供］

図1-3 山麓から望むトーウツ岳の方向からひかた風が吹く［北見山岳会提供］

日），30.7 m/s 西南西（1948年4月10日），28.1 m/s 西南西（1952年5月14日），26.7 m/s 西南西（1944年5月24日）であり，最大瞬間風速（日最大の瞬間風速）は39.5 m/s 西南西（1971年4月12日），39.3 m/s 南西（1964年4月26日），37.3 m/s 西南西（1979年4月9日），35.8 m/s 西南西（1967年4月5日），34.5 m/s 西南西（1967年5月15日）である．

　最強風速と風向範囲を集約すると最大風速は33 m/s（最大風速の最強を四捨五入，風向は5例の吹く風向範囲，以下同様），西南西であり，最大瞬間風速は40 m/s（最大瞬間風速の最強を四捨五入，風向は5例の風向範囲，以下同様），南西から西南西，季節は春季中心である．最大風速・最大瞬間風速ともに大きく，風向は西南西で安定している．

なお，ここではフェーンを伴う春季のひかた風に絞ったが，冬季1946年12月27日の最大風速は西南西33.3m/sを，また台風期に秋季2004年9月8日の最大瞬間風速は南西51.5m/sを記録している．

最大風速記録日1948年5月12日の気象（当日内の値，以降同様の順で記述）は日降水量0.2mm，日最低気温・日最高気温10.7℃，17.1℃，日最小湿度24%，日平均風速16.7m/s，日最大風速風向32.7m/s西南西，日最大瞬間風速・風向なし，日日照時間13.4hであり，最大瞬間風速記録日1971年4月12日の気象は，上記の順に，0mm，2.1℃，11.2℃，28%，10.9m/s，22.3m/s西南西，39.5m/s西南西，6.8hである．

さて，海難事故が発生した2004年5月26日のアメダス雄武では7時頃に強風が吹き，26日の気象は最大風速15.1m/s西南西，最大瞬間風速27.5m/s西南西，最低気温11.5℃，最高気温24.3℃，最小湿度38%，日照時間8.9h，晴天であり，同日9時の天気図（地上天気図）では，北海道北部に994hPaの前線を伴った低気圧があり南高北低であった．

最近の代表的な強風記録日2020年5月8日の雄武の気象は最低気温−0.8℃，最高気温21.3℃，最大風速13.5m/s西南西，最大瞬間風速22.1m/s西，最小湿度22%，日照時間13.0hであり，紋別では2.0℃，23.1℃，9.5m/s西南西，22.7m/s西，15%，13.4hであった．同日9時の地上天気図（図1-4）は，樺太北西方に1000hPaの低気圧，関東に2022hPaの高気圧の南高北低の気圧配置で雄武では強風が吹いた．

次に台風期で最大瞬間風速更新日2004年9月8日の雄武の気象は最大風速27.6m/s南西，最大瞬間風速51.5m/s南西（記録更新），日平均8.9m/s，最低気温16.8℃，最高気温31.0℃，最小湿度34%，日照時間7.6h，晴後雨（1.5mm）で強風となった．興部では最大風速22.0m/s南西，16.5℃，31.5℃，7.4hであった．同日9時の天気図は，台風18号から変わった温帯低気圧968hPaが北海道西方を通過して強風が吹いた．

2011〜2020年の春季3〜5月（920日）のアメダス雄武では最高気温が平年値より10℃以上高い日が66日，8℃以上が108日であり，風向は南西から西南西（例外が2日あり）で平均最大風速は10.5m/sで，年間では10日程度，ひかた風のフェーン風が吹く（鮫島，2022）[2]．

なお，雄武付近の産業としては酪農が盛んであり，漁業ではサケ・マス漁，ホタテ貝の養殖も盛んで，これらは雄武ブランドとして有名である．紋別では流氷観光のための砕氷船「ガリンコ号」が人気である．

4　第Ⅰ章　北海道地方

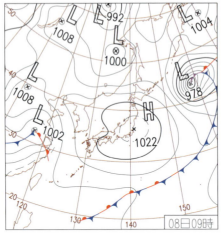

図1-4　ひかた風が吹いた2020年5月8日9時の天気図［気象庁提供］

2. ルシャ風

　ルシャ風，羅臼だし，斜里おろしの吹く道東・知床半島域の色別標高地図を図2-1に示す．

　北海道東部の知床国立公園のある知床半島を南西－北東に続く中央山地には海別

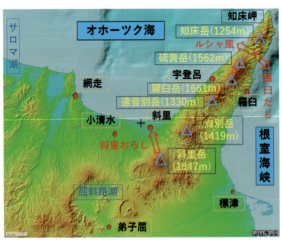

図2-1　ルシャ風，羅臼だし，斜里おろしの吹く地域の色別標高地図［国土地理院の地図をもとに筆者作成］

図 2-2　知床半島のオシンコシンの滝 (2016 年 9 月 2 日) [筆者撮影]

図 2-3　知床五湖 (斜里町) の一湖 (2016 年 9 月 3 日) [筆者撮影]

岳，遠音別岳，羅臼岳，硫黄岳，知床岳等がある．知床半島は寒冷気候に区分され，ヒグマの生息密度が高い知床国立公園のある自然豊かな半島である (図 2-2，図 2-3)．

　ルシャ風 (ルシャおろし，ルシャだし) は硫黄岳・知床岳間の鞍部を半島東側のルサ川から西側のルシャ湾にルシャ川沿いに吹き出す南東風で，風速 25 m/s 以上の強風となる．なお知床半島のルシャ川は北西側，ルサ川は南東側を流れる．夏季のルシャ湾ではときに突然強風が吹くことがあり，カヤックや遊覧には注意を要する．ルサ川 - ルシャ湾は谷地形になっており，そこを吹き抜けると，収束風から谷地で地峡風となりルシャ湾では発散風となり強風化する特性があり，周辺では弱風でも気圧配

6 　第 I 章　北 海 道 地 方

置の影響によっては強風となることがある．すなわち北方に低気圧，南方に高気圧の
北高南低の気圧配置の場合に発生が多く，低気圧の通過前に吹くことも多い．現地の
気象データはないが，アメダス宇登呂から南東風を評価すると強風は東から南風であ
る．

　気象データ（通年・全年，5位まで）はアメダス宇登呂の最大風速・風向（記録日）
は20.0 m/s 東南東（1994年2月22日），18.0 m/s 南東（1994年3月9日），17.0
m/s 東南東（2004年5月3日），17.0 m/s 南東（2000年1月7日），16.3 m/s 南東
（2010年4月13日）であり，最大瞬間風速・風向は41.6 m/s 東（2013年4月7日），
35.9 m/s 南東（2009年3月23日），35.3 m/s 東（2018年3月1日），33.8 m/s 南東
（2012年12月4日），33.6 m/s 東（2014年12月17日）である．最強風速を集約する
と最大風速は20 m/s であるが，文献（吉野，1986；真木，2022）[1,2]からの補正で25
m/s，風向は東南東から南東，最大瞬間風速は42 m/s，東から南東，季節は冬季と春
季である．

　宇登呂の最大風速記録日1994年2月22日の気象（日内）は降水量60 mm，最低気
温・最高気温−1.5℃，4.4℃，平均風速8.9 m/s，最大風速（風向）20.0 m/s 東南
東，最多風向東南東，日照時間0 h であり，最大瞬間風速記録日2013年4月7日の気
象は上記の順に145 mm，5.4℃，8.7℃，8.4 m/s，14.5 m/s 東南東，41.6 m/s 東，
最多風向南東，0 h である（4節・斜里おろしの図4-3，p.11）．

　また，ルシャ風が吹いたとされる最大瞬間風速2位2009年3月23日の宇登呂の気
象は日降水量25 mm，最低気温・最高気温−2.3℃，9.4℃，日平均風速3.6 m/s，日
最大風速・最大瞬間風速（風向）14.0 m/s 南東，35.9 m/s 南東，最多風向南東，日
照時間0 h で，アメダス羅臼では上記の順に57 mm，−1.7℃，7.0℃，4.7 m/s，10.3
m/s 北西，21.0 m/s 北西，最多風向北西，0 h であった．アメダス斜里では5 mm，
−1.0℃，8.2℃，2.3 m/s，8.0 m/s 南東，最多風向北東，0 h であった．同日9時の
天気図（図2-4）では，樺太南部に988 hPa の低気圧，東北太平洋側に992 hPa の低
気圧が南北にあり，大陸に1040 hPa の高気圧の西高東低である．なお，半島内陸中
央部付近で北西・南東方向に，気流がオホーツク海側と太平洋側に吹き出し，だし風
となることも多い．

　直近発生の2022年4月23日の知床遊覧船遭難事故（26名全員の死亡・行方不明）
と気象との関連性について，ウトロ港では弱風，網走やルシャ湾を含む知床北西域で
強風が吹いた．同日9時の天気図によると990 hPa の低気圧が樺太南部のオホーツク
海側に出ており，丁度，寒冷前線が知床を通過して天候が悪化した．宇登呂の同日の
気象は降水量0 mm，最低気温・最高気温2.5℃，15.5℃，平均風速2.2 m/s，最大風
速・最大瞬間風速（風向）5.5 m/s 南西，13.4 m/s 南西，最多風向南南西，日照時間
0.7 h であり，風速はあまり強くないが天候は良くない．一方，斜里では上記の順に

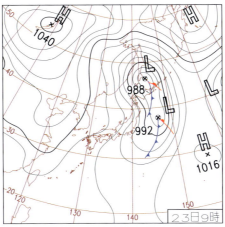

図 2-4 ルシャ風が吹いた 2009 年 3 月 23 日 9 時の天気図 [気象庁提供]

0 mm，-1.3℃，17.0℃，3.6 m/s，7.6 m/s 北北西，12.2 m/s 北北西，最多風向北北西，1.4 h，同程度であり，網走では 0.5 mm，3.1℃，17.9℃，31%，7.1 m/s，17.8 m/s 北西，25.1 m/s 北北西，5.8 h で強風であるように，時刻（強風の移動，場所）で風向，風速が大きく変わっているが，出港時の気象が出港判断に影響したと推測される．

3. 羅臼だし（羅臼風）

羅臼だしの吹く地域の色別標高地図は 2 節の図 2-1（p.4）を参照．羅臼岳（1661 m）は日本百名山（深田久弥選定）である（図 3-1，図 3-2）（真木，2019)[1]．

羅臼だし（羅臼風）は北海道北方を低気圧が通過し，南にのびた寒冷前線が知床半島を通過するときに硫黄岳・知床岳間および羅臼岳・知西別岳間の鞍部を吹き降りる北西のボラ風（真木，2022)[2]であり，低気圧の通過後に吹くことが多い．この北西の吹き降ろし（だし）風に，付近の有名な羅臼岳の名称を冠した局地風名である．

アメダス羅臼の最大風速は 21.9 m/s 北西（2016 年 10 月 21 日），21.3 m/s 北西（2012 年 2 月 16 日），21.0 m/s 北西（2006 年 11 月 23 日），20.8 m/s 北西（2017 年 1 月 29 日），20.6 m/s 北西（2008 年 12 月 27 日）であり，最大瞬間風速は 41.9 m/s 北北西（2016 年 10 月 21 日），41.1 m/s 北西（2009 年 2 月 21 日），38.1 m/s 北北西（2017 年 12 月 25 日），38.1 m/s 西北西（2008 年 12 月 27 日），37.9 m/s 北西（2015 年 3 月 2 日）である．最強風速と風向範囲を集約すると最大風速は 22 m/s，北西，最

8　第Ⅰ章　北海道地方

図3-1　ハイマツが覆う中腹より見た羅臼岳（1661 m）（2016年9月3日）［筆者撮影］

図3-2　頂上近くの羅臼岳（1661 m）（2016年9月3日）［筆者撮影］

大瞬間風速は42 m/s，西北西から北北西，季節は秋から春季である．
　羅臼の最大風速・最大瞬間風速記録日2016年10月21日の気象は日降水量10 mm，最低気温・最高気温1.3℃，6.8℃，日平均風速10.4 m/s，日最大風速・最大瞬間風速とその発生時の風向21.9 m/s北西，41.9 m/s北北西，最多風向北西，日照時間2.2 hである．この風はボラ（乾燥・低温）風であり，羅臼だしの典型的な事例として，同日9時の天気図（図3-3）は，沿海州に1028 hPaの高気圧，オホーツク海に976 hPaの低気圧があり西高東低の気圧配置であった．札幌上空1500 mの9時の気

3. 羅臼だし（羅臼風）　9

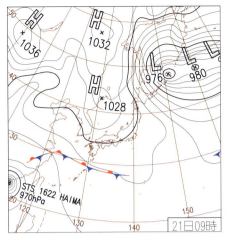

図 3-3　羅臼だしが吹いた 2016 年 10 月 21 日 9 時の天気図［気象庁提供］

温は 11 月下旬並の低温であり，アジア大陸から寒気が流入していた．

　また，最大風速 2 位の 2012 年 2 月 16 日の宇登呂の気象は順に 0.5 mm，−11.6℃，−8.9℃，2.3 m/s，8.0 m/s 西北西，18.0 m/s 北西，最多風向北西，0.1 h．羅臼の気象は順に 4.5 mm，−11.1℃，−6.1℃，7.6 m/s，21.3 m/s 北西，35.7 m/s 西北西，最多風向北西，6.1 h であり，同日 9 時の天気図では，大陸に 1052 hPa の高気圧，千島沖に 984 hPa の低気圧があり西高東低の気圧配置であった．なお，ルサ川の谷地では地峡風の影響があり，下流域では発散風となったと推測される．

　さらに，最大瞬間風速歴代（観測史上）2 位の 2009 年 2 月 21 日の宇登呂の気象は上記の順に降水量 5.0 mm，−8.7℃，−1.2℃，6.1 m/s，11.4 m/s 北北西，24.0 m/s 北北西，最多風向北西，0 h，宇登呂では珍しく北北西であった．羅臼では 10.0 mm，−8.0℃，0.8℃，7.4 m/s，18.5 m/s 北西，41.1 m/s 北西，最多北西，0 h であり，同日 9 時の天気図では，朝鮮半島南西端に 1024 hPa の高気圧，知床付近に 964 hPa の低気圧があり西高東低の気圧配置であった．

　羅臼だしの風向は安定した北西風であり，ほぼ羅臼岳の風下に当たることからも，最適の名称付けである．

　なお，1954 年 5 月 10 日に羅臼だしの暴風によって大海難事故が発生した．知床付近で 952 hPa に発達した低気圧によって，羅臼沖の漁船が転覆して 30 余名が犠牲になり，東北・北海道の各地で 360 余名の死者・行方不明者が出た．以来，5 月の嵐を「メイストーム」と呼ぶようになった．また，1959 年 4 月 6 日には知床付近で 986 hPa の低気圧により海陸で強風となり，死者 90 余名が出た（鮫島，2022）[3]．

4. 斜里おろし

　斜里おろしの吹く地域の色別標高地図は2節の図2-1（p.4）を参照．斜網地域（網走市，小清水・清里・斜里町一帯）では春季に移動性高気圧の後面に入ると斜網の強風と呼ばれる「フェーン」を伴った南から南東寄りの強風が吹く．これは斜里（斜里岳）おろしと呼ばれている．なお，おろし風とあるが，必ずしも風下域の吹き降ろし域だけでなく，風の吹く周辺域で有名な山の名称を被せた風名である．斜里岳（1547

図4-1　朝露に濡れた斜里岳への登山道（2016年9月2日）
　　　［筆者撮影］

図4-2　斜里岳（1547 m）頂上近くの眺望（2016年9月2日）
　　　［筆者撮影］

m）は日本百名山に選ばれている（図 4-1，図 4-2）．

アメダス斜里の通年（全年）の南寄りの最大風速は 24.0 m/s 南（1995 年 3 月 17 日），23.4 m/s 南（2021 年 12 月 1 日），21.1 m/s 南（2013 年 11 月 10 日），20.7 m/s 南東（2013 年 4 月 7 日），19.6 m/s 南東（2017 年 4 月 18 日）であり，最大瞬間風速は 37.9 m/s 東南東（2013 年 4 月 7 日），34.7 m/s 南東（2017 年 4 月 18 日），34.3 m/s 南（2021 年 12 月 1 日），33.9 m/s 南南西（2013 年 11 月 10 日），32.0 m/s 東南東（2017 年 9 月 18 日）である．最強風速と風向範囲を集約すると最大風速は 24 m/s，南東から南，最大瞬間風速は 38 m/s，東南東から南南西（南東から南），季節は秋季から春季である．

最大風速記録日 1995 年 3 月 17 日の気象は降水量 9 mm，最低気温・最高気温 0.2℃，8.9℃，平均風速 10.7 m/s，最大風速・最大瞬間風速（風向）24.0 m/s 南，最多風向南，日照時間 2 h であり，最大瞬間風速記録日 2013 年 4 月 7 日の気象は 69 mm，3.4℃，8.1℃，10.4 m/s，20.7 m/s 南東，37.9 m/s 東南東，最多風向南東，0 h である．同日 9 時の天気図（図 4-3）は秋田沖に 972 hPa と三陸に 978 hPa の低気圧があり，東から北日本を中心に大雨や暴風が続き，斜里町宇登呂で最大瞬間風速 41.6 m/s であった．

最近の典型事例として 2019 年 5 月 20 日のアメダス斜里の気象は降水量 0 mm，最低気温・最高気温 15.7℃，22.8℃，平均風速 11.1 m/s，最大風速・最大瞬間風速（風向）17.2 m/s 南，26.8 m/s 南，最多風向南，日照時間 12.2 h で，フェーンの強風が吹いた．同日 9 時の天気図では大陸に 984 hPa，本州のはるか東方に 1032 hPa の高

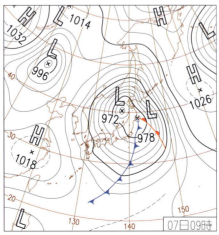

図 4-3　斜里おろしが吹いた 2013 年 4 月 7 日 9 時の天気図［気象庁提供］

12　第Ⅰ章　北海道地方

図4-4　小清水地区の防風林の配置状況の地図［国土地理院提供］

図4-5　ジャガイモを風から守るエゾマツ防風林（1998年8月1日）［筆者撮影］

図4-6　収穫間近のコムギとエゾマツ・トドマツ防風林（1998年8月1日）［筆者撮影］

気圧があった．

最近の別の事例として，2018年5月23日の気象は0 mm，6.2℃，29.2℃，4.8 m/s，16.0 m/s南南西，22.4 m/s南，最多風向南，10.7 hで，特にフェーンが猛烈で，最高気温・最低気温差（日較差）が特大の23℃にも達した．なお，北海道女満別では30.1℃の真夏日になった．同日9時の天気図では，九州北部に1004 hPaの低気圧があり，1022 hPaの移動性高気圧の中心ははるか東の太平洋上に移動して，いわゆる高気圧の背面になり，高気圧からの南寄りの吹き出しが強かった．

このような日には，吹き上げられた畑の土粒子により出芽したばかりの農作物やテンサイの葉に風害を起こすおそれがある．なお，斜網地域では風害防止のために，防風林が整備されており，幅50 m以上の基幹防風林が2 kmの間隔で配備され，そのあいだに100 m程度の間隔で農地防風林が格子状に配置されている（図4-4，図4-5，図4-6）．

5. 十勝風
   と かち かぜ

狩勝峠・十勝平野で十勝風の吹く地域の色別標高地図を図5-1に示す．

十勝岳（2077 m）は噴煙を上げる活火山で十勝（岳）連峰の最高峰（図5-2，図5-3）であり，日本百名山に選ばれている．この十勝風の名称は，しばしば利用される有名な高山の名称，十勝岳からである．

十勝風は十勝平野で吹く強風で乾燥を伴うと砂塵の飛散が激しい．北海道北方を低気圧が通過する際に吹き返す西北西寄りの20 m/sの風であり，初春3～4月や晩秋か

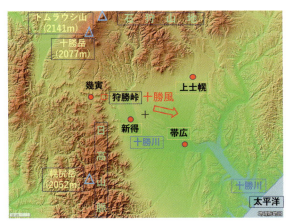

図5-1　十勝風の吹く十勝地域の色別標高地図［国土地理院の地図をもとに筆者作成］

14　第Ⅰ章　北海道地方

図5-2　石狩山地南西の十勝岳の勇姿（2016年7月17日）[筆者撮影]

図5-3　噴煙を上げる活火山・十勝岳（2016年7月17日）[筆者撮影]

ら初冬の11～12月頃に吹きやすい．なお，力石・蓬田（2006）[1]によると10～5月に発生が多く日中に多い．一方，7～8月は少ない．また，関東の空っ風と同様の気象条件下で発生し同様な日変化を示すが，十勝風の発生は上述の通りであり，空っ風は2月と3月に多い．

　アメダス帯広の西寄りの最大風速は20.3 m/s 西北西（1936年4月27日），20.2 m/s 西（1954年5月10日），19.1 m/s 北西（1951年4月10日），19.1 m/s 西北西（1951年2月23日），19.0 m/s 西北西（1953年1月11日）であり，最大瞬間風速は28.0 m/s 西北西（1995年10月25日），27.8 m/s 西北西（1987年9月1日），27.3

m/s 西北西（2006年3月20日），27.0 m/s 北西（2004年4月21日），26.7 m/s 北北西（1999年9月25日）である．最強風速と風向範囲を集約すると最大風速は20 m/s，西から北西であり，最大瞬間風速は28 m/s，西北西から北北西，季節は秋から春季である．なお，風速は統計期間差の関係から最大風速が大きい一方，最大瞬間風速は相対的に小さい．

　最大風速記録日1936年4月27日の気象は降水量0.3 mm，最低気温・最高気温3.7℃，10.7℃であり，最大瞬間風速記録日1995年10月25日の気象は13.5 mm，9.9℃，17.2℃，最小湿度58％，2.8 m/s，13.5 m/s 西北西，28.0 m/s 西北西，1.3 h ある．

　最大瞬間風速3位の2006年3月20日の気象は0 mm，－2.0℃，2.6℃，41％，9.2 m/s，12.8 m/s 西北西，27.3 m/s 西北西，8.4 h であり，同日9時の天気図は北海道東方に964 hPa の低気圧，東シナ海に1022 hPa の高気圧があり，千島近海で低気圧が急激に発達し，北日本中心に強い冬型の気圧配置である．

　最近の十勝風の典型事例（真木，2022）[2]，2022年4月23日の気象は0.0 m，6.6℃，18.9℃，最小湿度36％，4.7 m/s，12.4 m/s 西北西，19.0 m/s 西，10.7 h であり，同日9時の天気図（図5-4）は，朝鮮半島に1014 hPa の高気圧があり，北日本では強風が吹いた．990 hPa の低気圧が南樺太を通過したあとで，帯広では寒冷前線が通過した直後である．

　さて，2022年4月23日の日最低気温・最高気温の分布を図5-5示すように，上川地方では低く，アメダス幾寅で－0.8℃，11.7℃，十勝地方のアメダス上士幌で

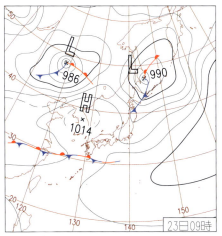

図5-4　十勝風が吹いた2022年4月23日9時の天気図［気象庁提供］

16　第Ⅰ章　北海道地方

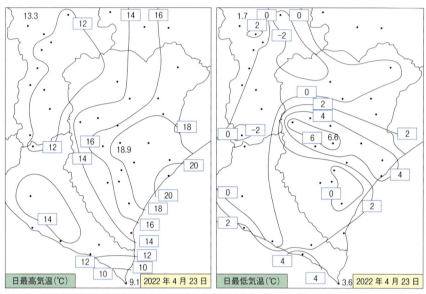

図5-5　2022年4月23日の十勝地方の日最高・最低気温分布［筆者作成］

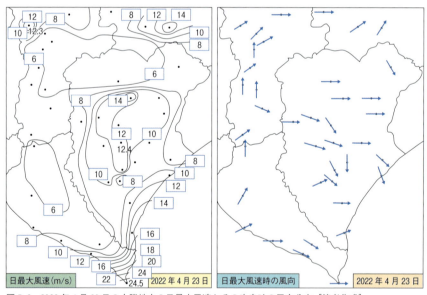

図5-6　2022年4月23日の十勝地方の日最大風速とその吹走時の風向分布［筆者作成］

−1.4℃, 15.2℃, 帯広で6.6℃, 18.9℃と高くなっている. 帯広地域の最高・最低気温ともに高い状況が出ており, 最低気温ではアメダス芽室から帯広の地域が高くなっている. 次に図5-6に2022年4月23日の日最大風速とそのときの風向分布を示した. 日最大風速は概して上川地方で小さく十勝地方で大きい. これは狩勝峠を越えて東方に吹き降ろすためであり, その状況をよくあらわしている.

最大風速・最大瞬間風速, 風向は風上側の地峡風の吹くアメダス幾寅で7.1 m/s 西北西, 20.4 m/s 南南西, 風下のアメダス上士幌では14.0 m/s 西, 21.2 m/s 西, アメダス帯広で12.4 m/s 西北西, 19.0 m/s 西である. 風向は風上の幾寅付近で西から南, 山越え後は西から西北西が多く, 帯広の南では北西が多い. ほかの日には北西寄りも多い. 日最小湿度は上川地方で50％以上と大きく, 十勝地方で小さく, 帯広で36％であり, 日平均湿度は70％以上と大きく, 帯広で63％と十勝地方で小さい. 日照時間は上川地域で0時間, 十勝地域で12時間と多い.

上記の気象特性により, 十勝岳 (2077 m) – 幌尻岳 (2052 m) 間の切れ目である幾寅 (350 m) – 狩勝峠 (644 m) から, 帯広への山越え気流の特徴的な気象特性変化が見られる.

また, 2022年4月28日にもほぼ同様の気象現象を観測している. 同日9時の天気図では962 hPaの低気圧が樺太北部にあり, 北海道はまだその影響下にある. 最低・最高気温は幾寅で0.0℃, 11.0℃, 上士幌で−1.2℃, 13.4℃, 帯広で7.3℃, 15.9℃の気温特性があり, 最大風速・最大瞬間風速, 風向は風上の地峡風の幾寅で9.3 m/s 西, 18.8 m/s 西, 上士幌で10.7 m/s 西北西, 20.8 m/s 西北西, 帯広で9.8 m/s 西北西, 17.7 m/s 西北西の風特性を示した.

図5-7　十勝地方の麦作保護用の防風林 (2015年7月23日)
　　　［筆者撮影］

図 5-8　火山灰土の風食防止用の耕地防風林（2015 年 7 月 23 日）
［筆者撮影］

図 5-9　帯広市南西部のエゾマツ防風林（2012 年 5 月 25 日）
［筆者撮影］

　帯広地域では 3～4 月，10～11 月に幾寅から上士幌，鹿追，駒場，帯広への北西寄りの風（十勝風）が吹き込むと風速が増大し，最高・最低気温が上昇し，乾燥が強化されて砂塵が舞い上がる風食が発生する．これは関東地方の冬春季の空っ風と類似しているが，狩勝峠は周辺の山地との高度差が小さく，関東地方の山越え気流より概して弱い．春季の降水量が少ないと砂塵が増える．関東地方では寒候期に吹くボラ風が多いが，十勝風では晩春季でのフェーン風が多く，このため気温差が顕著に出ている．
　なお，帯広の都市域では馬車運送の時代に冬季の路上に落ちた馬糞が，春季に乾燥

して飛散する現象「馬糞風」が発生していた．

このような事情から周辺には防風林（図 5-7，図 5-8，図 5-9）が配置されており，効果を果たしている．

6. ひかただし（ひかた）

　ひかただし，手稲おろし，寿都だし，樽前おろしの吹く北海道中西部域の色別標高地図を図 6-1 に示す．

　余市町は北海道西部の積丹半島の付根に位置し，ニッカウヰスキーで有名である．昔のニシンの町から魚種は変わったが漁業の町であり，リンゴ，ブドウなどの果樹栽培も盛んである（図 6-2，図 6-3，図 6-4，図 6-5）．

　北海道後志地方の積丹半島で堰き止められた南寄りの気流は半島付根の岩内港付近から岩内平野を経て余市・小樽方向にだし風となって石狩湾に吹き出す．すなわち半島付根の堀株川付近で収斂し，南西側から侵入した気流は低い丘（266 m の稲穂峠）を越えて，余市－岩内間の国道 5 号線と平行に流れる余市川に沿って吹く際に，谷地の地峡で強風化されるとともに，余市付近で発散する．風向は谷地方向と一致する南西風である．また小樽方面へは岩内平野を経て吹く南西寄りの風がある．そして，特に雷電山（1211 m），ニセコアンヌプリ（1308 m）や羊蹄山（1898 m）を越えて吹き降ろす山越えの強風がある．

　『風の事典』（関口，1985）[1]によると 4～5 月に吹く西風が小樽市では「シカタ」，余市町では「ヒカタ風」と呼ばれている．余市町の南西部の豊丘町の郷土史には「桜の

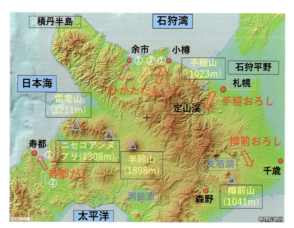

図 6-1　ひかただし，手稲おろし，寿都だし，樽前おろしの吹く地域の色別標高地図［国土地理院の地図をもとに筆者作成］

20　第Ⅰ章　北海道地方

図6-2　余市町えびす・大黒岩［余市町総合政策部観光課提供］

図6-3　余市町のワイン用ブドウ栽培［余市町総合政策部観光課提供］

図6-4　小樽運河と工場倉庫など［小樽市産業港湾部観光振興室提供］

6. ひかただし（ひかた）   21

図6-5　日本海と小樽高島岬［小樽市産業港湾部観光振興室提供］

咲き始める頃，余市岳（1488 m）や赤井川の山地を吹き越える南の強風をひかた，またはだし風と呼ぶ」という記録がある．

アメダス余市の春季（3〜5月）の最大風速は15.9 m/s 南南西（2010年3月21日），13.9 m/s 西北西（2016年3月1日），13.5 m/s 南西（2023年5月3日），13.3 m/s 南（2011年5月13日），13.2 m/s 南西（2010年4月14日）であり，最大瞬間風速は30.2 m/s 西北西（2016年3月1日），27.8 m/s 南（2010年3月21日），23.9 m/s 南西（2023年5月3日），23.7 m/s 南西（2012年3月29日），23.4 m/s 西（2014年5月31日）である．最強風速と風向範囲を集約すると最大風速は16 m/s，南から西北西（南から西）であり，最大瞬間風速は30 m/s，南から西北西（南から西），季節は春季である．

アメダス小樽の春季の最大風速は24.8 m/s 南西（1952年5月14日），23.2 m/s 南東（1949年4月4日），21.3 m/s 西南西（1946年4月22日），21.1 m/s 南西（1952年5月13日），20.8 m/s 西南西（1954年4月22日）であり，最大瞬間風速は32.4 m/s 南（1974年4月21日），30.6 m/s 西北西（1991年3月7日），30.6 m/s 南西（1943年4月19日），30.3 m/s 南西（1952年5月14日），30.1 m/s 西南西（2002年4月18日）である．なお，台風期の暴風は入れていない．最強風速と風向範囲を集約すると（巻末付録①6．ひかただし［ひかた］①）最大風速は25 m/s，南東から西南西（南南東から西南西），最大瞬間風速は32 m/s，南から西南西であり，季節は春季中心である．

総合的には余市より小樽が強風であるため，それを利用すると，それぞれ25 m/s，南南東から西南西（南南西），32 m/s，南から西北西（南南西から西）となる．

小樽の最大風速記録日1952年5月14日の気象は降水量7.8 mm，最低気温・最高

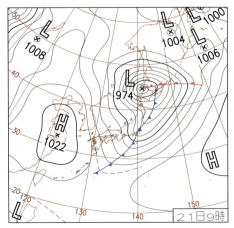

図6-6　ひかただしが吹いた2010年3月21日9時の
　　　　天気図［気象庁提供］

気温4.9℃，23.4℃，平均風速11.2 m/s，最大風速・最大瞬間風速（風向）24.8 m/s 南西，30.3 m/s 南西であり，最大瞬間風速記録日1974年4月21日の気象は上記の順に7 mm，2.5℃，13.9℃，最小湿度25%，6.5 m/s，17.3 m/s 南，32.4 m/s 風向なし，0 h である．

　余市の最大風速記録日2010年3月21日の気象は上記の順に14 mm，−2.0℃，9.2℃，6.4 m/s，15.9 m/s 南南西，27.8 m/s 南，最多風向南南西，0.1 h であり，同日9時の天気図（図6-6）は北海道北部に974 hPaの低気圧，上海付近に1022 hPaの高気圧がある西高東低である．発達した低気圧の通過と寒冷前線の南下により広い範囲で暴風や短時間の大雨，千葉市中央区で最大瞬間風速38.1 m/s，神奈川県箱根町箱根67.0 mm/h，全国で黄砂を観測した．

　余市の最大瞬間風速記録日2016年3月1日の気象は上記の順に10 mm，−6.5℃，0.8℃，5.5 m/s，13.9 m/s 西北西，30.2 m/s 西北西，最多風向北北西，0.6 h であり，同日9時の天気図は北海道東部に974 hPaの低気圧，上海付近に1032 hPaの高気圧がある西高東低である（9節・樽前おろし図9-4，p.31）．北海道日本海側は数年に一度の猛ふぶき．札幌では最大瞬間風速33.8 m/s で3月の極値更新．最高気温は全国的に真冬並であった．

　最近2023年5月3日9時の天気図では八丈島付近に1028 hPaの高気圧があり，北海道付近は東西に平行な気圧配置で，広く高気圧の圏内にあるが，やや等圧線が狭くなっている．余市では0 mm，6.0℃，19.8℃，6.4 m/s，13.5 m/s 南西，23.9 m/s 南西，最多風向南，0.2 h，小樽では0 mm，7.7℃，22.0℃，最小湿度20%，3.5 m/s，12.8 m/s 南西，23.4 m/s 南西，6.8 h であった．

なお，2011～2020 年の 3～5 月（920 日）で最大風速発生時の風向（南西から南南西）の発生日数（発生率）は 524 日（57.0%），そのうち 8 m/s 以上が 152 日（16.5%），10 m/s 以上では 47 日（5.1%）であり，ひかただしは非常に多い（鮫島，2022）[2]．

以上，ひかただしの風名に関して歴史的方面から春季の強風を解析・解説した．しかし，ここで全年の南西寄りの同風向の強風について記述しておく．そして便宜的にひかただしの一部として取り扱い記述した（6 節・ひかただしの図 6-1，p.19，褐色矢印）．

小樽の最大風速は 27.9 m/s 南西（1954 年 9 月 27 日），24.8 m/s 南西（1952 年 5 月 14 日），24.2 m/s 西南西（1944 年 12 月 7 日），24.0 m/s 南南西（1948 年 1 月 6 日），23.5 m/s 南西（1958 年 1 月 2 日）であり，最大瞬間風速は 44.2 m/s 西南西（2004 年 9 月 8 日），37.2 m/s 南西（1954 年 9 月 27 日），35.2 m/s 南西（1981 年 8 月 23 日），34.8 m/s 南（1970 年 8 月 16 日），34.5 m/s 南南西（2012 年 12 月 6 日）である．集約すると（巻末付録①6．ひかただし〔ひかた〕②）最大風速は 28 m/s，南南西から西南西，最大瞬間風速は 44 m/s，南から西南西で，季節は全年であり，特に 8 月と 9 月の台風期である．なお，北海道西方または日本海を通過する台風・温帯低気圧は春季の強風よりはるかに強いため，防災上からは夏秋季の台風対策が重要である．

7. 手稲おろし

手稲おろしの吹く札幌市手稲山付近の色別標高地図は 6 節の図 6-1（p.19）を参照．札幌市の手稲山（1023 m）にはテレビ等のアンテナが林立し，市内から遠望できる．1972 年開催の札幌冬季オリンピックではアルペンスキー・大回転・リュージュ・ボブスレーの競技会場があった．山スキーの発祥地とされ，都市から近い所でパウダー状の粉雪が降るため，良好なスキー場として人気を博している．なお，手稲山・手稲おろしは地元の小中高の校歌や北海道大学の寮歌の歌詞などに多く使われている．

手稲おろしは最近では余り使われなく，文献（Yoshino, 1975；吉野，1978；小島，2000）[1),2),3)]は多くはないが，一つは札幌南西の中山峠付近（定山渓温泉方面）から札幌市内に吹き降りる南西寄りの風とされる．また，手稲区付近で吹く南西風などに使う事例がある．手稲おろしは山から吹き降ろす風に付近の有名な山名を冠した風名で，一般的に山地から札幌市内に吹き降ろす風を広く呼ぶようになったと推測される．なお，札幌の北西部（図 7-1）の写真および冬季の西風による風下直下の北海道神宮（図 7-2）と札幌の西南西寄方向の定山渓（図 7-3）の写真を示す．

最近は手稲おろしの用語を市民はあまり使わないようであるが，「馬糞風」という名称は多くの人が知っている（5 節）．なお，農作物の風害防止のための防風林は札幌付近では幅 70 m，長さ 1.8 km の花川南防風林があり，1893 年の植民計画でヤチ

24　第Ⅰ章　北海道地方

図7-1　藻岩山からの札幌市南西部丸山付近の市街地（2006年11月4日）［筆者撮影］

図7-2　手稲山吹き降ろし直下付近にある北海道神宮（2023年12月4日）［筆者撮影］

図7-3　西方向（強風の吹く方向）にある定山渓温泉（2023年12月3日）［筆者撮影］

ダモ，ハルニレ，カツラなどの原生林を残して整備された防風林は歴史を感じる．

　手稲おろしとして南西寄り（西南西から南）の強風を選定する．アメダス札幌の最大風速は21.7 m/s南南西（2004年9月8日），21.1 m/s南西（1956年5月11日），20.8 m/s南南西（1959年9月18日），20.7 m/s南（2010年4月13日），20.7 m/s南西（1930年3月29日）であり，最大瞬間風速は50.2 m/s南西（2004年9月8日），33.3 m/s西南西（2010年3月21日），32.9 m/s南（1954年9月26日），32.8 m/s南（2005年5月1日），32.3 m/s南南西（1959年9月18日）である．集約すると最大風速は22 m/s，南から南西，最大瞬間風速は50 m/s，南から西南西，季節は春季と秋季である．最大風速は正に2004年9月8日の台風18号の影響であり，その2004年は最多の台風10個が上陸した年次であった．これについては後述する．

　また，日本海を台風が北上した場合もこの風が吹き，1949年9月21日のキティ台風（10号），1954年9月26日は洞爺丸台風（15号），1959年9月18日は台風14号等が関連している．これらは北海道に大被害を及ぼしており，南西寄りの発生回数は非常に少ないが，一度この風向の風が吹くと大被害を起こすため，厳重な注意が必要である．

　札幌では，2010〜2020年の日最大風速10 m/s以上の日は300日あるが，北西か南南東であり，南西から南南西は3日間で非常に少ないとはいえ，発達した低気圧が北海道西方にあるときに被害を与えている（鮫島，2022）[4]．

　また日本海を台風が北上した場合もこの風に相当し，1949年9月21日のキティ台風，1954年9月26日の洞爺丸台風，1959年9月18日の台風14号があり，北海道に大被害を及ぼした．

　春季では1958年5月14日に最大風速・最大瞬間風速は16.8 m/s南西，29.0 m/s南西であり，イネの苗代等に被害があった（荒川，1961）[5]．

　さて，近年の重要な大被害の事例である2004年9月8日の台風18号では札幌で50.2 m/s（歴代1位）を記録しており，北大農場のポプラ並木や街路樹が倒伏したことで別名「ポプラ台風」とも呼ばれる．同日の気象は降水量30 mm，最低気温・最高気温18.6℃，25.4℃，最小湿度49%，平均風速9.1 m/s，最大風速・最大瞬間風速（風向）21.7 m/s南南西，50.2 m/s南西，日照時間4.5 hである．風向が南南西から南西であり，まさに手稲おろしである．同日9時の天気図（図7-4）では，北海道西部に968 hPaの低気圧があり，前日の台風18号は日本海を進み，北海道の西海上で温帯低気圧に変わり，北・東日本の日本海側は暴風雨．北海道では，雄武町51.5 m/sなど，各地で最大瞬間風速の記録を更新した．札幌では南西風は数少ないが大被害を与える意味で特に注意を喚起しておきたい．

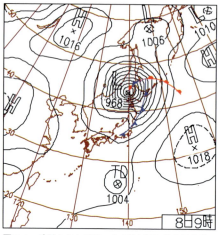

図 7-4 手稲おろしが吹いた 2004 年 9 月 8 日 9 時の台風 18 号通過後の天気図 [気象庁提供]

8. 寿都だし

　寿都だしの吹く地域の色別標高地図は 6 節の図 6-1 (p.19) を参照．寿都だしは寿都だし風と呼ぶこともある．寿都町は寿都湾に面した日本海側にある．西岸海洋性気候に属し，対馬海流の影響で北海道内では比較的温暖であるが，南から南東の強風のだし風が吹く．寿都だしは年間を通して吹くが，特に暖候期に頻度が高い．オホーツク海高気圧や移動性高気圧による風が噴火湾から寿都湾に吹き抜ける際に吹き，長万部から黒松内を経て寿都まで地峡が徐々に狭まるため強風化する．近年ではこの強風を活かして風力発電を行っている（図 8-1, 図 8-2）．

　2011～2020 年の 10 年間 (3653 日) の日最大風速とその風向分布を調べると，出現日数の多い順に，南南東 (出現率 33%，平均風速 8.6 m/s)，北北西 (21%，8.0 m/s)，北西 (19%，8.1 m/s)，西北西 (7%，6.8 m/s)，南東 (6%，8.0 m/s) であり，南寄り 39%，北寄り 47% であった．寒候期には寿都だしと逆風向の北西から北北西の風が多い (鮫島，2022)[1]．

　アメダス寿都の通年の最大風速は 49.8 m/s 南南東 (1952 年 4 月 15 日)，42.0 m/s 南南東 (1954 年 9 月 26 日)，40.5 m/s 北 (1939 年 1 月 9 日)，39.5 m/s 南南東 (1895 年 5 月 18 日)，37.7 m/s 南南東 (1924 年 12 月 10 日)，36.8 m/s 南南東 (1921 年 9 月 26 日)，36.3 m/s 南 (1902 年 9 月 28 日)，36.0 m/s 南南東 (1937 年 3 月 24 日)，35.3 m/s 南南東 (1945 年 6 月 3 日)，35.1 m/s 南南東 (1955 年 5 月 4 日) であり，最大瞬間風速は 53.2 m/s 南西 (1954 年 9 月 26 日)，46.3 m/s 北西 (1965 年 1 月

8. 寿 都 だ し　27

図 8-1　海岸からの寿都町風力発電施設［寿都町公営企業　企業管理課風力発電係提供］

図 8-2　上空からの寿都町風力発電施設［寿都町公営企業　企業管理課風力発電係提供］

4 日），44.9 m/s 南南東（1955 年 5 月 4 日），41.0 m/s 南東（1974 年 4 月 21 日），40.3 m/s 南南東（1945 年 6 月 3 日），40.0 m/s 南東（1956 年 10 月 31 日），39.4 m/s 北北西（1979 年 10 月 20 日），39.0 m/s 南（1986 年 5 月 15 日），38.7 m/s 南東（1970 年 8 月 16 日），38.5 m/s 南東（1949 年 9 月 1 日）である．風向は主として 2 方向に区分される．

　最強風速と風向範囲を集約すると（巻末付録① 8．寿都だし①）南寄りの最大風速は 50 m/s，南東から南南東，最大瞬間風速は 53 m/s，南東から南西（南東から南）で

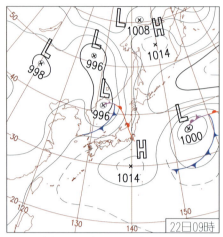

図 8-3　寿都だしが吹いた 2019 年 7 月 22 日 9 時の
天気図 [気象庁提供]

あり，季節は全年である．(巻末付録① 8．寿都だし②) 北寄りの最大風速は 41 m/s，北であり，最大瞬間風速は 46 m/s，北西から北北西であり，季節は秋季と冬季である．なお，統計期間が長い最大風速は相対的に大きい．

最大風速記録日 1952 年 4 月 15 日の気象は降水量 6.5 mm，最低・最高気温 0.3℃，5.5℃ であり，最大瞬間風速記録日 1954 年 9 月 26 日の気象は 17.6 mm，12.2℃，23.1℃ である．

寿都は年間を通して強風が吹くが，最近の暖候期の事例として 2019 年 7 月 22 日の気象は 1.5 mm，16.9℃，21.8℃，10.2 m/s，12.9 m/s 南南東，22.1 m/s 南南東，4.7 h であり，同日 9 時の天気図 (図 8-3) では日本海西部に 996 hPa の低気圧があり，それに吹き込む強風が推測される．

次に最近の寒候期の事例として 2020 年 12 月 19 日の気象は降水量 3 mm，最低気温・最高気温 −8.8℃，−5.3℃，平均風速 6.3 m/s，最大風速・最大瞬間風速 (風向) 12.6 m/s 北西，21.7 m/s 北北西，日照時間 0 h であり，同日 9 時の天気図では，大陸奥地に 1052 hPa の高気圧，その東方のカムチャツカ付近に 982 hPa などの低気圧がいくつかあり，根室東方には 996 hPa の前線を伴った低気圧がある西高東低の気圧配置で，寿都付近は南北の等圧線分布である．

さらに 2007 年 1 月 7 日の気象は上記の順に 19.5 mm，1.3℃，4.1℃，9.6 m/s，18.4 m/s 北，34.4 m/s 北，0 h であり，同日 9 時の天気図では大陸奥地に 1050 hPa の高気圧，北海道の襟裳岬付近に 964 hPa の強い低気圧があり，その影響で寿都では北西寄りの風が強かった．

寿都町はニシン漁から現在の漁業はイカナゴ，ホッケ，サケの漁獲やホタテ，カキの養殖が盛んで，「寿かき」のブランドで特産品となっている．寿都は「風のまち」をイメージする「風太」をマスコットキャラクターとしており，風力発電事業が活発である．さらに，アメダス寿都は地球温暖化による気温の変化を評価する基準として全国 15 地点の一つとなっている．

9. 樽前おろし

樽前おろしの吹く樽前山周辺の色別標高地図は 6 節の図 6-1 (p.19) を参照．樽前おろしに関与する樽前山（1041 m）は北海道の道央部で支笏湖の南，苫小牧の北西部に位置し，新千歳空港の西南西約 30 km にある（図 9-1，図 9-2，図 9-3）．支笏洞爺国立公園に属し，風不死岳，恵庭岳とともに支笏三山の一つで，溶岩ドームのある三重式活火山で有名である．

樽前おろしは冬季もしくは寒候期に吹く北西寄りの季節風とされる．

新千歳空港のアメダス千歳の最大風速は 22.3 m/s 北西（2016 年 3 月 1 日），20.0 m/s 北（2008 年 2 月 24 日），19.9 m/s 北北西（2015 年 10 月 8 日），19.5 m/s 北北西（2013 年 3 月 2 日），19.0 m/s 北北西（2007 年 1 月 7 日）であり，最大瞬間風速は 28.8 m/s 西北西（2016 年 3 月 1 日），26.7 m/s 北北西（2015 年 10 月 8 日），26.2 m/s 北北西（2016 年 4 月 15 日），26.2 m/s 北北西（2013 年 3 月 2 日），25.7 m/s 北西（2012 年 11 月 27 日）である．最強風速と風向範囲を集約すると最大風速は 22 m/s，北西から北であり，最大瞬間風速は 29 m/s，西北西から北北西，季節は秋季か

図 9-1　太平洋から見た樽前山（1041 m）［北海道胆振総合振興局産業振興部商工労働観光課観光振興係提供］

図 9-2 西山（994 m）からの樽前山（1041 m）[北海道胆振総合振興局産業振興部商工労働観光課観光振興係提供]

図 9-3 樽前山 – 風不死岳（1102 m）登山道と支笏湖 [北海道胆振総合振興局産業振興部商工労働観光課観光振興係提供]

ら春季である．

　なお，支笏湖の南西のアメダス森野の最大風速は 11.0 m/s 北北西（2007 年 1 月 7 日），最大瞬間風速は 26.9 m/s 北北西（2009 年 2 月 14 日），アメダス支笏湖畔ではそれぞれ 10.9 m/s 西（2010 年 3 月 21 日），22.3 m/s 西（2021 年 3 月 10 日）である．いずれも最大風速が小さく，また森野の最大瞬間風速は妥当であるが千歳より小さい．また苫小牧や白老は海岸に面するため海風が影響して北西風は少ない．

　千歳の最大風速・最大瞬間風速記録日 2016 年 3 月 1 日の気象は，降水量 1 mm，平

10. 日高おろし　31

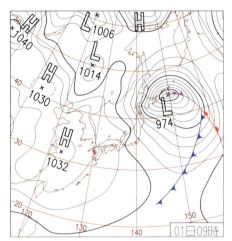

図 9-4　樽前おろしが吹いた 2016 年 3 月 1 日 9 時の天気図［気象庁提供］

均気温・最低気温・最高気温 −2.7℃，−5.9℃，0.0℃，平均風速 9.2 m/s，最大風速・最大瞬間風速 22.3 m/s（観測史上 3 位）北西，28.8 m/s（観測史上 4 位）西北西，最多風向北北西である．同日 9 時の天気図（図 9-4）は北海道東方に 974 hPa の低気圧，東シナ海に 1032 hPa の高気圧があり，北海道日本海側は数年に一度の猛吹雪．札幌では最大瞬間風速 33.8 m/s で 3 月の極値を更新した．

また千歳の最大風速 2 位の 2008 年 2 月 24 日では，2 mm，平均気温・最低気温・最高気温 −10.6℃，−15.6℃，−8.2℃，平均 12.0 m/s，最大 20.0 m/s（歴代 4 位）北，最多風向北であり，同日 9 時の天気図は大陸に 1040 hPa の高気圧，三陸沖に 974 hPa，東に 976，982 hPa の 3 低気圧があり，日本の東海上で低気圧が発達し，北から東日本を中心に荒れた天気が続き，所どころで大雪が降った．

以上のことから，樽前おろしは寒候期または冬春季の西高東低や低気圧の通過時に吹きやすく，最大風速 22 m/s，北西から北，最大瞬間風速 29 m/s，西北西から北北西，低温，低湿とされる．このことは，樽前山付近で吹く季節風であると推測されるが，逆に言えば，道央・道南付近で吹く寒候期・冬春季の季節風に付近の有名な山名を冠した名称であると推測される．このような風名は多く見られる．

10. 日高おろし

日高おろし，日高しも風，襟裳岬風，やませの吹く地域の色別標高地図を図 10-1 に示す．

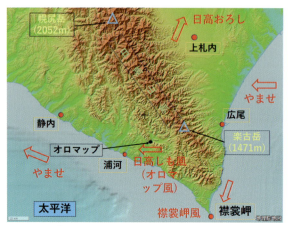

図10-1 日高おろし，日高しも風，襟裳岬風，やませの吹く地域の色別標高地図 [国土地理院の地図をもとに筆者作成]

　日高山脈は北海道の中央南部を南北に貫く長さ150 kmの北海道随一の険しい山脈である．日高山脈襟裳国定公園に指定されており，最高峰は幌尻岳（2052 m）である（図10-2，図10-3）．

　十勝連峰と日高山脈は狩勝峠（644 m）を最低高度として南北に繋がっている．逆に言えば，狩勝峠で山脈が切れているため，ここを吹き抜ける冬春季の西寄りの強風が十勝風である．日高おろしは寒候期または冬春季に日高山脈を越えて西から東に吹く強風である．次節の日高しも風とは逆向きの，本来の風向のおろし風である．

図10-2 幌尻岳（2052 m）山頂から見た北方域の眺望（2016年8月4日）[筆者撮影]

10. 日高おろし

図 10-3　幌尻岳山頂から見た北東方域の眺望（戸蔦別岳、1959 m）
（2016 年 8 月 4 日）[筆者撮影]

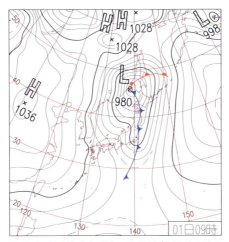

図 10-4　日高おろしが吹いた 2021 年 12 月 1 日 9 時の天気図 [気象庁提供]

　札幌管区気象台によると、2021 年 12 月 1 日に急速に発達した低気圧が北海道の北側に進んだことで強い西風が生じ、日高山脈に沿って吹き降ろす「おろし風」になったため、局地的に風が強くなったとされる。十勝地方の西部にあるアメダス上札内の気象を示す。

　上札内の最大風速は 23.2 m/s 西南西（2021 年 12 月 1 日）、22.5 m/s 南西（2010 年 3 月 21 日）、17.4 m/s 南西（2017 年 11 月 11 日）、17.3 m/s 西南西（2014 年 11 月 14

34 第 I 章 北海道地方

日），17.0 m/s 西南西（2016 年 4 月 18 日）であり，最大瞬間風速は 36.2 m/s 西南西
（2021 年 12 月 1 日），34.2 m/s 南西（2010 年 3 月 21 日），32.5 m/s 西南西（2017 年
12 月 26 日），30.3 m/s 西南西（2015 年 10 月 2 日），29.5 m/s 南西（2014 年 11 月 14
日）である．最強風速と風向範囲を集約すると最大風速は 23 m/s，南西から西南西で
あり，最大瞬間風速は 36 m/s，南西から西南西，季節は秋から春季である．上記の強
風 5 例はすべて日高おろしであり，頻繁に吹いている．

　最大風速・最大瞬間風速記録日 2021 年 12 月 1 日の上札内の気象は 34 mm，
1.9℃，13.8℃，7.9 m/s，23.2 m/s 西南西，36.2 m/s 西南西，最多風向南西，0 h で
あり，同日 9 時の天気図（図 10-4）は北海道北西方に前線を伴った 980 hPa の低気圧
が日本海北部を北東進し，寒冷前線が西から北日本を通過して各地で激しい雨や強風
となった．夜には冬型の気圧配置で強風が吹いた．

11. 日高しも風・オロマップ風

　日高しも風とオロマップ風の吹く地域の色別標高地図は 10 節の図 10-1（p.32）を
参照．日高山脈は日高山脈襟裳国定公園に指定されており，最高峰は幌尻岳（2052 m）
である．

　南北 150 km に及ぶ日高山脈の南西部域で太平洋に面する浦河町と様似町は北海道
南部の日高山脈最南端の襟裳岬から北西に 50 km と 30 km の位置にある．浦河の東
方の上流 7.5 km 地点でオロマップ川が本流の日高幌別川に合流しており，局地風の
日高しも風とオロマップ風の吹く位置関係が理解できる．

　なお，浦河町はサケ，マス漁業や日高昆布の産地であり，競走馬のサラブレッド街
道と呼ばれる育成地でもある．図 11-1，図 11-2，図 11-3 に浦河町の観光地を示す．

　浦河付近で吹く局地風に日高しも風があり，1958 年 9 月 27 日 9 時に台風 22 号（狩
野川台風）から変わった温帯低気圧が三陸沖にあり，襟裳岬半島南西部の幌満では壊
滅的な家屋倒壊を受けた．風害域より 7 km 北のアメダス浦河では最大風速・最大瞬
間風速は 28.1 m/s，46.4 m/s であった．翌年同日には伊勢湾台風が三陸沖を通ると
きにも日高しも風が吹いたが被害は少なかった（荒川，2004）[1]．

　アメダス浦河の東寄りの最大風速は 29.9 m/s 東南東（1959 年 4 月 23 日），28.1
m/s 東北東（1958 年 9 月 27 日），26.1 m/s 東（1959 年 9 月 27 日），25.7 m/s 東南東
（1981 年 8 月 23 日），24.5 m/s 東南東（2017 年 9 月 18 日）であり，最大瞬間風速は
48.0 m/s 北東（2007 年 1 月 7 日），46.4 m/s 東（1958 年 9 月 27 日），44.7 m/s 東
（2002 年 10 月 2 日），43.2 m/s 北東（1972 年 2 月 28 日），41.4 m/s 東北東（1966 年
3 月 29 日）である．最強風速と風向範囲を集約すると最大風速は 30 m/s，東北東か
ら東南東，最大瞬間風速は 48 m/s，北東から東，季節は全年（秋季から春季）である．

11. 日高しも風・オロマップ風　35

図 11-1　浦河町から見える日高山脈と馬　[浦河町提供]

図 11-2　浦河町の春の乗馬トレッキング　[浦河町提供]

図 11-3　秋色に染まるオロマップキャンプ場の紅葉　[浦河町提供]

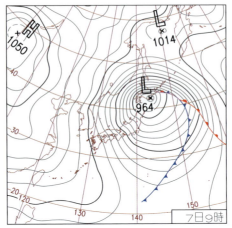

図 11-4　日高しも風が吹いた 2007 年 1 月 7 日 9 時の天気図［気象庁提供］

　最大風速記録日 1959 年 4 月 23 日の気象は降水量 30 mm，最低気温・最高気温 7.1℃，12.5℃である．

　最大瞬間風速記録日 2007 年 1 月 7 日の気象は降水量 32.5 mm，最低気温・最高気温 1.5℃，4.3℃，最小湿度 62％，平均風速 9.6 m/s，最大風速・最大瞬間風速（風向）24.7 m/s 東北東，48.0 m/s 北東，日照時間 0.1 h であり，同日 9 時の天気図（図 11-4）は北海道釧路沖に 964 hPa の低気圧があり全国的に風が非常に強く，北海道から西日本まで雨や雪だった．

　日高しも風の発生頻度は低く，1981〜2020 年の 40 年間で最大風速 10 m/s 以上の発生日数は 4707 日であるが東から北東は 340 日に過ぎない一方，西から北西は 3564 日である．最大風速 20 m/s 以上では 174 日であり，そのうち，西から北西が 149 日に対して東から北東は 5 日間だけであった（鮫島，2022）[2]．このうちの 1 位 2002 年 10 月 2 日（台風 21 号）と 2 位（前述）2007 年 1 月 7 日（強い低気圧）の最大風速・最大瞬間風速はそれぞれ 25.4 m/s，44.7 m/s，24.7 m/s，48.0 m/s であった．40 年間で 6 日間が 40 m/s 以上の強風であったが，うち 2 日間が日高しも風に起因する．

　以上のように日高しも風の発生頻度が低いが，一度吹くと猛烈な風となるため，様似町で言われている「しも風吹いたら出漁するな」は核心を得ている（関口，1985）[3]．

　オロマップ風（吉野，1986）[4]は東風であり日高南部で春と秋季に吹く．『世界大百科事典』（平凡社）には「オロマップは日高山脈の南麓に吹く強風である」と記されている．日高しも風と同じ風と考えられるが，日高しも風は日高幌別川沿いに吹く大規模な風系であるのに対してオロマップ風は日高幌別川に流れ込む小さいオロマップ川

付近で吹く風とされ,地域のスケールが異なる.したがってオロマップ風は規模の大きい日高しも風の一部であるとされる.

12. 襟裳岬風（襟裳風）

　襟裳岬風の吹く地域の色別標高地図は10節の図10-1（p.32）を参照.襟裳岬は北海道中央部南方の日高山脈の最南端に位置し,さらに海上に7kmにわたって岩礁が延びている.日高山脈襟裳国定公園の中心地点であり,岬付近は高さ60mの断崖になっており,3段の海岸段丘で「風極の地」と呼ばれている.渡島半島より北に位置する（図12-1,図12-2,図12-3）.

　気候（1991〜2020年）は年降水量987.1mm,平均気温7.4℃,年平均風速8.1m/s,日照時間1926.2hである.山岳を除くアメダスで最も風速が大きく,10m/s以上の強風日数は年間270日以上に及ぶ.

　アメダスえりも岬の最大風速は40.0m/s風向不明（1991年2月16日）,39.0m/s北北東（2007年1月7日）,38.0m/s北北東（2006年10月7日）,37.0m/s北北東（2002年1月27日）,36.0m/s北北東（2009年10月8日）であり,最大瞬間風速は47.2m/s北北東（2009年10月8日）,46.9m/s北北東（2013年10月16日）,46.4m/s北北東（2022年12月22日）,46.1m/s北北東（2011年9月22日）,46.1m/s北北東（2010年12月23日）である.集約すると最大風速は40m/s,北北東,最大瞬間風速は47m/s,北北東,季節は秋と冬季であり,風向は一定である.

　最大風速記録日1991年2月16日の気象は降水量5mm,最低気温・最高気温

図12-1　航空機から見た細長く続く尖った襟裳岬（2012年5月27日）[筆者撮影]

図12-2　襟裳岬最南端の標識と岩礁の景色（1998年7月30日）
[筆者撮影]

図12-3　岩礁が海に7kmも続く襟裳岬（1998年7月30日）
[筆者撮影]

−0.6℃, 0.1℃, 平均風速29.7 m/s, 最大風速40.0 m/s 風向不明, 最多風向東北東, 日照時間0hである.

　最大瞬間風速記録日2009年10月8日の気象は26 mm, 8.9℃, 13.1℃, 21.5 m/s, 36.0 m/s 北北東, 47.2 m/s 北北東, 最多風向北東, 0hであり, 同日9時の天気図（図12-4）は関東に975 hPaの台風18号があり, 午前5時過ぎに愛知県知多半島付近に上陸し, 夜には温帯低気圧に変わった. 襟裳岬で最大瞬間風速47.2 m/sなど各地で大荒れだった.

　全国の主要な岬の最大風速・最大瞬間風速・風向・観測日は, 宗谷岬：32.2 m/s 西（2019年1月16日）, 42.5 m/s 西（2019年1月16日）, 室蘭（チキウ岬）：37.2 m/s 南（1954年9月26日）, 55.0 m/s 南（1954年9月26日）, 輪島（珠洲岬）：31.3

12. 襟裳岬風（襟裳風） 39

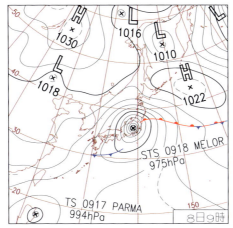

図12-4 襟裳岬風が吹いた2009年10月8日9時の天気図［気象庁提供］

m/s 南南西（1991年9月28日），57.3 m/s 南南西（1991年9月28日），銚子（犬吠埼）：48.0 m/s 南南東（1948年9月16日），52.2 m/s 南（2002年10月1日），石廊崎：48.8 m/s 東（1959年8月14日），67.6 m/s 東北東（2004年10月9日），御前崎：39.1 m/s 南南西（1952年6月23日），50.5 m/s 東北東（1966年9月24日），潮岬：33.6 m/s 西（1921年9月26日），59.5 m/s 南南東（1990年9月19日），室戸岬：69.8 m/s 西南西（1965年9月10日），84.5 m/s 以上西南西（1961年9月16日），清水（足摺岬）：35.8 m/s 南西（1970年8月21日），52.1 m/s 東（1975年8月17日），枕崎：42.5 m/s 南（1951年10月14日），62.7 m/s 東南東（1945年9月17日）である．

　最大風速では室戸岬の69.8 m/s，石廊崎48.8 m/s，銚子48.0 m/s，枕崎42.5 m/s，最大瞬間風速では室戸岬の84.5 m/s 以上が際立つ．この室戸岬での暴風は第2室戸台風により，最大風速は66.7 m/s（84.5 m/s 以上），大阪33.3 m/s（50.6 m/s），和歌山35.0 m/s（56.7 m/s），新潟30.7 m/s（44.5 m/s）であり，室戸岬の西方に上陸し，尼崎・西宮市の間に再上陸して能登半島東部に達し日本海に出た．近畿や北陸で大被害が発生した．

　このように岬，三崎等での強風は激しいものがある．ここで襟裳岬での強風を襟裳岬風または襟裳風とし，局地風として固有名称を付けた．各地の岬，半島の先端での障害物による強化現象による強風であり，岬風，三崎風などと呼ぶ．なお，岬風は初代気象庁長官の和達清夫氏（和達，1954)[1]により日本農業気象学会での特別講演で紹介されている．

第 II 章　東 北 地 方
青森県・岩手県・秋田県・宮城県・山形県・福島県

　東北地方は中央に奥羽山脈が走り，気候は太平洋側と日本海側で大きく変わる．亜寒帯気候区に属し，年平均気温は低めである．冬季の日本海側と奥羽山脈では降雪が多く多湿であり，太平洋側では少なく乾燥する場合が多い．夏季には太平洋側では北東風（やませ）が吹き，農作物に冷害が発生することがある．夏季には日本海側の平野部や中央部の盆地では高温になりやすい．

　本章では東北地方の局地風（やませ，八甲田おろし，岩木おろし，岩手おろし，生保内だし，鳥海おろし，清川だし，月山おろし，蔵王おろし，吾妻おろし，安達太良おろし，磐梯おろし）を解説する．

13. や　ま　せ

　やませの吹く地域の色別標高地図は 10 節の図 10-1（p.32），14 節の図 14-1（p.46），16 節の図 16-1（p.52），22 節の図 22-1（p.69），47 節の図 47-1（p.154）を参照．やませは地名付きの局地風ではないが，各地域の局地風の集合体として取り扱った．北海道やませ，東北やませ，北関東（太平洋側）やませなどである．やませの風向は平均的には東から北東であるが地域で相当の変化があり，各引用箇所で平均的なやませの風向を示したが変化範囲が広く，集約することに苦心した．

　やませの語源は，もともとは東北地方の日本海側で山から吹き降ろす東風を指す漁師用語（山を背にして吹くため山背）であったものを，太平洋側でも使うことで，海からの東風をやませと呼ぶようになったとされる．すなわち偏東風（山背，やませ）とは，北日本（おもに北海道と東北地方）と関東地方の太平洋側で春から秋季（5〜9 月，特に 6〜7 月）に吹く冷たく湿った東寄りの風である．このため農作物に冷害を起こす元凶となっている．北海道から東北地方の太平洋側と関東北部の太平洋側では地域差，時間差が認められる（図 13-1，図 13-2）．

　6〜7 月頃に日本上空を吹く偏西風に乱れが発生して蛇行が起こり，オホーツク海付近に持続性の高いブロッキング高気圧が形成されるようになる．この高気圧から吹き出す低温の風が相対的に暖かい海上を吹くあいだに，大量の水蒸気が供給され霧が発生し，背の低い雲と霧を伴う冷湿な気流となって日本の太平洋側に押し寄せる．こ

図 13-1　内陸の早池峰山（1917 m）でのやませは 2000 m 以下，それ以上は霧なし晴天（2016 年 6 月 15 日）［筆者撮影］

図 13-2　太平洋側より岩手山（2038 m）下層まで達したやませ霧の雲海（2015 年 9 月 17 日）［筆者撮影］

れがやませである．

　北海道の海上では低温であるが内陸に入るにつれて霧と雲が薄くなる．東北地方の太平洋側でも濃い霧に同様の現象が起こり，霧が薄れていくが，強いやませでは奥羽山脈まで影響が及ぶ．やませの高度は 1000～2000 m であるため，多くの場合は奥羽山脈を越えられない．そのため日本海側では霧がない晴天になることがあり，ときにフェーンを伴うことで「宝風」とも呼ばれる．もちろんやませが強いときには日本海側でも冷湿な気象になる．1993 年の大冷害年に岩手県ではコメが収穫皆無でも秋田

13. やませ　43

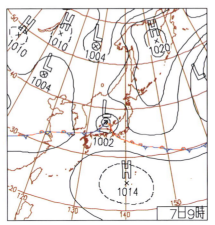

図 13-3　やませが吹いた 2003 年 7 月 7 日 9 時の
　　　　　天気図［気象庁提供］

県ではそれなりの収量を上げた水田も多かった．

　近年の冷害年の一例として，2003 年 7 月 7 日 9 時の天気図（図 13-3）は，梅雨前線が東西に走る典型的な気圧配置で，梅雨前線上の低気圧が日本海を東進している．アメダス仙台の気象は，降水量 40.5 mm，平均気温・最低気温・最高気温 16.9℃，15.2℃，18.0℃，平均風速 1.9 m/s，最大風速・最大瞬間風速（風向）3.6 m/s 東南東，7.8 m/s 東南東，日照時間 0 h．秋田では 0.0 mm，21.5℃，18.7℃，25.0℃，4.6 m/s，7.6 m/s 南東，14.9 m/s 東南東，0 h．北海道の長沼では 0 mm，15.5℃，10.1℃，20.9℃，3.3 m/s，6.0 m/s 南，最多風向南，12.9 h，岩見沢では 0 mm，16.4℃，10.4℃，23.6℃，4.0 m/s，7.3 m/s 南南東，12.0 m/s 南東，13.9 h，美唄では 0 mm，16.9℃，10.4℃，24.4℃，3.0 m/s，7.0 m/s 南西，最多風向南西，12.8 h であった．石狩地方での晴天，南東－南－南西風への変化が大きい．

　北海道では低温であるが，概して日照があり，内陸に入るにつれて気温が上昇する．仙台は日照が少なく，秋田は仙台より気温が高いなどの特徴がある．また風向範囲が非常に広い特徴があり，特に襟裳岬の南側を迂回した風は石狩地方では南西風になることが多い．多くの文献を参考に，集約すると最大風速 8 m/s，風向範囲北東から南東（北東から東），最大瞬間風速 15 m/s，北東から南東（北東から東），季節は暖候期（梅雨期）である．

　冷害を起こす気象には 2 種あり，①オホーツク海高気圧から吹くやませに起因する第 1 種冷害と，②北日本を低気圧が通過し北極から寒気が北西風として上空に流入する北冷南暑型冷害または第 2 種冷害がある．一般的にはやませは北東風であるが，北海道襟裳岬の西方では南東風で侵入したあと，苫小牧付近で南風に変わり，長沼，岩

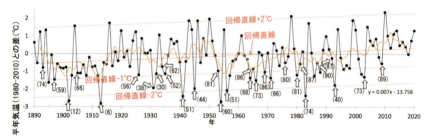

図13-4 北海道の夏季の気温変化（6〜8月の寿都，網走，根室の平均気温）（鮫島 2022)[1]．矢印は水稲の冷害年，赤点線は回帰直線を1℃，2℃上下移動した線，括弧内の数字は作況指数，オレンジ曲線は5年移動平均気温

見沢，美唄に侵入する．したがってこの地域では防風林や防風網を整備している．

オホーツク海高気圧から北海道オホーツク海側と太平洋側（襟裳岬で東西に区分）に冷涼なやませが吹き出すと，太平洋側西部の水稲栽培（北海道は全国の6%を生産）地域に影響を及ぼす．2003年の冷害年における北海道の水稲の作況指数（平年収量に対する比率%）は73の不作，逆にコムギの作況指数は125の大豊作，冷涼作物のジャガイモ，テンサイでも豊作であった．

北海道の夏季の気温変化（図13-4，鮫島，2022)[1]によると，気温の平年差−1℃（回帰直線からの偏差）の場合では，強い冷害年となり作況指数が低下している．さらに−2℃の場合には半作以下が多い大冷害となる．なお，131年間に地球温暖化で0.91℃上昇しているが冷害はなくならない．

やませが多く発生し持続日数が長いと冷夏となり冷害を起こすが，水稲の花粉が育つ時期，出穂前10日頃の日平均気温が20℃程度以下の低温では花粉が正常に成熟せず，受粉できなく，不稔となって減収する．江戸時代には冷害が多発し，元禄，天明，天保の飢饉があったが，近年では冷害は減少したとはいえ北海道では4〜5年に一度の割合で発生している．近年では1976年，1980年，1993年，2003年に被害が大き

表13-1 1950年以降の水稲冷害と作況指数
[日本農業気象学会（1994)[2]に加筆；鮫島（2022)[3]]

年	1953	1954	1956	1964	1965	1966	1969	1971
全国	84	92	104	99	97	99	102	93
北海道	81	60	51	68	86	68	86	66
東北	88	100	120	99	102	99	103	94
年	1976	1980	1981	1983	1993	2003	2009	
全国	94	87	96	97	74	90	98	
北海道	79	81	87	74	40	73	89	
東北	89	78	89	99	57	80	100	

13. やませ   45

かった．冷害対策としては耐冷性品種，防風林と防風網，深水灌漑（深さ 20 cm 以上の水田水温で保護），窒素減とケイ酸増の肥培管理などがあり，気象的対策が期待される．

さて，2024 年の関東地方の梅雨入りは平年より 2 週間遅い 6 月 21 日で梅雨明けは 7 月 18 日であった．関東以西に前線が懸かり，東北地方も梅雨期であった 2024 年 6 月 24 日 3 時の天気図と 5 時 30 分の気象衛星ひまわりの衛星画像を図 13-5，図 13-6 に示す．衛星画像では薄い雲が東北地方岩手県と秋田県に懸かり北上山地と奥羽山脈

図 13-5　2024 年 6 月 24 日 3 時の天気図［気象庁提供］

図 13-6　2024 年 6 月 24 日 5:30 の気象衛星ひまわりの赤外衛星画像［気象庁提供］

にあるが，北上山地を越えると，北上盆地（北上川流域）の盛岡市や花巻市と北上市の低地域では，日射による気温上昇などで霧と雲が切れる状況がわかる．すなわち，太平洋側の岩手県久慈では，やませの東風（最大風速 3.0 m/s 東北東，最大瞬間風速 4.6 m/s 東）で，北上山地に雲が懸かっているが，北上山地を越えた西方では霧と雲が消散し，また奥羽山脈には雲が懸かる状況がわかる．なお，やませが顕著なときは奥羽山脈を越えるが，低く弱いときには山脈を越えられない，あるいは谷地のみを通過する特性があり興味深い（17 節・生保内だしの図 17-4，p.56）．なお，6 月下旬の低温風（図 13-5）を選んで解説したが 2024 年の夏季 6〜8 月は高温が多く，高温害が出るほどであった．

14. 八甲田おろし

八甲田おろし，岩木おろし，やませの吹く地域の色別標高地図を図 14-1 に示す．

八甲田山は大岳（1585 m）が最高峰であり，日本百名山に名を連ねる（図 14-2，図 14-3，図 14-4）．その名称は日本百名山の選定者である深田久弥（深田，1991）[1]によると八つの峰と山中の所どころに湿地（田）が多いので名付けられたと言われている．酸ヶ湯は積雪が非常に多く，2013 年 2 月 26 日に 566 cm を記録し，観測が行われている地点では最高である．

八甲田おろしの風名は八甲田山周辺で用いられるが，特に十和田，八戸，青森等であろう．アメダス十和田の西寄りの最大風速は 18.0 m/s 北北西（1990 年 10 月 26

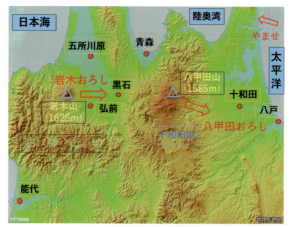

図 14-1　八甲田おろし，岩木おろし，やませの吹く地域の色別標高地図　[国土地理院の地図をもとに筆者作成]

図14-2　仙人岱と硫黄岳（1360 m）（2015年9月16日）［筆者撮影］

図14-3　八甲田大岳（1585 m）よりの高田大岳（1552 m）（2015年9月16日）［筆者撮影］

日），16.7 m/s 西南西（2022年5月4日），16.1 m/s 西（2022年2月21日），16.0 m/s 西南西（2023年4月14日），15.8 m/s 西北西（2021年1月7日）であり，最大瞬間風速は 27.8 m/s（歴代1位）西（2021年1月7日），26.9 m/s 西南西（2016年4月17日），26.2 m/s 西（2023年4月13日），26.2 m/s 南西（2022年5月4日），25.7 m/s 西北西（2012年4月4日）である．最強風速と風向範囲を集約すると最大風速は 18 m/s，西南西から北北西（西南西から北西）であり，最大瞬間風速は 28 m/s，南西から西北西である．十和田は山中であるため風は弱い．

図 14-4　赤倉岳（1548 m）の赤色の崩壊斜面と陸奥湾（2015 年 9 月 16 日）［筆者撮影］

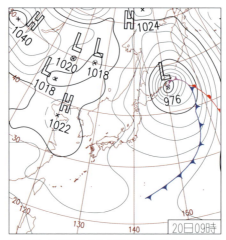

図 14-5　八甲田おろしが吹く 2022 年 3 月 20 日 9 時の天気図［気象庁提供］

　西寄りの風で，アメダス八戸の最大風速は 2020 年 3 月 20 日に 28.9 m/s 西南西，2017 年 9 月 18 日に 28.9 m/s 南西であり，最大瞬間風速は 2020 年 3 月 20 日に 43.4 m/s 南西，2017 年 9 月 18 日に 41.7 m/s 西南西であった．青森では最大風速は 1934 年 3 月 21 日に 27.8 m/s 西北西，1939 年 1 月 5 日に 27.3 m/s 西，最大瞬間風速は 2011 年 12 月 4 日に 36.3 m/s 西，2004 年 11 月 27 日に 34.2 m/s 西であった．なお，八甲田山の近くのアメダス酸ヶ湯では最大風速では地形の影響でほとんどが南東であ

り 1991 年 2 月 16 日に 21.0 m/s 南東,最大瞬間風速では 2009 年 2 月 21 日に 26.3 m/s 北西であった.八戸と青森の風速は大きいが酸ヶ湯と十和田は小さいため,そして風向は酸ヶ湯以外を平均化して最大風速 24 m/s,西から西北西,最大瞬間風速 33 m/s,西南西から西の低温・低湿の風,いわゆる寒候期の秋季から春季の季節風である.

最近の典型的な八戸の強風日 2022 年 3 月 20 日の気象は降水量 2.5 mm,最低気温・最高気温 −0.1℃,6.0℃,最小湿度 60%,平均風速 6.3 m/s,最大風速・最大瞬間風速(風向)12.7 m/s 西北西,17.4 m/s 西,日照時間 2.8 h である.同日 9 時の天気図(図 14-5)は北海道北東方に 976 hPa の低気圧,黄海北部に 1022 hPa の高気圧があり,北日本は冬型の気圧配置であった.

15. 岩木おろし

岩木おろしの吹く地域の色別標高地図は 14 節の図 14-1(p.46)を参照.津軽平野の海沿いにある屛風山(砂丘地の防風林)が岩木おろしの強風を防いでいるとの解説がある.これに関しては屛風山の風下は東方域であり,その地域は岩木山の北に位置し,風下でもないのに,どうして防風および保護されるかの疑問があった.実際は屛風山の風下地域でも主役は岩木おろしの風である.これは前出の通り,地域の局地風に有名な山の名称を付けたことによる.岩木山(1625 m)は日本百名山で,津軽平野に優美な裾野を広げ高くそびえる独立峰である(図 15-1,図 15-2).

岩木おろしは間違いなく,風の吹く地域の有名な高山の名称からの由来である.岩

図 15-1　岩木山の遠景(2015 年 5 月 25 日)[筆者撮影]

図 15-2　谷筋に残雪のある岩木山（2015 年 5 月 25 日）［筆者撮影］

木おろしの観測地点はアメダス弘前とアメダス黒石であるが，弘前の風よりも黒石の方が強い．

アメダス黒石の冬季，西寄りの最大風速は 21.8 m/s 西北西（2021 年 1 月 7 日），20.1 m/s 西南西（2021 年 2 月 16 日），19.9 m/s 西北西（2018 年 2 月 17 日），19.0 m/s 西（2009 年 2 月 20 日），19.0 m/s 西（2008 年 1 月 24 日）であり，最大瞬間風速は 30.0 m/s 西北西（2021 年 1 月 7 日），29.3 m/s 西（2009 年 2 月 20 日），28.0 m/s 西南西（2021 年 2 月 16 日），27.4 m/s 西北西（2018 年 2 月 17 日），27.4 m/s 西（2009 年 2 月 21 日）である．

さて後述のことを考慮して，最強風速と風向範囲を集約すると最大風速は 22 m/s，西南西から西北西であり，最大瞬間風速は 30 m/s，西南西から西北西，季節は冬季中心である．この値を利用した．

アメダス黒石の最大風速・最大瞬間風速記録日 2021 年 1 月 7 日の気象は降水量 11 mm，最低気温・最高気温 −7.1℃，0.3℃，平均風速 4.3 m/s，最大風速 21.8 m/s（歴代 3 位）西北西，最大瞬間風速 30.0 m/s（歴代 3 位）西北西，最多風向南南東，日照時間 1.4 h であり，同日 9 時の天気図（図 15-3）では，日本海北部に 998 hPa，襟裳岬南方に 1002 hPa の低気圧があり，その低気圧が急速に発達しながら北日本に進み，日本付近に強い寒気が流入して広く荒れた天気で，秋田県にあるアメダス八森では最大瞬間風速 42.4 m/s であった．

また最大風速 3 位，最大瞬間風速 4 位の 2018 年 2 月 17 日では 0.0 mm，−5.9℃，0.3℃，8.6 m/s，19.9 m/s（歴代 5 位）西北西，27.4 m/s（歴代 7 位）西北西，最多の西南西，1.2 h であり，同日 9 時の天気図は北海道西岸付近に 994 hPa，太平洋南東

15. 岩木おろし　　51

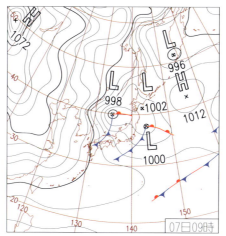

図15-3　岩木おろしが吹いた2021年1月7日9時の天気図［気象庁提供］

沖に1000 hPaの低気圧があり，急速に発達した．これらの低気圧によって青森県西方で強風が吹き，岩手山の東南東45 kmの弘前市，東方75 kmの黒石市でも強風が吹いた．

アメダス弘前の冬季，西寄りの最大風速は12.0 m/s西北西（2018年2月17日），11.7 m/s西北西（2021年1月7日），11.5 m/s西（2009年2月20日），11.3 m/s西北西（2013年2月24日），11.2 m/s南西（2016年2月14日）であり，最大瞬間風速は25.2 m/s西北西（2018年2月17日），23.3 m/s西（2021年1月7日），21.7 m/s南西（2016年2月14日），21.4 m/s西（2009年2月20日），21.1 m/s西（2019年12月12日）である．最強風速と風向範囲を集約すると最大風速は12 m/s，南西から西北西であり，最大瞬間風速は25 m/s，南西から西北西である．ただし，黒石の風速より小さいので参考値とした．

弘前の最大風速・最大瞬間風速記録日2018年2月17日の気象は降水量7.5 mm，最低気温・最高気温−7.5℃，0.9℃，平均風速4.4 m/s，最大風速・最大瞬間風速（風向）12.0 m/s（歴代6位）西北西，25.2 m/s（歴代2位）西北西，最多風向は西，日照時間0.2 hである．

なお，2021年1月7日の日本海側のアメダス深浦の気象は上記の順に8 mm，−4.5℃，1.6℃，最小湿度67%，6.5 m/s，23.7 m/s西北西，34.8 m/s西北西，2.2 hであり，弘前の北方のアメダス五所川原の気象は上記の順に14.5 mm，−6.2℃，−0.6℃，3.7 m/s，13.5 m/s西，23.9 m/s西，最多風向北西，0.5 hである．最大風速は深浦の23.7 m/sで最強，次に黒石の21.8 m/s，五所川原は13.5 m/sで弱風，弘

前は 12.0 m/s である.

　2018 年 2 月 17 日の日本海岸のアメダス深浦（日本海側）では 18.6 m/s 西北西，27.1 m/s 西北西，五所川原では 14.6 m/s 西北西，25.2 m/s 西，最多風向西南西，2021 年 1 月 7 日では深浦 23.7 m/s 西北西，34.8 m/s 西北西であり，一方，アメダス五所川原では 13.5 m/s 西，23.9 m/s 西，最多風向北西であった．海上から直接吹き付ける深浦では非常に強く，五所川原では内陸であり，かなり弱まるが，黒石で再び強くなっている．弘前での風速が他地点より小さいのは都市域での障害物の増加および，まさに岩木山の風下に当たるためと推察される．

　津軽平野ではリンゴ栽培が盛んである．リンゴは耐寒性が強いため凍害は発生しないが，春季に新梢が寒風に吹かれて枯れることがある．これは 3～5 月に 10 m/s 以上の強風が頻繁に吹くためで，この風も岩木おろしと呼ばれ防風林と防風網で対策をしている．その防風対策は台風等の強風害防止にも役立っている．

16. 岩手おろし

　岩手おろし，生保内だし，やませの吹く地域の色別標高地図を図 16-1 に示す．
　岩手山（2038 m）は岩手県の北西部にあり，奥羽山脈の岩手県域北部に位置する．岩手県の最高峰であり，二つの外輪山からなる複式火山を有する成層火山である．山麓のなだらかな姿から「南部富士」と呼ばれ，岩手県出身の宮沢賢治や石川啄木も心の拠り所としていた岩手山は日本百名山であり，春季には山麓域でカタクリ，夏季に

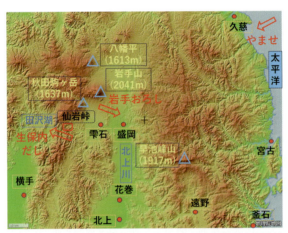

図 16-1　岩手おろし，生保内だし，やませの吹く地域の色別標高地図 ［国土地理院の地図をもとに筆者作成］

16. 岩手おろし　53

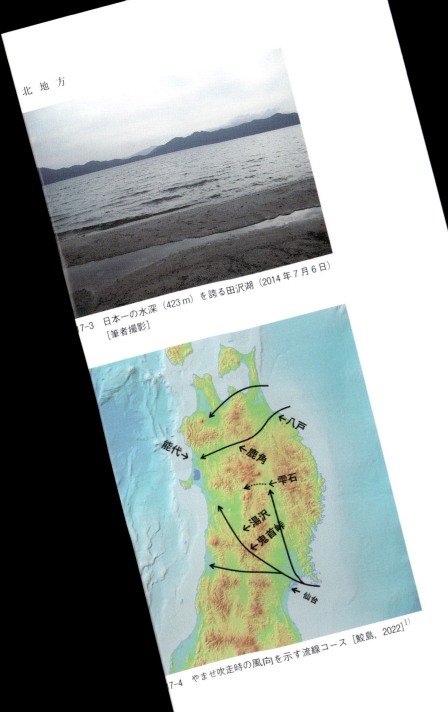

7-3 日本一の水深（423 m）を誇る田沢湖（2014 年 7 月 6 日）[筆者撮影]

7-4 やませ吹走時の風向を示す流線コース [鮫島, 2022][1]

図 16-2　八幡平からの岩手山の遠望（2014 年 7 月 16 日）[筆者撮影]

図 16-3　雄大な岩手山の眺望（2015 年 9 月 17 日）[筆者撮影]

頂上付近にはコマクサが沢山咲く（図 16-2, 図 16-3）.

　岩手山の南東方向のアメダス盛岡の北西寄りの風は最大風速 22.2 m/s 西北西（1951 年 4 月 10 日），21.0 m/s 西（1943 年 11 月 7 日），20.0 m/s 北西（1927 年 1 月 8 日），19.8 m/s 北西（1942 年 1 月 30 日），19.7 m/s 西（1963 年 11 月 19 日）であり，最大瞬間風速 35.2 m/s 西（1963 年 11 月 9 日），33.5 m/s 西（1983 年 4 月 27 日），33.2 m/s 西（1981 年 8 月 23 日），31.7 m/s 西（2005 年 2 月 23 日），31.6 m/s 西（1979 年 2 月 11 日）が該当するが，市街地であり風速はやや小さいと推測される．最強風速と風向範囲を集約すると最大風速は 22 m/s，西から北西，最大瞬間風速は

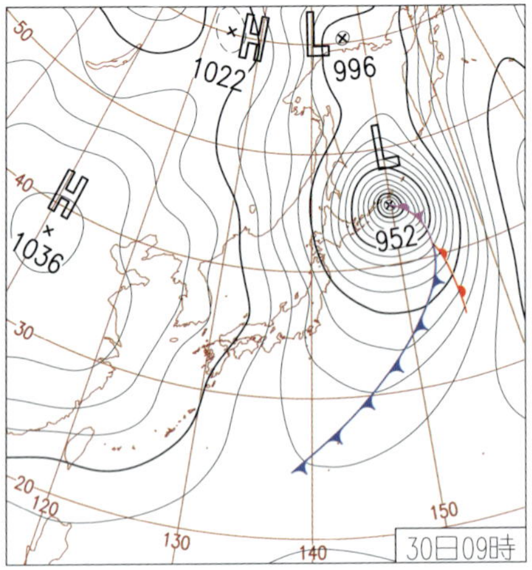

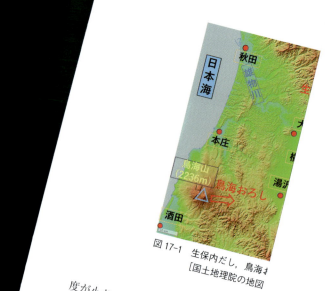

図16-4 岩手おろしが吹いた2017年10月30日9時の天気図［気象庁提供］

35 m/s，西，季節は全年（秋季から春季）である．

　最大風速記録日1951年4月10日の気象は降水量0 mm，最低気温・最高気温－1.0℃，10.0℃であり，最大瞬間風速記録日1963年11月9日の気象は降水量0.0 mm，最低気温・最高気温4.7℃，10.0℃，57%，平均風速5.9 m/s，最大風速・最大瞬間風速（風向）19.7 m/s西，35.2 m/s西，日照時間2.7 hである．

　最近の特徴的な事例として2017年10月30日の気象は降水量1.5 mm，4.7℃，15.0℃，最小湿度48%，平均風速4.1 m/s，11.7 m/s北西，25.6 m/s北西，4.9 hであり，同日9時の天気図（図16-4）では，前日9時に975 hPaの台風22号が四国の南にあり，伊豆諸島を通過して，30日9時にはオホーツク海で952 hPaの猛烈な温帯低気圧となり，西高東低の気圧配置で強風が吹いた．

17. 生保内だし（生保内東風）

　生保内だし，鳥海おろしの吹く地域の色別標高地図を図17-1に示す．
　秋田県仙北市（旧田沢湖町）の生保内町は盛岡と秋田を結ぶ街道に位置し，田沢湖の南東にある（図17-2，図17-3）．県境の仙岩峠から吹き降ろす東風に関連して「生保内東風」として古くから唄われた民謡生保内節が有名である．この風である生保内（おぼないまたはおぼね）だしの生保内東風は「宝風」といわれている．ただ宝風とは全面的に良好な意味ではない．この風は高温年にはあまり吹かなく，相対的に低温年に多く吹く．標高が高いにもかかわらず，弱めのフェーンで少し昇温するため冷害強

図17-1 生保内だし，鳥海〔国土地理院の地図

度が小さくなる意味での宝風である．
やませの鉛直方向の高さは1000〜2（
断されるが，いくぶんかは日本海側に
に示すように，八戸－鹿角－能代，仙
北上川下流より侵入したやませは，北
きを変えて，東西に走る生保内街道に

図17-2 山中にある田沢湖

17. 生保内だし（生保内東風）　　57

仙岩峠付近から生保内に吹き降りる風が生保内だしである．一般にやませは山の風上側で雨を降らせながら斜面を上昇する際に，気温低下率は小さいが降雨で霧が少なくなると風下斜面を吹き降りる気流の気温上昇率はいくぶん大きくなる．この結果，フェーンのような気温上昇が起こり，低温が緩和されて稲栽培には有利になる．

　梅雨期6～7月の東寄りのアメダス秋田の最大風速は17.6 m/s 南東（1954年6月10日），16.6 m/s 東南東（1911年6月19日），16.0 m/s 東南東（1964年6月3日），15.3 m/s 南東（1993年6月2日），15.3 m/s 東南東（1974年6月5日）であり，最大瞬間風速は26.2 m/s 南東（1964年6月3日），25.4 m/s 東南東（1993年6月2日），23.2 m/s 南東（1998年6月3日），23.2 m/s 南東（1990年6月9日），23.1 m/s 東南東（2004年6月21日）である．最強風速と風向範囲を仮に集約すると梅雨期6～7月，東寄り風の秋田の最大風速は18 m/s，東南東から南東，最大瞬間風速は26 m/s，風向は東南東から南東，西高東低や低気圧通過後に吹く．

　アメダス田沢湖の東寄りの最大風速は10.0 m/s 東（1999年6月30日），10.0 m/s 東南東（1986年6月29日），9.0 m/s 東南東（1993年6月3日），9.0 m/s 東南東（1990年7月12日），9.0 m/s 東（1989年6月25日）であり，最大瞬間風速は18.0 m/s 東南東（2012年6月20日），17.5 m/s 東（2011年7月20日），16.9 m/s 東（2022年6月6日），16.3 m/s 東（2011年7月22日），15.9 m/s 東（2020年6月25日）である．

　最強風速と風向範囲を集約すると生保内だしの吹き出し地点の田沢湖では最大風速は10 m/s，東から東南東，最大瞬間風速は18 m/s，東から東南東，季節は梅雨期（6

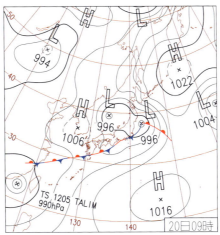

図17-5　生保内だしが吹いた2012年6月20日9時の天気図［気象庁提供］

58 第Ⅱ章 東北地方

～7月）であり，西高東低，低気圧通過後である．秋田と田沢湖の風速差が大きいため，総合的に調整・判断して，田沢湖の1～2割（15%）増しとして最大風速12 m/s，最大瞬間風速21 m/sと推測した．

田沢湖の最大風速記録日1999年6月30日の気象は降水量28 mm，最低気温・最高気温15.9℃，17.5℃，平均風速5.0 m/s，最大風速・最大瞬間風速（風向）10.0 m/s東，最多風向東，日照時間0hである．田沢湖の最大瞬間風速記録日2012年6月20日の気象は上記の順に14.5 mm，15.9℃，20.6℃，2.6 m/s，6.9 m/s東，18.0 m/s東南東，最多風向東，0hであり，同日9時の天気図（図17-5）は日本海と三陸沖に996 hPaの低気圧がある．台風4号は関東から東北南部を通り早朝三陸沖に出て9時には996 hPaの温帯低気圧に変わった．

1991～2020年の6月，7月の日数1830日について，アメダス田沢で日最大風速6 m/s以上の日数は259日あり，そのうち218日の最多風向は東から東南東であり，生保内だしが吹いたと推測される．単純平均で年間吹走日数は7日である．30年間内の年吹走日数の多い年は1993年27日，2003年21日で，いずれも冷害年であり，その2年間の7～8月の平均気温は30年間の下位から1位（1993年19.8℃），2位（2003年20.4℃）である．逆に高い気温の上位1位，2位はそれぞれ2010年と2014年であるが，生保内だし日数は0日，5日であった（鮫島，2022）[1]．生保内だしは暖かい年にはあまり吹かないため豊作にはならないが，冷害を軽減する意味で有効である．

18. 鳥海おろし

鳥海おろしの吹く地域の色別標高地図は17節の図17-1（p.55）を参照．出羽山地は奥羽山脈の西方に途切れ途切れに南北に連なり，青森，秋田，山形県に跨っている中で，火山である鳥海山と月山が際立つ．鳥海山（新山，2236 m）は日本海に面した名峰で，日本百名山であり，「出羽富士」とも呼ばれる．秋田県と山形県境にあるが，頂上の新山は山形県内にある．鳥海国定公園に指定されており，鳥海山，象潟，庄内砂丘と海岸林等が有名である．鳥海山は海抜0 mから初めはなだらかに，あとで急坂になる富士山型の特徴的な独立峰であり，雪と高山植物が見どころである．2016年7月4～5日に登ったが残雪が多くあり，驚いた（図18-1，図18-2）．にかほ市には天然記念物の象潟があり，潟湖に浮かぶ島々が陸地化した景勝地で，目玉の観光地である．また，仁賀保原は鳥海山の北麓の標高500 mの丘陵地にあり，牧場とジャージー牛の牧歌的風景と発電風車，鳥海山の近影は素晴らしい光景である．

さて，鳥海おろしは鳥海山周辺で呼ばれる風の名称であるが，どこのアメダスを解析すれば最適か迷う．秋田県側では，アメダスにかほ，矢島，湯沢，横手，湯ノ岱，山形県側では酒田，差首鍋，金山の内で，にかほは風上の海岸沿いにあり強風地であ

18. 鳥海おろし 59

図 18-1 鳥海山（2236 m）の遠望（2016 年 7 月 4 日）[筆者撮影]

図 18-2 鳥海山の行者岳からの雪渓と頂上御室小屋（2016 年 7 月 4 日）[筆者撮影]

る．その他は内陸で風は弱い．酒田は鳥海山から遠く離れ，海岸にあり，風の収斂で強風化する．実際に風の名称が使われる横手付近を考慮すると，にかほ，矢島，横手，湯沢辺りであろう．なお，にかほ海岸にはクロマツの海岸林が整備されている．

アメダスにかほの最大風速・最大瞬間風速 28.8 m/s（歴代 1 位）南西，37.3 m/s

60　第Ⅱ章　東北地方

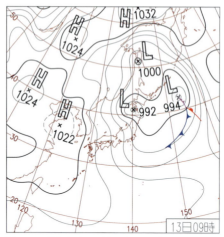

図 18-3　鳥海おろしが吹いた 2015 年 2 月 13 日 9 時の天気図［気象庁提供］

(歴代 1 位) 南西 (2015 年 2 月 13 日), 25.5 m/s (歴代 2 位) 南西, 33.8 m/s (歴代 2 位) 南西 (2018 年 10 月 7 日) である. 最大風速・最大瞬間風速の歴代 1 位は, アメダス矢島は 15.3 m/s 西南西, 36.9 m/s 西南西 (2012 年 4 月 4 日) であり, アメダス横手は 17 m/s 西 (1979 年 3 月 31 日), 24.5 m/s 北西 (2010 年 4 月 14 日), アメダス湯沢は 19.0 m/s 西, 29.8 m/s 西 (2012 年 4 月 4 日) である.

　にかほは風上でやや大きい風速を示し, 横手と湯沢は内陸で小さい. さらに, にかほの歴代 1 位と 2 位を平均し, 風向は矢島, 横手, 湯沢を考慮して, 最終的に集約すると最大風速・風向は 27 m/s, 西南西から西, 最大瞬間風速・風向は 36 m/s, 西南西から西, 秋から春季 (冬季と春季) と推定され, 気圧配置は西高東低や低気圧通過後とされる.

　にかほの最大風速・最大瞬間風速記録日 2015 年 2 月 13 日の気象は降水量 13 mm, 最低気温・最高気温 −0.8℃, 5.5℃, 平均風速 12.5 m/s, 最大風速・最大瞬間風速 (風向) 28.8 m/s 南西, 37.3 m/s 南西, 最多風向西北西, 日照時間 0.5 h であり, 同日 9 時の天気図 (図 18-3) によると津軽海峡に 992 hPa の低気圧があり, 低気圧通過中の西高東低であり, 強風が吹く条件にあった.

　なお, アメダス矢島 (秋田県南部) の最大風速記録日 2012 年 4 月 4 日の気象は降水量 12.5 mm, 最低気温・最高気温 0.3℃, 5.1℃, 平均風速 7.9 m/s, 最大風速・最大瞬間風速 (風向) 15.3 m/s 西南西, 36.9 m/s 西南西, 最多風向西北西, 日照時間 0.2 h であり, 同日 9 時の天気図は北海道北部のオホーツク海上に猛烈に発達した 952 hPa の低気圧, 東シナ海に 1022 hPa の高気圧があり, 西高東低の気圧配置で, 新

潟県佐渡市両津では最大瞬間風速 43.5 m/s など北日本と北陸は大荒れであった．

19. 清川 だ し

　清川だし，月山おろし，蔵王おろしの吹く地域の色別標高地図を図 19-1 に示す．
　清川だしの吹く最上川（図 19-2）は，山形県吾妻連峰を源流として日本海に注ぐ全長 229 km の一県内だけを流れる大河であり，飯豊山，西吾妻山，蔵王山，月山，鳥海山の日本百名山五つの山に囲まれた流域をもつ，五つの盆地と五つの狭窄部が交互に 200 km にわたって連なり，平野部は 29 km である（山形県，最上川）[1]．松尾芭蕉の『おくのほそ道』で有名であり，「五月雨を集めて早し最上川」と詠んでいる．近年では NHK のテレビドラマ「おしん」の舞台にもなった．山形県立自然公園に指定されており，富士川，球磨川とともに日本三大急流の一つと呼ばれている．最近では季節で変わる「最上峡芭蕉ライン舟下り」が観光名所（図 19-3）となっている．
　清川だしの吹走地に近いアメダス狩川（山形県北部）の最大風速は 23.3 m/s 東南東（2017 年 4 月 18 日），21.0 m/s 東南東（1985 年 2 月 9 日），21.0 m/s 東南東（1983 年 5 月 16 日），19.0 m/s 東南東（1986 年 5 月 15 日），19.0 m/s 東南東（1984 年 4 月 19 日），18.9 m/s 東南東（2020 年 5 月 19 日），18.3 m/s 東南東（2013 年 4 月 7 日）であり，最大瞬間風速は 33.8 m/s 東南東（2017 年 4 月 18 日），31.2 m/s 東南東（2020 年 5 月 19 日），28.7 m/s 東南東（2015 年 8 月 25 日），28.6 m/s 東南東（2015 年 8 月 26 日），27.7 m/s 東南東（2020 年 4 月 20 日），27.4 m/s 東南東（2018 年 9 月

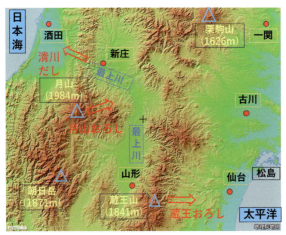

図 19-1　清川だし，月山おろし，蔵王おろしの吹く地域の色別標高地図［国土地理院の地図をもとに筆者作成］

図 19-2　清川だしの吹く地名を示す JR 清川駅 ［筆者撮影］

図 19-3　最上峡芭蕉ライン舟下りと最上川 ［最上峡芭蕉ライン観光株式会社提供］

4日），27.4 m/s 東南東（2017年9月18日）である．

　最強風速と風向範囲を仮に集約すると最大風速は 23 m/s, 東南東, 最大瞬間風速 34 m/s, 東南東で, 季節は全年（春季から秋季, 5～8月）である. ただし狩川は清川だしの観測適地ではないため, 文献（吉野, 1986；真木, 2022）[2),3)]等から2割増しとして推測すると, 最終的に集約すると最大風速は 28 m/s, 東南東, 最大瞬間風速は 41 m/s, 東南東, 季節は 5～8月（6月, 7月, 梅雨期）であり, 梅雨型気圧配置で吹く.

　清川だしはオホーツク海高気圧からの吹き出しが東北地方に届く際に, 奥羽山脈を越えて, 新庄盆地から最上峡沿いに侵入して庄内平野に吹き出す強風である. 日本海に低気圧があるとさらに強化されることが多い. 狩川のデータには出てないが6月に多く, 月に約6日間吹く. 強風は清川と立川付近のみの場合と庄内平野全域に及ぶな

19. 清川だし 63

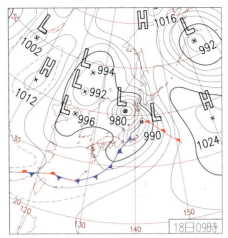

図 19-4 清川だしが吹いた 2017 年 4 月 18 日 9 時の天気図 [気象庁提供]

ど, 強度と範囲が変化する.

　過去には酒田の強風による火災がよく発生した. 果樹, 水稲などの強風害も多いが, だし風が吹く日には日照が多くなるため水稲収量が増加する事例もある. 近年, 大型風力発電機の導入が盛んになり, 強風が有効利用されている. また庄内町風車村の風や風力発電を理解するための学習施設「ウィンドーム立川」がある.

　最大風速・最大瞬間風速記録日 2017 年 4 月 18 日の気象は雨量不明, 最低気温・最高気温 8.5℃, 18.8℃, 平均風速 9.0 m/s, 最大風速・最大瞬間風速 (風向) 23.3 m/s 東南東, 33.8 m/s 東南東, 最多風向西, 日照時間 1.3 h であり, 同日 9 時の天気図 (図 19-4) では日本海北部に 980 hPa, 三陸海岸に 990 hPa の低気圧があり, 各地で非常に強い風が吹き, 北海道で積雪, アメダス真狩では 42.2 m/s が吹いた. 狩川では地峡風が強かった.

　最近の強風日 2020 年 5 月 19 日の狩川の気象は降水量 4.5 mm, 最低気温・最高気温 9.4℃, 17.0℃, 平均風速 11.3 m/s, 最大風速・最大瞬間風速 (風向) 18.9 m/s 東南東, 31.2 m/s 東南東, 最多風向東南東, 日照時間 0 h で雨天であった. 同日 9 時の天気図は関東に 996 hPa と朝鮮半島に 994 hPa, 992 hPa の低気圧があり, その前線を伴った低気圧が東海道沖を東北東進し, 東日本から東北は広く雨だった.

　気象災害では 2000 年 8 月 13 日に台風 9 号のフェーン風により白穂害が発生した. 酒田の気象は降水量 0 mm, 最低気温・最高気温 22.1℃, 29.9℃, 最小湿度 40%, 平均風速 7.5 m/s, 最大風速・最大瞬間風速 (風向) 11.0 m/s 東南東, 17.5 m/s 東南東, 日照時間 12.6 h であり, 高温, 強風と日射量がフェーン特性をあらわしている.

同日9時の天気図では御前崎の南方に985 hPaの台風9号が北東方に進行し，北海道南方には1012 hPaの高気圧があった．

20. 月山おろし

　月山おろしの吹く地域の色別標高地図は19節の図19-1（p.61）を参照．月山（1984 m）は山形県の中央部，出羽丘陵の南部に位置する火山であり，磐梯朝日国立公園の特別区域に指定されている（図20-1，図20-2）．湯殿山，羽黒山とともに出羽三山の一つであり，頂上には月山神社がある．日本百高山，花の百名山であり高山植物が多い．

　月山おろしは月山周辺，特に風下側で呼ばれる局地風である．月山周辺のアメダス左沢では最大風速は歴代1位の16.0 m/s 西北西（2018年3月2日），16.0 m/s 北西（1993年4月18日），最大瞬間風速は歴代1位の29.1 m/s 北西（2021年2月16日），29.1 m/s 西北西（2018年3月2日）であり，アメダス東根では最大風速は歴代1位の16.0 m/s 北北東（2006年4月20日），歴代1位の最大瞬間風速24.2 m/s 西南西（2018年3月2日）で，風速が小さい．

　アメダス山形の西寄り風の最大風速は21.4 m/s 南西（1957年12月13日），15.9 m/s 西（1902年4月30日），15.8 m/s 南西（1961年9月16日），15.6 m/s 西南西（1944年5月6日），14.5 m/s 西北西（1951年4月30日）であり，最大瞬間風速は32.2 m/s 南西（1957年12月13日），29.2 m/s 西（1944年9月7日），28.9 m/s 南南西（2004年8月31日），28.2 m/s 南南西（1972年3月19日），28.0 m/s 南西（1961

図20-1　残雪の多い月山（1984 m）の遠景（2016年6月22日）
　　　　［筆者撮影］

図20-2　夏季でも残雪の多い月山（2016年6月22日）[筆者撮影]

年9月16日）である．最強風速と風向範囲を集約すると最大風速は21 m/s，南西から西北西，最大瞬間風速は32 m/s，南南西から西で，全年（主として春季と秋季）である．

月山おろしの特徴をよくあらわす気象特性日として2018年3月2日を選定した．アメダス山形の気象は降水量1.5 mm，最低気温・最高気温−2.2℃，2.7℃，最小湿度40%，平均風速3.9 m/s，最大風速・最大瞬間風速（風向）9.8 m/s 西南西，20.1 m/s 西，日照時間0.6 hであり，同日9時の天気図は北海道オホーツク海直近に962 hPaの猛烈な低気圧，黄海には1020 hPaの高気圧があり，その影響で強風が吹いた．北海道襟裳岬の最大瞬間風速44.3 m/sは3月の記録更新で，北日本各地で30 m/s超えの最大瞬間風速が吹いた．

もう一例，2021年2月16日の気象は降水量5.0 mm，最低気温・最高気温−0.4℃，7.8℃，最小湿度37%，平均風速5.0 m/s，最大風速・最大瞬間風速（風向）8.2 m/s 南西，18.1 m/s 南西，日照時間0 hであり，同日9時の天気図（図20-3）は北海道オホーツク海直近に946 hPaのさらに強い低気圧が停滞し，北日本は大荒れ，北海道襟裳岬で最大風速31.3 m/sの猛烈な風が吹いた．

なお，山形市以南の上山（かみのやま）市付近の果樹園地域では，サクランボ，ブドウ，セイヨウナシ，リンゴ，カキ等の果樹栽培が盛んであるが，果樹に影響を及ぼす「蔵王おろし」が吹くと言われている．これは蔵王山から見ると風上側のまったく逆風向で不合理であるため，筆者は山形盆地の農協，果樹農家等に対して「月山おろし」の提案をしており，賛同を得ている．このような風上側での名称の利用は，有名な山であればあるほど付ける傾向がある．

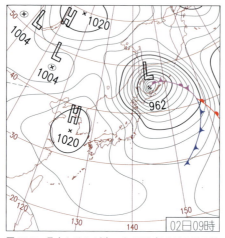

図20-3　月山おろしが吹いた2018年3月2日9時の天気図［気象庁提供］

21. 蔵王おろし

　蔵王おろしの吹く地域の色別標高地図は19節の図19-1（p.61）を参照．蔵王山（熊野岳，1841 m）は日本百名山であり，熊野岳，刈田岳，地蔵岳などの総称である．熊野岳と地蔵岳は山形県内に，刈田岳は宮城県内にある．筆者はジャガラモガラ風穴の気象観測の帰りに1996年7月19日，1997年4月26日，1998年5月24日（図21-1，図21-2）に登った．蔵王山は冬季のスキーが有名であり，山上にできる樹氷・霧氷は「モンスター」と呼ばれるほどに成長し，これを見るスキー客や観光客も多い．5月

図21-1　蔵王山の御釜（1998年5月24日）［筆者撮影］

図 21-2　蔵王山（熊野岳，1841 m）の遠望（1998 年 5 月 24 日）
[筆者撮影]

でも雪深い蔵王山の遠景を図 21-2 に示す．

　アメダス仙台の西寄りの最大風速は 24.0 m/s 西北西（1997 年 3 月 11 日），21.7 m/s 西南西（1957 年 12 月 13 日），21.6 m/s 西（1987 年 3 月 25 日），21.4 m/s 西北西（1955 年 3 月 18 日），21.2 m/s 西北西（1954 年 4 月 19 日）であり，最大瞬間風速は 41.2 m/s 西北西（1997 年 3 月 11 日），38.7 m/s 西北西（1987 年 11 月 24 日），36.7 m/s 西北西（1987 年 3 月 25 日），35.9 m/s 西北西（2005 年 4 月 8 日），35.7 m/s 西北西（1994 年 2 月 21 日）である．最強風速と風向範囲を集約すると最大風速は 24 m/s，西南西から西北西，最大瞬間風速は 41 m/s，西北西，季節は秋から春季であり，西高東低や低気圧通過後に吹く．

　アメダス名取の西寄りの最大風速は 26.0 m/s 西（2013 年 4 月 8 日），23.0 m/s 西（2004 年 11 月 27 日），最大瞬間風速は 33.4 m/s 西（2013 年 4 月 8 日），30.9 m/s 西北西（2012 年 4 月 4 日）であり，アメダス白石の最大風速は 21.2 m/s 西（2013 年 4 月 8 日），20.4 m/s 西（2012 年 4 月 4 日），最大瞬間風速は 34.2 m/s 西（2013 年 4 月 7 日），34.0 m/s 北西（2015 年 1 月 8 日）である．なお，アメダス蔵王の風速は山の地形的影響で小さく，最大風速は 9.7 m/s 西南西（2021 年 3 月 10 日），最大瞬間風速は 24.8 m/s 南西（2021 年 3 月 10 日）である．

　最大風速記録日 2013 年 4 月 8 日の名取の気象は降水量 0 mm，最低気温・最高気温 7.4℃，12.3℃，平均風速 10.9 m/s，最大風速・最大瞬間風速（風向）26.0 m/s 西，33.4 m/s 西，最多風向西である．白石の気象は上記の順に 0 mm，4.8℃，9.8℃，11.0 m/s，21.2 m/s 西，32.1 m/s 西，最多風向西，9.4 h であり，同日 9 時の天気図（図 21-3）は，北海道の根室付近に 974 hPa の強い低気圧で西高東低の気圧配置となり東北地方は強風が吹いた．

68　第Ⅱ章　東北地方

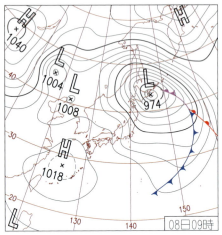

図 21-3　蔵王おろしが吹いた 2013 年 4 月 8 日 9 時の天気図［気象庁提供］

　また強風日（名取の最大瞬間風速と白石の最大風速の記録日）2012 年 4 月 4 日 9 時の天気図は，直近のオホーツク海上に 952 hPa，北海道南部に 968 hPa の低気圧があり西高東低で，東北地方では強風が吹いた．

　なお，山形県南東部での蔵王おろしの名称は，20 節での指摘通り月山おろしに変える方がよさそうである（鮫島，2022）[1]．

22. 吾妻おろし

　吾妻おろし，安達太良おろし，磐梯おろし，飯豊おろしの吹く地域の色別標高地図は図 22-1 に示す．

　福島県は全国 3 位の面積を有し，地形は東部に阿武隈山地，中央には奥羽山脈，西部に越後山脈が南北に走り，太平洋側から浜通り，中通り，会津地方に区分される．気候は奥羽山脈を境に，東部は太平洋側，西部は日本海側の気候に区分される．浜通りは降雪量が少なく，東北地方では比較的温暖である．会津地方は降雪量が 2 m を超え，根雪期間が 3 か月に及ぶ日本海冬型気候が多い．中通り地方の気候は，浜通りと会津の中間型である．日本百名山の吾妻山（西吾妻山，2035 m）は東西 20 km にわたる吾妻連峰の最高峰でお花畑が素晴らしい（図 22-2，図 22-3）．

　吾妻おろしは福島県の吾妻山の周辺，おもに風下で吹く局地風であり，寒候期に奥羽山脈を越えて福島県中通り北部の福島市付近に吹く北西寄りの季節風である．

　吾妻山の北東側にアメダス梁川，福島，相馬，飯館，南側に鷲倉，二本松がある．

22. 吾妻おろし　69

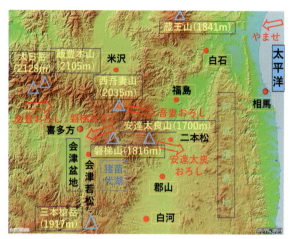

図 22-1　吾妻おろし，安達太良おろし，磐梯おろし，飯豊おろしの吹く地域の色別標高地図［国土地理院の地図をもとに筆者作成］

　福島の最大風速 22.9 m/s 西（1959 年 4 月 10 日），21.2 m/s 西北西（1969 年 3 月 21 日），最大瞬間風速 32.2 m/s 西（1979 年 3 月 31 日），31.1 m/s 北西（1947 年 3 月 3 日），梁川は最大風速 17.4 m/s 西北西（2017 年 12 月 25 日），最大瞬間風速 30.2 m/s 西北西（2020 年 3 月 6 日），飯舘の最大風速 18.1 m/s 西北西（2021 年 4 月 18 日），最大瞬間風速 34.5 m/s 北西（2021 年 4 月 19 日），相馬の最大風速 20.0 m/s 西

図 22-2　樹林内の西吾妻山（2035 m）山頂（2015 年 10 月 19 日）
　　　　［筆者撮影］

図22-3　西吾妻山付近からの眺望（2015年10月19日）［筆者撮影］

(1994年2月22日)，最大瞬間風速29.4 m/s西 (2012年4月4日)，南側直近の鷲倉は最大風速19.0 m/s西北西 (1993年4月28日)，最大瞬間風速38.0 m/s西南西 (2012年4月4日)，二本松の最大風速16.9 m/s西 (2017年4月19日)，最大瞬間風速32.4 m/s西 (2017年4月19日) である．

　集約として最大風速の上位3位 (21.9 m/s, 21.2 m/s, 20.0 m/s) の平均から吾妻おろしの最大風速は21 m/s，西から西北西，最大瞬間風速は上位3位 (38.0 m/s, 34.5 m/s, 32.4 m/s) の平均は35 m/s，西南西から北西で，冬季と春季に西高東低や低気圧通過時に吹く．

　福島の最大風速記録日2009年4月10日の気象は降水量0 mm，最低気温・最高気温7.4℃，27.0℃，最小湿度11％，平均風速2.3 m/s，最大風速・最大瞬間風速（風向）6.7 m/s西，11.2 m/s西北西，日照時間12.0 hであり，同日9時の天気図（図22-4）は黄海，本州，東方沖に1024 hPaの帯状の高気圧に広く覆われ，広範囲に晴天で空気の乾燥した状態が続き，東北南部以南は夏日となった．

　吾妻山直近のアメダス鷲倉で最大瞬間風速記録日2012年4月4日の気象は降水量16.5 mm，最低気温・最高気温−6.6℃，−3.6℃，平均風速11.0 m/s，最大風速・最大瞬間風速（風向）18.4 m/s西，38.0 m/s西南西，最多風向西，日照時間0.3 hであり，同日9時の天気図は北海道北方直近に952 hPaと北海道南部に968 hPaの低気圧，東シナ海に1022 hPaの高気圧があり，低気圧はさらに発達し15時の中心気圧950 hPaとなり新潟県佐渡市両津で最大瞬間風速43.5 m/sなど北日本・北陸は大荒れだった．

　福島県は農業が盛んであり，モモ，リンゴ，ナシ，ブドウの生産適地ではあるが，

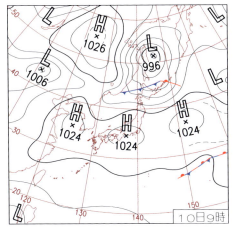

図 22-4　吾妻おろしが吹いた 2009 年 4 月 10 日 9 時の天気図［気象庁提供］

いずれも最高位という品目はなく，それなりに高い品質・生産量を上げる特徴がある．漁業は東日本大震災の原子力発電所事故の影響でいまだに厳しい状況にある．観光地では会津磐梯山，猪苗代湖，五色沼，会津若松城，あぶくま洞などが有名である．なお，福島県の冬季の西寄りの局地風に阿武隈おろし（福島南東部，北茨城），安積のほまち風があるそうだ．

23. 安達太良おろし

　安達太良おろしの吹く地域の色別標高地図は 22 節の図 22-1（p.69）を参照．安達太良山（1700 m）は，別名「乳首山」とも呼ばれ，磐梯朝日国立公園の南端に位置する．東麓からはなだらかな山形であるが，山上は爆裂火口の荒々しい景観が広がる二面性をもつ山である．明治時代に噴火の記録があり，その火口の沼ノ平は，大爆発によってできた直径 500 m の噴火口で，山肌がそそり立つ特異な地形が山のシンボルとなっている．山麓周辺には多くの温泉があり賑やかである．安達太良山は日本百名山，花の百名山に選ばれている（図 23-1，図 23-2）．

　アメダス二本松の西寄りの最大風速は 16.9 m/s 西（2017 年 4 月 19 日），14.0 m/s 西（2018 年 3 月 1 日），13.9 m/s 西北西（2013 年 2 月 9 日），13.7 m/s 西（2016 年 10 月 4 日），13.4 m/s 西（2012 年 2 月 2 日）であり，最大瞬間風速は 32.4 m/s 西（2017 年 4 月 19 日），29.8 m/s 西（2018 年 3 月 1 日），29.5 m/s 西（2012 年 4 月 4 日），28.6 m/s 西（2018 年 3 月 2 日），28.5 m/s 西（2012 年 2 月 2 日）である．最強風速

図 23-1　安達太良山北方の荒々しい山肌の爆裂火口・沼ノ平火口
　　　　（2015 年 10 月 18 日）［筆者撮影］

図 23-2　頂上付近からの秋の黄葉季の眺望（2015 年 10 月 18 日）
　　　　［筆者撮影］

と風速範囲を集約すると最大風速は 17 m/s，西から西北西であり，最大瞬間風速は 32 m/s，西，季節は秋季から春季である．ちょうど，安達太良山は二本松の西にあり，まさしく風下に当たり，西風が良く評価されており，風向変化も少ない状況が観測されている．

　二本松の最大風速・最大瞬間風速記録日 2017 年 4 月 19 日の気象は 0 mm，7.7℃，16.7℃，4.8 m/s，16.9 m/s 西，32.4 m/s 西，最多風向西，7.1 h である．同日 9 時の天気図（図 23-3）は日本海と北海道東部に 986 hPa の低気圧，東シナ海に 1014 hPa

23. 安達太良おろし　73

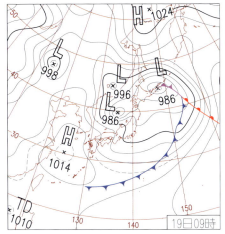

図 23-3　安達太良おろしが吹いた 2017 年 4 月 19 日 9 時の天気図［気象庁提供］

図 23-4　いぐね（屋敷林）のある田園風景［大玉村地域おこし協力隊提供］[1]

の高気圧がある．日本海から北日本を，寒気を伴った低気圧が東進し，北日本は雨で雷もあり，最大瞬間風速は東北を中心に 30 m/s 超え，最大風速の 4 月の記録更新が多数地点で出た．

　安達太良おろしの使用例は，大玉村産業振興センター あだたらの里直売所の大玉村では風の強い朝，強風のことを「安達太良おろし」と呼び，この風が美味しい農産物を育てる．キャンプ場である「フォレストパークあだたら」で，安達太良おろしの強風が吹いた記録がある．大玉村地域おこし協力隊によると，福島県中通りに位置する大玉村はいぐねのある田園風景（図 23-4）があり，北西に 1700 m の安達太良山が

そびえ立ち，その安達太良山の裾野で肥沃な土壌で畑や田んぼが，そして安達太良山からの冷たい安達太良おろしを防ぐために，いぐねという屋敷林が村の風景を作っている．二本松市の道の駅安達付近では多種類の果樹，昼夜の寒暖差が育む美味しい野菜，米が育つ．安達太良山から吹き降ろす冷たい「安達太良おろし」の吹く中，冷たい川でアサツキを洗い，少し暖かくなるとジャガイモを植え，1年の農作業が始まる．

24. 磐梯おろし

　磐梯おろしの吹く地域の色別標高地図は22節の図22-1（p.69）を参照．磐梯山（1816 m）は福島県の北部に位置し，猪苗代湖の北側にある．磐梯山を主峰に三峰からなり，円錐形をした成層火山である．1888年の大爆発で，裏磐梯一帯が出現した．爆発によって五色沼や桧原湖・秋元湖・小野川湖などの多くの湖沼群ができ，現在は素晴らしい景色の観光地である．裏磐梯からの噴火で二裂した山容は独特であるが，おもてからの端正な円錐形山型は見事である（図24-1，図24-2）．磐梯山は日本百名山であり，山頂からは眼下に日本4位の広さの猪苗代湖が広がる．遠く燧岳（燧ヶ岳）から南会津の山々，那須連峰，飯豊連峰，吾妻・安達太良，そして桧原湖などの裏磐梯の湖沼群の大パノラマが見える．南西20 kmには会津若松があり，会津若松城（鶴ヶ城），飯盛山等の観光地が多い．山麓には温泉が数か所にある．アメダス猪苗代は磐梯山と湖北端との中間にある．

　アメダス猪苗代の東寄りの最大風速は21.1 m/s 北東（2019年10月12日），20.6 m/s 東北東（2014年2月15日），19.6 m/s 北東（2017年10月23日），19.2 m/s 東

図24-1　磐梯山（1816 m）の眺望（2015年10月20日）[筆者撮影]

図 24-2　猪苗代湖側からの磐梯山の眺望（2015 年 10 月 20 日）
[筆者撮影]

北東（2009 年 10 月 8 日），19.0 m/s 北東（1982 年 9 月 12 日）であり，最大瞬間風速は 34.5 m/s 北東（2009 年 10 月 8 日），34.3 m/s 北東（2019 年 10 月 12 日），33.9 m/s 東北東（2014 年 2 月 15 日），29.8 m/s 北東（2017 年 10 月 23 日），25.3 m/s 東北東（2010 年 3 月 10 日）である．

　最強風速と風向範囲を集約すると最大風速は 21 m/s，北東から東北東，最大瞬間風速は 35 m/s，北東から東北東で，季節は秋から春季である．福島県内陸部での強風の吹走地域で，有名な磐梯山の名称を被せたと推測され，特に会津地方北部の強風が目立つ．

　猪苗代の最大風速記録日 2019 年 10 月 12 日の気象は降水量 117.5 mm，最低気温・最高気温 14.3℃，21.2℃，平均風速 8.1 m/s，最大風速・最大瞬間風速（風向）21.1 m/s 北東，34.3 m/s 北東，最多風向北東，日照時間 0 h であり，同日 9 時の天気図（図 24-3）は 950 hPa の台風 19 号が上陸直前で東海沖にあり，その後伊豆半島に上陸し，東北の太平洋に抜けた．各地で暴風雨があった．したがって，最大風速は 21.1 m/s に更新し，最大瞬間風速でも 34.3 m/s の歴代 2 位であった．

　なお，最大瞬間風速記録日 2009 年 10 月 8 日の気象は降水量 14 mm，最低気温・最高気温 10.1℃，19.4℃，平均風速 7.8 m/s，最大風速・最大瞬間風速（風向）19.2 m/s 東北東，34.5 m/s 北東，最多風向西北西，日照時間 0.3 h である．同日 9 時の天気図（12 節・襟裳岬風の図 12-4，p.39）では 975 hPa の台風 18 号が 5 時に知多半島に上陸し，9 時には関東地方を通過し，その後，猪苗代では暴風となった．

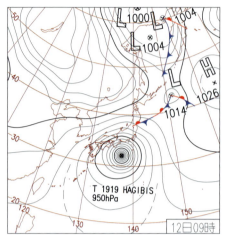

図24-3　磐梯おろしが吹いた2019年10月12日9時の天気図［気象庁提供］

▶▶ コラム①　2種類の『風の事典』

　『風の事典』（関口，1985)[1]は日本の2145の風の名前をまとめ，それらの特徴をあらわしている．目次を見ると，

　第一部
　序章：はじめに，日本の風の名前，日本の風の神様，ギリシャ神話の風神たち／1章：船乗りの言葉／2章：海と山の風／3章：季節の風，冬・夏の風，暴風の風／4章：地方的な風の名前：西日本・日本海沿岸・東日本・湖の風／5章：文学的な風の名前
　第二部
　風の名前，語群別風名一覧，あとがき

であり，961頁のうち，風の名前と解説が143〜945頁にわたる．
　日本の風の名前の数は，西日本系統928，日本海系統549，東日本太平洋系統703の3系統に加えて，内水系134がある．一方，使用されない風名も多い．これらは風の名前に深い関心をもっている漁業者を対象に，その団体である全国漁業協同組合の地区漁協2322か所でアンケート調査を実施し，回答を得た1301か所（56％）の漁業関係者の情報に基づいている．したがって農業・林業関係者は少なく，他産業，一般人からの情報は入っていないが，海や漁師の風

24. 磐梯おろし　77

に関する情報・特徴が得られたことは確かである．これらの膨大な風名は海が主体となっているものが多い．

　なお，本書が出版された1985年頃には，「"ヤマセは遠くになりにけり"，ヤマセの気象は変わらないがマスコミはヤマセをほとんど取り上げない，関心事でなくなった」と記載されている．この社会情勢の捉え方は驚きであるが，1993年の大冷害・凶作による大騒動はなんだったのか．ヤマセ冷害は1998年，2003年，2009年にも発生している．ただし，時代の趨勢か，最近は地球温暖化が関与して高温障害が出るようになっている．

　もう一つの『風の事典』（真木ら，2011）[2)]では多事項・多方面から200項目の風に関する事項を解説・記述している．一部の事例を示す．

　1章　風と生活：四季と風，風の諺，風の言い回し，風の地方名，日本・世界における風地名，屋敷森・屋敷林，風と石垣，風見鶏，扇風機，風と歴史，日本の風信仰・風神話，風神・風祭，世界の風信仰・風神話，風と文学，風と百人一首，風と歌・舞踊，風の絵画，風と音楽，風と映画，風と声，風疹，かぜとインフルエンザ

　2章　風の基礎：風とは，気象庁風力階級，風の吹き方，風を測る，上空の風を計る，風に関する警報・注意報，風をあらわす，風の乱れ，乱れの強さ，乱流と層流，風の息，風のスペクトル，風のよび名，世界の風・日本の風，気圧傾度力等，移流，拡散，風のシア，地衡風　等

　3章　さまざまな風：大気大循環，貿易風，偏西風・偏東風　等25項目

　4章　風と地形・景観：穂波・樹梢波，縞枯れ，風穴の風，雨陰沙漠　等16項目

　5章　風と水の関わり：ブリザード，雪崩と風，暴風圏・暴風雨圏　等10項目

　6章　風と地球環境問題：オゾンホール，エルニーニョ，黄砂　等9項目

　7章　風とエネルギー：風の力，風と流線形，風の運動エネルギー　等13項目

　8章　風と災害：強風と暴風，台風災害，ハリケーン災害　等20項目

　9章　風と農業：斜面温暖帯，冷気流，防霜ファン　等11項目

　10章　風と都市：ヒートアイランド現象，風の道　等14項目

　11章　風と乗り物：ロケット，晴天乱気流，飛行機　等7項目

　12章　風とスポーツ：熱気球，人力飛行機，スカイダイビング　等16項目

　13章　風と動植物：偏形樹，風と植物，風と森林　等11項目

である．以上の通り，海に関連する多量の風言葉（ならい，こち，にし等）に
対して，風の用語の具体的な広範囲の関連事項（エルニーニョ，オゾンホー
ル，黄砂等）の解説である．同じ書籍名ではあるが，両者の目的が大きく異な
り，特徴がよく出ていて興味深く，どちらも有益である．

第 III 章　北陸地方（中部地方北部）
新潟県・富山県・石川県・福井県

　　北陸地方の降水量は多く，平地で 2500 mm，山岳地域では 4000 mm を超えるところもある．降水の 30% が冬季に降る特徴があり，多雨（多雪）多湿の日本海型気候に分類される．暖候期にはときどき南風のフェーンが吹き，非常な高温になることがある．

　　新潟県と富山県には局地風が非常に多い一方，石川県では一つ，福井県には顕著な局地風は見あたらない．日本海側の局地風の多くは内陸と山地から海へ吹き出す東から南寄りの風として「だし」風と呼ばれる．

　　本章では北陸地方の局地風（三面だし，荒川だし，胎内だし，飯豊おろし，安田だし，関川だし，姫川だし，白馬おろし，立山おろし，神通川だし，庄川あらし，井波風，砺波だし，白山おろし）を解説する．

25. 三面だし

　　三面だし，荒川だし，胎内だし，飯豊おろし，安田だしの吹く地域の色別標高地図を図 25-1 に示す．

　　三面川は山形県と新潟県境の朝日連峰（日本百名山の大朝日岳，1871 m）に源流があり，新潟県北部の越後平野の北端を西流し，二級河川として村上市の下流の市街地を流れて日本海に注ぐ．上流には奥三面ダムと三面ダムがあり，水力発電をしている．三面だしは東方の山地から川沿いに吹き，越後平野に流れ出す地点で強風となり，日本海に吹き出す（図 25-2, 図 25-3）．

　　荒川や阿賀野川の源流域では奥羽山脈は標高が低くなり，太平洋側からの東風が東西に走る谷川を地峡風として吹き抜けやすくなる．荒川が朝日山地と飯豊山地のあいだを流れ，阿賀野川が飯豊山地と越後山脈のあいだを流れている．日本海側最大の越後平野に脊梁山脈から西流する河川が東西に並んで流れ出す．

　　これらの河川が山地の峡谷を抜けて越後平野に吹き出す開口部で局地的に強風となる．その風が三面だし，荒川だし，胎内だし，安田だしである．このだし風は帆船時代に舟を沖合に出すのに都合が良いことから，送り出し風の意味で呼ばれている．

　　まず，冬季の季節風に関して，アメダス村上の最大風速は，順に 12.9 m/s 西南西

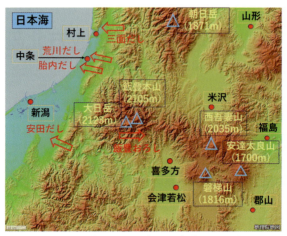

図 25-1 三面だし，荒川だし，胎内だし，飯豊おろし，安田だしの吹く地域の色別標高地図［国土地理院の地図をもとに筆者作成］

図 25-2 大朝日岳登山時の景色（2016 年 6 月 23 日）［筆者撮影］

(2018 年 3 月 1 日)，12.3 m/s 西（2018 年 3 月 2 日)，12.2 m/s 西北西（2021 年 1 月 7 日)，12.0 m/s 西（2002 年 1 月 5 日)，12.0 m/s 西（1998 年 9 月 22 日）であり，最大瞬間風速は，順に 25.2 m/s 南西（2021 年 1 月 7 日)，24.0 m/s 西（2018 年 2 月 14 日)，23.9 m/s 西南西（2018 年 3 月 1 日)，23.6 m/s 北西（2014 年 12 月 3 日)，23.5 m/s 西北西（2022 年 2 月 21 日）である．集約すると最大風速は 13 m/s，西南西から西北西，最大瞬間風速は 25 m/s，南西から北西，季節は秋から春季である．

図 25-3　大朝日岳からの下山時の景色と固有種のヒメサユリ（2016年6月23日）［筆者撮影］

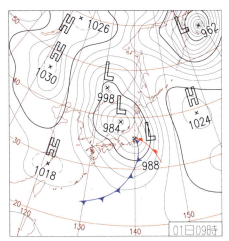

図 25-4　三面だしが吹いた2018年3月1日9時の天気図［気象庁提供］

　最大風速記録日2018年3月1日の気象は5mm，2.8℃，9.0℃，平均風速6.1 m/s，12.9 m/s西南西，23.9 m/s西南西，最多風向西南西，0.1hであり，同日9時の天気図（図25-4）は関東に988 hPa，日本海東部に984 hPa，沿海州南部に998 hPaの低気圧があり，急発達する低気圧によって全国的に大荒れ，山形県飛島の最大風速30.2 m/sは3月の記録更新であった．

　最大瞬間風速記録日2021年1月7日の気象は降水量20 mm，最低気温・最高気温

82   第Ⅲ章　北陸地方（中部地方北部）

−2.2℃，5.1℃，平均風速 5.8 m/s，最大風速・最大瞬間風速（風向）12.2 m/s 西北西，25.2 m/s 南西，最多風向西南西，0.2 h である．同日 9 時の天気図は日本海に 998 hPa，三陸沖北部に 1002 hPa，南部に 1000 hPa の低気圧があり，低気圧が急速に発達しながら北日本に進み，日本付近に強い寒気が流入して広く荒れ，秋田県八森では最大瞬間風速 42.4 m/s であった．

暖候期の 5〜6 月のだし風に対しては，村上の最大風速は 8.1 m/s 東（2012 年 6 月 19 日），8.0 m/s 東（1979 年 5 月 15 日），7.4 m/s 東（2012 年 6 月 20 日），7.2 m/s 東（2019 年 6 月 15 日），7.1 m/s 東（2020 年 5 月 19 日），最大瞬間風速では 19.0 m/s 東（2012 年 6 月 19 日），15.1 m/s 東北東（2012 年 6 月 20 日），15.0 m/s 東南東（2020 年 5 月 19 日），14.0 m/s 東（2019 年 6 月 15 日），13.2 m/s 東（2010 年 5 月 23 日）である．集約すると最大風速は 8 m/s 東，最大瞬間風速は 19 m/s 東北東から東南東，季節は 5〜6 月である．

最大風速・最大瞬間風速記録日 2012 年 6 月 19 日の気象は上記の順で 4.5 mm，17.3℃，24.5℃，3.4 m/s，8.1 m/s 東，19.0 m/s 東，最多風向東北東，0 h であり，同日 9 時の天気図は台風 4 号が九州南部直近にあり，その後，和歌山県南部に上陸しており，村上でも上述の通り最大瞬間風速 19.0 m/s の強風が吹いたがあまり強くない．

村上は三面だしの中心域から南にはずれていること，また荒川だし，安田だしからの類推と文献（吉野，1986）[1]などを考慮して最終的には，最大風速は 18 m/s 東，最大瞬間風速は 30 m/s 東北東から東南東と推測された．吹く時期は梅雨期で，オホーツク海や三陸沖に高気圧または日本海に低気圧などの梅雨型気圧配置であった．

26. 荒川だし

荒川だしの吹く地域の色別標高地図は 25 節の図 25-1（p.80）を参照．荒川は新潟県北部の一級河川であり，水源は山形県小国町の磐梯朝日国立公園の日本百名山の大朝日岳（1871 m）から流れ出し，新潟県関川村の地峡をつたって流れ，越後平野に流れ出す開口部では強風が吹くとともに，河川は村上市を流れて日本海に注ぐ．荒川は 2 県を跨ぐ一級河川であり，上述の通り荒川流域の上流部は磐梯朝日国立公園であり，飯豊山の北面から荒川への合流がある（図 26-1，図 26-2，図 26-3）．荒川は 3 年連続（2003〜2005 年）で水質日本一に輝き，2008 年 6 月に環境省の「平成の名水百選」に選定された．サケ，サクラマス，アユ，ヤマメ，イワナ，カジカや清流に住むカジカガエルなど，多様な水生生物が生息している．

荒川の中流にアメダス下関がある．下関の東寄りの最大風速は 16.0 m/s 東南東（2015 年 8 月 25 日），14.7 m/s 東南東（2015 年 8 月 26 日），13.6 m/s 東（2012 年 6

図 26-1　雨天の大朝日岳（1871 m）の山頂標識とケルン（2016 年 6 月 23 日）［筆者撮影］

図 26-2　剣ヶ峰からの飯豊本山（2105 m）（2016 年 7 月 11 日）［筆者撮影］

月 20 日），13.5 m/s 東南東（2010 年 4 月 28 日），13.4 m/s 東（2018 年 9 月 4 日）であり，最大瞬間風速は 28.6 m/s 東（2012 年 6 月 19 日），27.8 m/s 東南東（2015 年 8 月 25 日），26.2 m/s 東南東（2015 年 8 月 26 日），25.3 m/s 東（2018 年 9 月 4 日），25.2 m/s 東（2010 年 4 月 27 日）である．最強風速と風向範囲を集約すると，暖候期には最大風速は 16 m/s，東から東南東でほとんどが東寄りであり，最大瞬間風速は 29 m/s，東から東南東である．

　なお，寒候期の主風向は西から北西である．年間を通して，主として 2 方向の東と

図 26-3　飯豊本山を越えてからの最高峰の大日岳（2128 m）（2018年 9 月 19 日）［筆者撮影］

西寄りの風が吹く．荒川周辺では東南東から南東風が年間を通して吹き，特に 4〜11 月に多い．荒川だしは 6 月に発生が多いが，下関では 6〜10 月に，河口部では 4〜11 月に多い．

　最大風速記録日 2015 年 8 月 25 日の気象は 1 mm，17.4℃，22.5℃，8.9 m/s，16.0 m/s 東南東，27.8 m/s 東南東，最多風向東南東，0.5 h である．同日 9 時の天気図（31 節・姫川だしの図 31-5，p.100）によると，965 hPa の台風 15 号が九州北部にあ

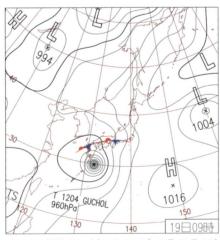

図 26-4　荒川だしが吹いた 2012 年 6 月 19 日 9 時の天気図［気象庁提供］

り，翌9時には984 hPaの温帯低気圧が日本海にあり，2日間とも荒川だしが吹いた．
　また最大瞬間風速日2012年6月19日の気象は3.5 mm，16.2℃，22.2℃，5.8 m/s，13.4 m/s東，28.6 m/s東，最多風向南東，0 hである．同日9時の天気図（図26-4）は960 hPaの強い台風4号が九州の南にあり，その後和歌山県南部に上陸し，静岡県御前崎の最大瞬間風速は41.4 m/sであった．なお，2012年6月19，20日には三面だしが吹いたように，荒川だしも吹いている．
　下関は荒川の中流域に位置し，山地から平野部に荒川が出る地点で発散風となり強風となるが，アメダス下関のデータからは適正に評価できていない．したがって，荒川だしの風速強度としては不十分である．そこで新潟気象台（鴨宮，1970）[1]によると，荒川周辺の風速は荒川河口＜坂町，坂町＞下関＞小国であり，中心の坂町と花立付近（JR羽越本線，坂町駅）で16.9 m/s，河口付近で約12 m/sの観測結果があり，その他の文献（吉野，1986）[2]を考慮して，荒川だしの最大風速は18 m/s，東から東南東，最大瞬間風速は30 m/s，東から東南東と推測された．

27. 胎内だし

　胎内だしの吹く地域の色別標高地図は25節の図25-1（p.80）を参照．飯豊山地の飯豊山（図27-1）を水源とする胎内川（図27-1，図27-2）は，詳しくは藤十郎山を源流にした二級河川であり，下流部では荒川と平行に流れて日本海に注ぐ．水系全域が胎内市にある．ダム（図27-3）が4か所にあり発電や治水など多目的に利用されている．なお，胎内川源流の飯豊山地には飯豊本山（2105 m）と飯豊山地最高峰の大日

図27-1　胎内川水源の飯豊山と最高峰大日岳（2128 m）（2018年9月19日）[筆者撮影]

図 27-2　紅葉シーズンの胎内川渓谷 [新潟県胎内市観光協会提供][1]

図 27-3　夏季の胎内川ダム [新潟県胎内市観光協会提供][2]

岳（2128 m）があり日本百名山である．
　太平洋からのやませ風は，風向の東風から判断して，脊梁の奥羽山脈を越え，さらには飯豊山地とその南北の山地を通過して荒川だしや胎内だしとなって吹き出す．
　胎内だしの気象にはアメダス中条が利用できそうである．中条では他の地域と比較して，年間を通して海岸線に平行な南南西風が多いが，7～8 月は東風が最多風向となり，胎内だしは 6～10 月を中心に吹きやすい．
　アメダス中条では冬期間には西寄りの風が卓越し，暖候期には東寄りの風が卓越する．強風のほとんどは冬季の季節風であり，歴代 10 位までは最大風速・最大瞬間風速ともに冬季の季節風である．最大風速・最大瞬間風速の歴代 1 位は 20.8 m/s 西，30.7 m/s 西（2023 年 1 月 30 日）である．
　一方，東寄りの最大風速は 11.3 m/s 東南東（2021 年 8 月 9 日），9.0 m/s 東南東

（2022 年 6 月 6 日），8.9 m/s 東（2011 年 7 月 21 日），8.8 m/s 東（2011 年 7 月 20 日），8.1 m/s 東（2012 年 6 月 20 日）であり，最大瞬間風速では 22.5 m/s 東（2011 年 7 月 21 日），21.4 m/s 東北東（2009 年 10 月 8 日），21.1 m/s 東南東（2020 年 4 月 13 日），20.9 m/s 東南東（2021 年 8 月 9 日），20.9 m/s 東南東（2011 年 7 月 20 日）である．

仮に集約すると中条の最大風速は 11 m/s，東から東南東，最大瞬間風速は 23 m/s，東北東から東南東であるが，中条は胎内川が平野部に出る地点からは相当の下流域にあり，かつかなり南方に位置するため，観測適地ではない．したがって文献等を考慮して総合的に集約すると，胎内だしの最大風速・最大瞬間風速は 18 m/s，30 m/s 程度，東から東南東と推測された．

なお，中条の最大風速記録日 2021 年 8 月 9 日の気象は降水量 0.5 mm，最低気温・最高気温 25.8℃，33.6℃，平均風速 3.4 m/s，最大風速・最大瞬間風速（風向）11.3 m/s 東南東，20.9 m/s 東南東，最多風向東南東，日照時間 3.7 h である．同日 9 時の天気図（図 27-4）では台風 9 号から変わった 982 hPa の温帯低気圧が山陰沖にあり，日本海側各地でフェーンの高温・乾燥の強風が吹いた．

ここで，やませ気象の変質について記述する．同日 14 時に福島県相馬で 25.7℃，100％，曇，2.5 m/s 東北東，15 時には 26.6℃，100％，曇，2.1 m/s 南東であったが，福島では 14 時，15 時の順に 26.8℃，92％，雨，4.3 m/s 東北東と 28.4℃，84％，曇，6.2 m/s，北東のやませ風に対して，中条では 32.9℃，晴，6.1 m/s 東南東と 32.7℃，晴，11.0 m/s 東南東，新潟では 34.0℃，晴，58％，8.3 m/s 南東と 33.4℃，

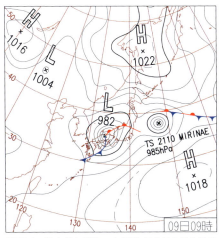

図 27-4　胎内だしが吹いた 2021 年 8 月 9 日 9 時の天気図［気象庁提供］

晴，59%，8.6 m/s 東南東に確実に変質している．すなわち太平洋側相馬のやませの曇雨天の低温・多湿風から日本海側新潟での晴天，高温・乾燥，だし風，フェーン風への変化が見事に出ていて興味深い．

28. 飯豊おろし

　飯豊おろしの吹く地域の色別標高地図は25節の図25-1（p.80）を参照．磐梯朝日国立公園内にある日本百名山の飯豊山（大日岳，2128 m）は古くからの修験道の山で，新潟県と山形県および福島県（飛地）の県境にあり複雑で，登頂には標高差が大きく時間がかかる奥深い山である．花崗岩に覆われた飯豊本山（2105 m）の近くに飯豊神社がある．飯豊山（図28-1，図28-2，図28-3）からの源流として，飯豊山地の北面域は，局地風の吹く荒川（荒川だし）に，北西域は胎内川（胎内だし）に，南面域は阿賀野川（安田だし）に流れ込む．

　飯豊おろしは山形県小国町，飯豊町，川西町，米沢市や喜多方 - 津川 - 新津のJR磐越西線付近で使用されており，寒風の吹く場所と時刻も関与するが，主として低温の季節風に関連する農作物やその加工および川魚（イワナ，ヤマメ）の寒風干しなど寒風を利用した乾物類や寒風菜，青菜などの漬け物，食材の製造（料理）などに関連して利用されることが多い．また，飯豊山の風下以外においても，冬季の低温の風に対して付近の有名な名称である飯豊山を冠して使用している．

　まず飯豊山の北西約30 kmのアメダス下関（新潟県関川村）の冬春季の最大風速は15.2 m/s 北西（2010年1月13日），13.8 m/s 北西（2008年12月16日），13.6 m/s

図28-1　飯豊本山の北面方向に見られた雲海（2016年7月12日）
　　　　［筆者撮影］

図 28-2　飯豊山南面の剣ヶ峰付近からの大日岳の眺望（2016 年 7 月 12 日）［筆者撮影］

図 28-3　飯豊山の大日岳の近影（2018 年 9 月 19 日）［筆者撮影］

北西（2009 年 2 月 21 日），13.4 m/s 西北西（2010 年 2 月 6 日），13.3 m/s 西南西（2021 年 2 月 16 日）であり，最大瞬間風速は 28.3 m/s 西北西（2013 年 2 月 23 日），27.3 m/s 西北西（2021 年 1 月 19 日），26.4 m/s 西南西（2021 年 2 月 16 日），26.3 m/s 西（2021 年 1 月 7 日），26.1 m/s 西南西（2012 年 4 月 4 日）である．仮に集約すると最大風速は 15 m/s，西南西から北西であり，最大瞬間風速は 28 m/s，西南西から西北西であり，季節は冬季と春季である．

　次に飯豊山の北約 20 km の山形県のアメダス小国の冬季間の最大風速は 15.0 m/s

西南西（1978年12月2日），14.0 m/s 西北西（1992年12月13日），14.0 m/s 西南西（1983年12月13日），13.8 m/s 西南西（2023年1月30日），13.3 m/s 南西（2013年2月23日）であり，最大瞬間風速は37.6 m/s 南西（2023年1月20日），36.5 m/s 南西（2018年3月1日），36.2 m/s 南西（2021年2月16日），34.9 m/s 南西（2016年1月19日），33.7 m/s 南西（2018年1月9日）である．最強風速と風速範囲を仮に集約すると最大風速は15 m/s，南西から西北西（南西から西）であり，最大瞬間風速は38 m/s，南西，季節は冬季である．風向に沿った谷間で，地峡風が吹きそうである．

アメダス小国の最大風速記録日1978年12月2日の気象は降水量30 mm，最低気温・最高気温-0.7℃，9.7℃，最大風速・最大瞬間風速（風向）4.1 m/s，15.0 m/s 西南西，最多風向西，日照時間0 h であり，最大瞬間風速記録日2023年1月20日の気象は上記の順に21.5 mm，-0.9℃，5.6℃，3.6 m/s，9.7 m/s 西南西，37.6 m/s 南西，最多風向北北西，0.1 h である．同日9時の天気図（図28-4）は日本海に1008 hPa の低気圧，北海道と関東東方に1012 hPa の低気圧があり，日本海の低気圧が急速に発達・東進し午後に本州を前線が南下した．太平洋側中心に晴れたが雨や雪の降ったところが多く，北陸から北日本で大荒れ，最大瞬間風速は山形県小国37.6 m/s など，1月の記録を更新した地点が数地点あった．

なお，飯豊山の南西約30 km の風上側（西風）に当たる新潟県のアメダス津川の最大風速は11.0 m/s 西（1979年3月31日），10.0 m/s 西（1987年1月1日），9.0 m/s 西（1988年5月13日）であり，最大瞬間風速は20.3 m/s 北北西（2018年3月2

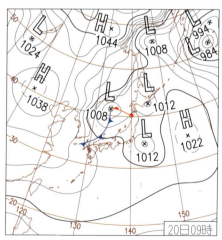

図28-4　飯豊おろしが吹いた2023年1月20日9時の天気図［気象庁提供］

日），20.1 m/s 北（2018 年 3 月 1 日），19.5 m/s 北北西（2013 年 4 月 7 日）である．最強風速と風向範囲を仮に集約すると最大風速は 11 m/s，西であり，最大瞬間風速は 20 m/s，北北西から北であるが，風上側の山中の津川での風は弱く参考値である．

総合的には，飯豊おろしは下関と小国の平均として，最大風速は 15 m/s 程度，南西から北西（西南西から西北西，西），最大瞬間風速は 33 m/s 程度，南西から西北西（西南西から西），季節は冬季中心であると推測された．

29. 安田だし（安田おろし）

安田だしの吹く地域の色別標高地図は 25 節の図 25-1（p.80）を参照．阿賀野川本流は福島県の荒海川を源流とし，会津盆地の会津地方では阿賀川，新潟県に入ると阿賀野川と名を変える一級河川である（図 29-1，図 29-2）．銚子ノ口（渓谷）や阿賀野

図 29-1 阿賀野川中流域の五泉市馬下（平野に出る安田付近）のライブカメラ ［阿賀野川河川事務所］[1),2)]

図 29-2 新潟と福島県境東方の福島県内・銚子ノ口上流のライブカメラ ［阿賀野川河川事務所］[1),2)]

92　第Ⅲ章　北陸地方（中部地方北部）

図 29-3　尾瀬国立公園内東部の帝釈山（2060 m）（2023 年 7 月 16 日）［筆者撮影］

図 29-4　尾瀬国立公園内東部の田代山湿原（2022 年 9 月 14 日）［筆者撮影］

川ライン県立公園（紅葉）などの観光地があるが，清流だった川が1960年代に第二水俣病が発生する程の水質悪化を起こしたこともあった．安田だし（安田おろし）は阿賀野川が平野に出る地点の安田・保田付近で吹く強風である．図29-2には丁度その地域の川の流れがわかり，銚子ノ口は地峡風の吹く景勝地でもある．なお，尾瀬国立公園の流域も源流域の一つとなっている（図29-3，図29-4）．

　阿賀野川上流のアメダス津川の東寄り風の最大風速は 11.0 m/s 東（1982 年 8 月 2 日），10.0 m/s 東南東（1982 年 8 月 1 日），9.0 m/s 東（1987 年 10 月 17 日），最大瞬

間風速は 14.1 m/s 南東（2019 年 6 月 15 日），13.6 m/s 南東（2020 年 9 月 3 日），12.6 m/s 東南東（2017 年 9 月 18 日）である．最強風速と風向範囲を仮に集約すると最大風速は 11 m/s，東から東南東，最大瞬間風速では 14 m/s，東南東から南東である．内陸での風系は未発達で，風速は非常に小さい．

平野部のアメダス新津では，最大風速は 18.3 m/s 東南東（2010 年 4 月 12 日），18.0 m/s 東南東（2020 年 1 月 28 日），18.0 m/s 東南東（2005 年 5 月 6 日），18.0 m/s 東南東（1984 年 2 月 23 日），最大瞬間風速は 26.4 m/s 南東（2015 年 8 月 25 日），25.4 m/s 東南東（2008 年 4 月 18 日），25.0 m/s 東（2020 年 1 月 28 日）である．仮に集約すると最大風速は 18 m/s，東南東であり，最大瞬間風速は 26 m/s，東から南東である．

新津の最大風速記録日 2010 年 4 月 12 日の気象は降水量 12.5 mm，最低気温・最高気温 5.9℃，8.7℃，平均風速 12.6 m/s，最大風速・最大瞬間風速（風向）18.3 m/s 東南東，24.6 m/s 東南東，最多風向東南東，日照時間 0 h である．同日 9 時の天気図（図 29-5）では，1026 hPa の高気圧が北海道南方に，1004 hPa の低気圧が九州西方の東シナ海にあり，九州から東北南部まで雨で低温であった．新津では強風が吹いた．

アメダス新潟では東寄りの最大風速は 18.0 m/s 東南東（1949 年 8 月 31 日），16.5 m/s 南東（1945 年 6 月 2 日），15.3 m/s 南東（1954 年 6 月 2 日），14.6 m/s 東南東（1945 年 6 月 7 日），最大瞬間風速では 30.7 m/s 東南東（1982 年 8 月 2 日），27.0 m/s 東南東（1949 年 8 月 31 日），25.8 m/s 南東（1986 年 5 月 15 日），25.7 m/s 南東（1986 年 5 月 14 日）である．最強風速と風向範囲を仮に集約すると最大風速は 18 m/s，

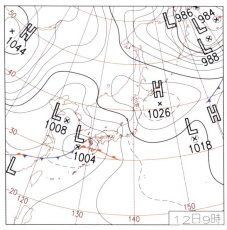

図 29-5　安田だしが吹いた 2010 年 4 月 12 日 9 時の天気図［気象庁提供］

東南東から南東, 最大瞬間風速では 31 m/s, 東南東から南東である.

　アメダス新津では最大風速は 18 m/s, 東南東であり, 最大瞬間風速は 26 m/s, 東から南東, 新潟での最大風速は 18 m/s, 東南東から南東, 最大瞬間風速では 31 m/s, 東南東から南東であり, 最終的に集約すると, 2 点の平均で 18 m/s, 東南東から南東, 29 m/s, 東から南東となった.

　なお, 三面だし, 荒川だし, 胎内だしの最大風速・最大瞬間風速は 17 m/s, 30 m/s 程度であり, 安田だしの 18 m/s, 29 m/s 程度を加えた四つの風の平均は同じく 18 m/s, 30 m/s 程度である. また, やや特異な飯豊おろしの 15 m/s, 33 m/s を加えた五つの風の平均ではそれぞれ, 17 m/s 程度, 30 m/s 程度と算定された.

　なお, 福島県の郡山から会津盆地を越えて吹く風は阿賀野川に沿って西方に吹き, 阿賀野川の開口付近で最強となって越後平野に吹き出し, 日本海に吹き込む. 強風域の安田付近では, 伝統的な屋敷林や防風林の整備, そして稲栽培を避けた根菜類の栽培が盛んであり, 防風対策が行われている.

30. 関川だし（関川おろし）

　関川だし, 姫川だしの吹く地域の色別標高地図を図 30-1 に示す.

　関川は新潟県糸魚川市と妙高市境の焼山に源流を発し, 野尻湖からの流れと合流して, 上越市の高田平野を北に流れて日本海に注ぐ一級河川である. 三面川, 荒川, 胎内川, 阿賀野川の東西方向の流れとは異なり, 南北に流れる. 源流域は妙高山, 火打

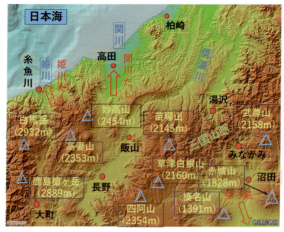

図 30-1　関川だし, 姫川だしの吹く地域の色別標高地図 [国土地理院の地図をもとに筆者作成]

山，雨飾山，高妻山の日本百名山の4高山に囲まれている（図30-2，図30-3，図30-4）．高田平野では水田を利用した米作が盛んであり，上越市では化学工業，各種製造業などのものづくり産業が発展している．

中部日本の上越では陸域は南北に長く，太平洋からの風は陸上を長距離吹走するため，その影響を受け大きく変質する．したがって荒川だし，三面だし等の下越の強風とは特性が異なる．特に北陸地方，上越の南寄りの強風はフェーンを伴うことが多い．なお，関川だしは関川おろしとも呼ばれる．

アメダス高田の夏冬季以外の最大風速は23.1 m/s 南（1959年4月5日），19.6 m/s

図30-2　妙高山の近影（2016年7月31日）[筆者撮影]

図30-3　妙高山からの眺望（2016年7月31日）[筆者撮影]

図30-4 関川の源流に合流する野尻湖（ナウマンゾウの発見地）
（2022年7月20日）［筆者撮影］

南（1959年4月4日），17.5 m/s 南（1941年3月11日），17.4 m/s 南（2012年4月3日），17.4 m/s 南（1959年5月9日）であり，最大瞬間風速は42.0 m/s 南西（1998年9月22日），34.7 m/s 南（1994年4月12日），33.9 m/s 南南東（2004年9月7日），32.1 m/s 南（1987年4月21日），32.0 m/s 南南西（2006年4月11日）である．最強風速と風向範囲を集約すると最大風速は23 m/s，南であり，最大瞬間風速は42 m/s，南南東から南西（南南東から南南西），季節は春季と秋季である．

　最大風速記録日1959年4月5日の気象は降水量40.2 mm，最低気温・最高気温15.0℃，18.9℃である．最大瞬間風速記録日1998年9月22日の気象は上記の順に65.5 mm，21.7℃，28.4℃，最小湿度75％，平均風速2.4 m/s，15.6 m/s 西，42.0 m/s 南西，0.2 h であり，前日に台風7号が960 hPa で和歌山県御坊市に上陸し，近畿から北陸地方を通過する際，22日に高田で最大瞬間風速42.0 m/s に更新した．一方，最大風速とは極端な差が出た．

　また最大瞬間風速3位の2004年9月7日の気象は降水量0.0 mm，最低気温・最高気温21.0℃，35.4℃，最小湿度39％，平均風速5.1 m/s，最大風速・最大瞬間風速（風向）17.1 m/s 南，33.9 m/s 南南東，日照時間4.4 h であり，同日9時の天気図（7節・手稲おろしの図7-4，p.26）では，猛烈な台風18号が945 hPa で長崎県に上陸し，広島で60.2 m/s 等，多数地点で記録を更新した．高田ではフェーンを伴った強風が吹いた．

　内陸にあるアメダス関山での南寄りの最大風速は16.0 m/s 南南西（2006年4月11日），16.0 m/s 南南西（2003年3月7日），15.0 m/s 南南西（2013年11月25日），15.0 m/s 南南西（2005年2月16日），15.0 m/s 南（1994年5月15日）であり，最

31. 姫川だし（姫川おろし）　　97

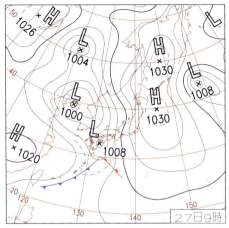

図 30-5　関川だしが吹いた 2010 年 4 月 27 日 9 時の天気図［気象庁提供］

大瞬間風速は 25.4 m/s 南西（2010 年 4 月 27 日），24.7 m/s 南南西（2013 年 11 月 25 日），24.6 m/s 南西（2023 年 4 月 25 日），24.6 m/s 南南西（2010 年 5 月 23 日），24.6 m/s 南（2010 年 3 月 4 日）である．最強風速と風向範囲を仮に集約すると最大風速は 16 m/s，南から南南西，最大瞬間風速は 25 m/s，南から南南西，季節は春季と秋季である．しかし糸魚川より小さいので参考値として扱った．

　関山の最大風速記録日 2006 年 4 月 11 日の気象は降水量 9 mm，最低気温・最高気温 9.1℃，14.5℃，平均風速 7.5 m/s，最大風速・最大瞬間風速（風向）16.0 m/s 南南西，最多風向南，日照時間 0 h である．同日 9 時の天気図は長崎に 996 hPa の低気圧，北海道南東方と本州はるか南東方に 1026 hPa の高気圧があり，上空に寒気を伴った低気圧が九州北部から山陰沖へ東進し，低気圧に伴う前線活動が活発になり各地で大雨が降った．

　最大瞬間風速記録日 2010 年 4 月 27 日の気象は上記の順に 9 mm，8.2℃，14.9℃，平均風速 8.4 m/s，14.8 m/s 南西，25.4 m/s 南西，最多風向南，0.1 h である．同日 9 時の天気図（図 30-5）は四国南西部に 1008 hPa，朝鮮北部に 1000 hPa の低気圧が，三陸沖に 1030 hPa の高気圧があり，九州から四国南岸を東進する低気圧の影響で，西から東日本は雨となった．

31.　姫川だし（姫川おろし）

　姫川だしの吹く地域の色別標高地図は 30 節の図 30-1 (p.94) を参照．姫川は長野県

白馬村の親海湿原を源流とし,小谷村を経由して新潟県糸魚川市を南北に流れて日本海に注ぐ一級河川である.流域の中央をフォッサマグナ西縁(糸魚川－静岡構造線)が走っている脆弱地質であるため土砂災害が多いが,日本列島の形成を示す貴重な地質と素晴らしい景観がある.ヒスイ峡やヒスイ海岸では翡翠を産出する.「天下の険」としての親不知と子不知の海岸が有名である.糸魚川市は糸魚川ユネスコ世界ジオパークに認定されている.2024年10月現在,日本ジオパーク委員会が認定した「日本ジオパーク」が47地域あり,そのうち10地域が「ユネスコ世界ジオパーク」にも

図31-1　姫川の源流域の火打山(2462 m)(2016年7月30日)[筆者撮影]

図31-2　姫川の源流域の雨飾山(1963 m)の近影(2016年8月15日)[筆者撮影]

認定されている．その構造線北東部の新潟県と長野県境には4座の日本百名山（雨飾山，火打山，妙高山，高妻山）がある（図31-1，図31-2，図31-3，図31-4）．

アメダス糸魚川は地理的に姫川だしを観測するのにかなりの程度適している．姫川だしは姫川おろし，蓮華おろし，じもん風，焼山おろしとも呼ばれる．

アメダス糸魚川の南寄りの最大風速は18.8 m/s 南南東（2015年8月25日），17.6 m/s 南（2015年4月3日），17.0 m/s 南南東（1982年11月29日），16.8 m/s 南（2013年11月25日），16.3 m/s 南（2015年4月13日）である．最大瞬間風速は

図31-3　姫川の源流域の雨飾山の浸食地形（2016年8月15日）［筆者撮影］

図31-4　姫川源流の記念碑（2019年9月8日）［筆者撮影］

31.3 m/s 南（2016年4月17日），30.0 m/s 南南東（2015年8月25日），29.1 m/s 南南東（2012年4月3日），29.0 m/s 南東（2010年4月27日），28.8 m/s 南（2018年4月14日）である．

　最強風速と風向範囲を仮に集約すると姫川だしの最大風速は19 m/s，南南東から南，最大瞬間風速は31 m/s，南東から南であり，吹く季節は春から秋季である．ここで付近の関川だしの風速より小さいので，関川と姫川（アメダス高田とアメダス糸魚川）を平均して，最終的に姫川の値として21 m/s，南南東から南，37 m/s，南東から南と推測された．

　最大風速・最大瞬間風速記録日2015年8月25日の気象は降水量0 mm，最低気温・最高気温22.4℃，29.8℃，平均風速6.0 m/s，最大風速・最大瞬間風速（風向）18.8 m/s 南南東，30.0 m/s 南南東，最多風向南，日照時間2.0 hである．同日9時の天気図（図31-5）は，965 hPaの台風15号が北九州にあり，糸魚川では上述の通り最大・最大瞬間風速は18.8 m/s，30.0 m/sであり，周辺の広範囲に南寄りの強風が吹いた．

　アメダス糸魚川（約8年間のデータ）では，図31-6（平井，2024)[1]に示すように，最大瞬間風速20 m/s以上が108例，うち25 m/s以上が17例あり，晩秋から冬と春に発生しやすく，夏季は少ない．12月と4月にピークがある．25 m/s以上に限ると，4月の発生頻度が最も高い．風向別では，南が最多で，次は西南西で20 m/s以上の北寄りの風は北と北北西に1例ずつで風配図は南と西南西に偏っている．

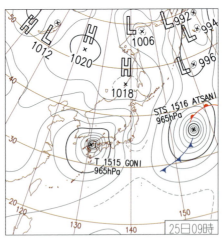

図31-5　姫川だしが吹いた2015年8月25日9時の天気図［気象庁提供］

図31-6 アメダス糸魚川における強風の時期と風向 [平井, 2024][1]

32. 白馬おろし

　白馬（はくば）おろし，立山おろし，神通川だし，庄川あらし，井波風，砺波だし，白山おろしの吹く地域の色別標高地図を図32-1に示す．

　白馬岳（はくばだけ，2932 m）は北アルプス，後立山連峰の北部にあり，中部山岳国立公園に属し，日本百名山，日本百高山である．頂上は長野県と富山県境にあるが実質的には新潟県を含めた3県に跨がり，北アルプスでは槍ヶ岳と競う有名な山であ

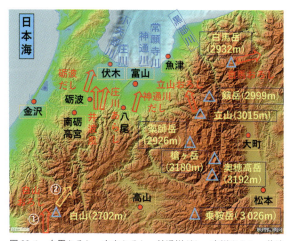

図32-1　白馬おろし，立山おろし，神通川だし，庄川あらし，井波風，砺波だし，白山おろしの吹く地域の色別標高地図
　　　　［国土地理院の地図をもとに筆者作成］

図32-2　多雪期の白馬岳の大雪渓（2014年6月30日）［筆者撮影］

図32-3　白馬岳山頂からの北方面の雲海に覆われた絶景（2015年8月19日）［筆者撮影］

る（図32-2, 図32-3）．山の東面である信州側は急峻，西面である越中側は比較的緩く非対称山稜を形成している．白馬岳，杓子岳，鑓ヶ岳は白馬三山と呼ばれる．日本三大雪渓（白馬，剱沢，針ノ木）の一つの白馬大雪渓は夏季でも2kmもの距離があり，巨大な雪渓であるが氷河ではない．白馬岳は全山にわたる高山植物群落の豊かさ，日本最高所の温泉の一つ白馬鑓温泉，高山湖の白馬大池や栂池自然園などの湿原および池塘で高山の魅力が大きく，山麓の八方尾根や栂池高原などの観光地やスキー場も多い．なお，名称は初夏に白馬岳の稜線付近に出現する代馬（代かき馬）による．

32. 白馬おろし　103

　白馬おろしは寒候期である冬春季の強風，寒風の風としてよく使われる．風向はまさしく風下側での名称使用に当たる．白馬岳から東方の長野県の小谷村と白馬村でよく使われる局地風名である．白馬岳の「岳」を取って「岳おろし」とも呼ぶ．富山県側では多くは風上に当たるため白馬おろしは使わなく，代わりにか立山おろしがよく使われる．

　白馬おろしはスキーの八方尾根賛歌で「白馬颪よ　吹くなら吹けよ　山から山へと　我らは走る……」と歌われる．その他「白馬から強烈に吹く風，白馬おろし」，夏季に「松川河川道路：松川沿いのなだらかな道は『白馬おろし』と呼ばれる山からの風を受けながら観る白馬連山は最高の気分」や「白馬歴史・塩の道には，風切地蔵：白馬の吹く突風“岳おろし”や害虫から農作物を守り，風邪や疾病をもたらす悪霊をも追い払うお地蔵様」などがある．

　アメダス白馬の西寄りの最大風速は 10.0 m/s 西北西（1980 年 5 月 27 日），10.0 m/s 西北西（1979 年 3 月 31 日），10.0 m/s 南西（1979 年 3 月 30 日），10.0 m/s 西（1979 年 3 月 22 日），9.5 m/s 西（2010 年 3 月 21 日）であり，最大瞬間風速は 25.0 m/s 西南西（2010 年 3 月 21 日），23.2 m/s 西（2020 年 2 月 22 日），22.3 m/s 西南西（2020 年 1 月 8 日），21.5 m/s 西北西（2021 年 5 月 26 日），20.9 m/s 南西（2015 年 5 月 13 日）である．集約すると最大風速は 10 m/s，南西から西北西であり，最大瞬間風速は 25 m/s，南西から西北西，季節は冬季と春季である．

　最大風速記録日 1980 年 5 月 27 日の気象は降水量 0 mm，最低気温・最高気温 9.2℃，21.1℃，平均風速 2.6 m/s，最大風速（風向）10.0 m/s 西北西，最多風向南南西，日照時間 10.2 h である．

　最大瞬間風速記録日（最大風速 5 位）2010 年 3 月 21 日の気象は上記の順に 23.0 mm，－3.1℃，13.9℃，3.3 m/s，9.5 m/s 西，25.0 m/s 西南西，最多風向北東，0 h であり，同日 9 時の天気図（6 節・ひかただしの図 6-1，p.19）では北海道西方に 974 hPa の低気圧，上海付近に 1022 hPa の高気圧がある西高東低の気圧配置であり，発達した低気圧の通過と寒冷前線の南下により広い範囲で暴風や短時間の大雨となり全国的に黄砂が観測された．

　最大瞬間風速歴代 2 位の 2020 年 2 月 22 日の気象は降水量 8.5 mm，最低気温・山行気温－2.9℃，6.7℃，平均風速 1.2 m/s，最大風速・最大瞬間風速（風向）6.8 m/s 西，23.2 m/s 西，最多風向北西，日照時間 0.1 h であり，同日 9 時の天気図（図 32-4）は日本海北部で 1008 hPa の低気圧，本州東方に 1034 hPa の高気圧があり，前線が本州を通過し全国的に雨や雪，西日本から東日本で南よりの風が強まり，九州北部，関東で春一番が吹いた．

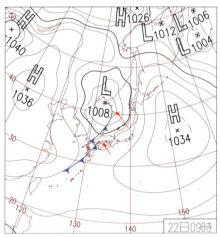

図32-4 白馬おろしが吹いた2020年2月22日9時の天気図 [気象庁提供]

33. 立山おろし

　立山おろしの吹く地域の色別標高地図は32節の図32-1（p.101）を参照．立山（大汝山，3015m）は，富山県の飛騨山脈（北アルプス）北部にある山で中部山岳国立公園に属する．雄山（3003m），大汝山（3015m），富士ノ折立（2999m）の3峰からなり，富山湾から見える直近の3000m超えの高山は圧巻である．日本百名山，日本百

図33-1 立山（大汝山，3015m）の勇姿（2018年9月6日）
　　　 [筆者撮影]

図33-2　みくりが池と立山（2018年9月6日）［筆者撮影］

図33-3　雪深い春の立山連峰（2015年4月28日）［筆者撮影］

高山，日本三霊山（名山），花の百名山であり，かつては信仰の山として栄えた（図33-1，図33-2，図33-3）．日本の7氷河の中の立山の内蔵助(くらのすけ)氷河には一般登山者が踏み込める．

　立山おろし（立山だし）は富山県内で広く使われる風名であるが，より近い県東部で使う場合が多い．立山から吹き降ろす低温の風とされる．富山平野（田上・山川，2022）[1)]では，神通川の開口部の大沢野付近では南風はくだり風と呼ばれる．また富山県では春の南から東寄りの風はだし風と呼ばれるのに対して，夏の南から西寄りの風はくだり風と呼ばれているが，いずれもだし風である．ただし立山室堂では風は弱い

106　第Ⅲ章　北陸地方（中部地方北部）

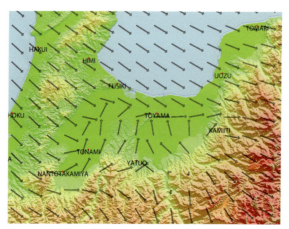

図33-4　富山県での北西風から南風への風向変化状況
　　　　[吉村博儀氏提供][2)]

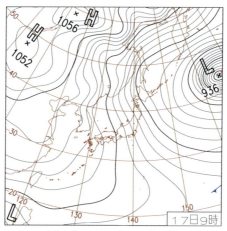

図33-5　立山おろしが吹いた2011年1月17日15時
　　　　の天気図　[気象庁提供]

が東の谷間の雷鳥沢では強風が吹くなど局地性が大きい．

　石川県では冬季に一般風として北西の風が吹くときに，富山県では内陸部（富山平野）を中心に南風が吹くことが多い（図33-4，吉村，2012）[2)]．この図は2011年1月17日15時の風向であり，同時に天気図（図33-5）を示す．特徴が顕著に表現されている．

　富山県で風向が変化する原因の一つは富山と石川の県境の山地が北西の風を遮り，

風向が変えられて南風となるためである．もう一つは北西の風が富山県の東にある立山連峰にぶつかり，冷たく重い空気が溜まり，そこから南風として吹き出すためである．

すなわち，内陸部で風向が変化する原因の一つに，日本海上の北西の風は富山県北東部域の白馬岳（2932 m）や立山連峰の劒岳（2999 m），立山（3015 m），薬師岳（2926 m）等にぶつかると，低温で重い空気が停滞し，斜面下降風（冷気流）つまり南から南東寄りの風向に変わって吹き降ろす．富山県では冬春季の風をおろし風またはだし風と呼ぶ．したがって，これが立山おろし（立山だし）であり，付近の有名な山の名称を冠した局地風名である．なお，富山の内陸部のもう一つの風向変化の風は37節の砺波だし（p.118）で述べる．

なお，年間を通して晴天日の日中には海面より陸面が暖かいため海から陸に海風すなわち北風が吹く．一方，冬季と春季に積雪があると冬季の日中は晴天でも陸面より海面が暖かいため陸から海へ陸風（山風）の南風が吹く．そして冬季の夜間は冷気流（山風）が吹く．

さて，富山県の小中高等学校の校歌には「立山」の名称が非常に多く使われており，「立山おろし」の名称も多くはないが出ている（森山，2020）[3]．

冬春季のアメダス上市（富山平野東部）の春季と冬季の最大風速は 11.9 m/s 南（2012 年 4 月 3 日），9.4 m/s 南南東（2022 年 3 月 26 日），9.3 m/s 南（2016 年 4 月 17 日），9.0 m/s 南南東（2016 年 5 月 3 日），9.0 m/s 南南東（2009 年 3 月 14 日）であり，最大瞬間風速は 36.3 m/s 南南西（2016 年 4 月 17 日），34.9 m/s 南南西（2012 年 4 月 3 日），30.7 m/s 東南東（2022 年 3 月 26 日），26.8 m/s 東南東（2016 年 12 月 22 日），26.8 m/s 南南西（2010 年 3 月 15 日）である（気象データは 2023 年末までを利用）．集約すると最大風速は 12 m/s，南南東から南，最大瞬間風速は 36 m/s，東南東から南南西，冬季と春季である．立山おろしの東成分の風向も観測されており，富山西部域の風と異なり興味深い．

最大風速記録日 2012 年 4 月 3 日 9 時の気象は 18 mm，1.6℃，20.9℃，4.7 m/s，11.9 m/s 南，34.9 m/s 南南西，最多風向南南東，1.4 h であり，同日 9 時の天気図（36 節・井波風の図 36-6，p.117）は日本海西部に 986 hPa の低気圧があり急速に発達して 21 時に 964 hPa となり本州付近は暴風，高潮など大荒れとなった．

最大瞬間風速記録日 2016 年 4 月 17 日の気象は降水量 0.5 mm，最低気温・最高気温 8.9℃，25.3℃，平均風速 4.2 m/s，最大風速・最大瞬間風速（風向）9.3 m/s 南，36.3 m/s 南南西，最多風向南南西，日照時間 6.2 h である．同日 9 時の天気図（図 33-6）は日本海西部の 978 hPa の低気圧があり，石川県輪島の最大瞬間風速 35.7 m/s であった．

108   第Ⅲ章　北陸地方（中部地方北部）

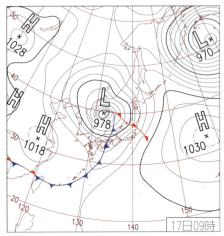

図33-6　立山おろしが吹いた2016年4月17日9時の天気図［気象庁提供］

34. 神通川だし（神通川おろし）

　神通川（じんつう／じんづう／じんずうがわ）だしの吹く地域の色別標高地図は32節の図32-1(p.101)を参照．神通川だし（おろし）は神通だし（おろし）と省略されることもある．神通川は岐阜県高山市の上川岳を源流とする一級河川であり，岐阜県内では宮川と呼ばれ，富山県内で神通川となる．上流と中流は全国屈指の急流であ

図34-1　蝶ヶ岳（2677 m）寄りの奥穂高岳（3190 m）（2017年7月10日）［筆者撮影］

34. 神通川だし（神通川おろし） 109

図 34-2 蝶ヶ岳寄りの槍ヶ岳（3180 m）（2017 年 7 月 10 日）
［筆者撮影］

図 34-3 岐阜県高山市白川郷の合掌造りの遠景（1996 年 10 月 19 日）［筆者撮影］

り，高山盆地と古川盆地を抜けて北流し，富山平野を流れて富山湾に注ぐ．水量が豊富なので，途中に神一ダム，神二ダム，神三ダム等がある水力発電地帯である．岐阜県内を流れる宮川は黒部五郎岳，槍ヶ岳，穂高岳，焼岳，乗鞍岳等を含む中部山岳国立公園域（図 34-1，図 34-2，図 34-3）を源流とする高原川と合流して神通川となり富山県に入る．

神通川下流の富山市の年降水量は約 2200 mm，左岸の同市八尾町では約 2500 mm であり，いずれも夏季の気温が高く冬季の雨量が多い日本海側気候である．1910 年代から 1970 年代に神通川流域でイタイイタイ病（神岡鉱山の鉱物に含まれるカドミウ

ムによる公害病）の発生があった．

　アメダス富山の南寄りの最大風速は，26.0 m/s 南南東（1947 年 4 月 1 日），22.8 m/s 南南東（1947 年 4 月 2 日），22.3 m/s 西南西（1954 年 9 月 26 日），22.0 m/s 南南東（1954 年 12 月 8 日），22.0 m/s 南南東（1941 年 3 月 11 日）であり，最大瞬間風速は 42.7 m/s 南（2004 年 9 月 7 日），37.8 m/s 南（1994 年 4 月 12 日），35.4 m/s 南南西（1991 年 9 月 28 日），35.2 m/s 南（1995 年 3 月 16 日），35.0 m/s 南南東（1965 年 9 月 10 日）である．最強風速と風向範囲を仮に集約すると最大風速は 26 m/s，南南東から西南西（南南東から南西），最大瞬間風速は 43 m/s，南南東から南南西，秋季から春季である．

　最大風速が観測される季節と時期は通年（全季節）であるが，春季と秋季に多い．時間帯では午後（夕方）が多い．気圧配置としては，特に日本海低気圧が通過するときに多く吹く．なお，アメダス富山は富山平野の中央よりいくぶん東寄りにあり，アメダス上市と同様に東成分が入るが，次に示すアメダス秋ヶ島では西成分が多く，地点差が見られる．

　富山の最大風速記録日 1947 年 4 月 1 日の気象は降水量 0 mm，最低気温・最高気温 1.1℃，19.0℃，平均風速 8.3 m/s，最大風速・最大瞬間風速（風向）26.0 m/s 南南東，30.4 m/s 南南東である．富山の最大瞬間風速記録日 2004 年 9 月 7 日の気象は上記の順に 0.0 mm，20.2℃，34.4℃，最小湿度 41％，5.7 m/s，16.2 m/s 南南東，42.7 m/s 南，3.3 h であり，同日 9 時の天気図（図 34-4）は，945 hPa の猛烈な台風 18 号が長崎市付近に上陸後，日本海を北東に進み，広島市で 60.2 m/s 等，各地で最

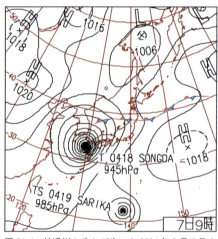

図 34-4　神通川おろしが吹いた 2004 年 9 月 7 日 9 時の天気図［気象庁提供］

大瞬間風速の記録を更新した. 九州から北陸の広い範囲で暴風雨害をもたらし, 9月7日時点の台風上陸数 7 個は過去最多（年間では 10 個）であった.

アメダス秋ヶ島の南寄りの最大風速は 21.6 m/s 南西（2012 年 4 月 3 日）, 19.7 m/s 南南西（2016 年 5 月 3 日）, 19.0 m/s 南（2004 年 9 月 7 日）, 18.0 m/s 南西（2004 年 3 月 6 日）, 17.9 m/s 南（2016 年 4 月 17 日）, 17.4 m/s 南南西（2009 年 3 月 13 日）であり, 最大瞬間風速は 31.9 m/s 南南西（2016 年 5 月 3 日）（富山 26.7 m/s）, 30.9 m/s 南西（2012 年 4 月 3 日）, 28.8 m/s 南南西（2016 年 10 月 5 日）, 28.3 m/s 南（2018 年 9 月 4 日）, 28.3 m/s 南南西（2016 年 4 月 17 日）である. 最強風速と風向範囲を仮に集約すると最大風速は 22 m/s, 南から南西, 最大瞬間風速は 32 m/s, 南から南西, 季節は春季と秋季である.

最大風速記録日 2012 年 4 月 3 日の気象は降水量 15.5 mm, 最低気温・最高気温 3.2℃, 19.2℃, 平均風速 11.1 m/s, 最大風速・最大瞬間風速（風向）21.6 m/s 南西, 30.9 m/s 南西, 最多風向南であり, 最大瞬間風速記録日 2016 年 5 月 3 日の気象は上記の順に 0 mm, 15.4℃, 28.3℃, 7.9 m/s, 19.7 m/s 南南西, 31.9 m/s 南南西, 最多風向南であり, 同日 9 時の天気図は中国と北朝鮮の国境の沿岸に 986 hPa の低気圧が接近中であり, 秋ヶ島で日最大風速 19.7 m/s 南南西, 最大瞬間風速 31.9 m/s 南南西, 富山では 18 時 50 分に 26.7 m/s 南南西の神通川だしを観測した.

アメダス八尾の最大風速は 18.1 m/s 南南東（2018 年 9 月 4 日）, 16.5 m/s 南南東（2022 年 3 月 26 日）, 15.1 m/s 南（2018 年 8 月 24 日）, 14.4 m/s 南南東（2020 年 11 月 20 日）, 13.6 m/s 南南東（2022 年 9 月 6 日）であり, 最大瞬間風速は 35.7 m/s 南南西（2022 年 3 月 26 日）, 33.3 m/s 南南東（2018 年 9 月 4 日）, 32.5 m/s 南南西（2016 年 5 月 3 日）, 31.1 m/s 南西（2012 年 4 月 3 日）, 28.9 m/s 南南東（2022 年 9 月 6 日）である. 最強風速と風向範囲を仮に集約すると最大風速は 18 m/s, 南南東から南, 最大瞬間風速は 36 m/s, 南南東から南西で, 季節は春季から秋季である.

富山とは統計年数が異なり比較が難しいが, 最大風速は富山が大きく, 秋ヶ島と八尾はやや小さいため, 富山, 秋ヶ島, 八尾から, 総合的に平均して集約すると最大風速は 22 m/s, 南南東から南西, 最大瞬間風速は 37 m/s, 南南東から南西, 季節は春季から秋季と推測された.

35. 庄川あらし（庄川だし）

庄川あらしの吹く地域の色য়標高地図は 32 節の図 32-1（p.101）を参照. 庄川は岐阜県高山市南西部の飛驒高地にある山中峠（1375 m）と烏帽子岳（1625 m）を水源として岐阜県北部と富山県西部を流れる一級河川である. 庄川峡を経て砺波市庄川地区で平野に出て北流し, 屋敷林のある散村で水田作が盛んな砺波平野と射水平野を潤

第Ⅲ章　北陸地方（中部地方北部）

図 35-1　富山県砺波平野の散村（散居村）の
　　　　説明文（2005 年 8 月 26 日）
　　　　［筆者撮影］

図 35-2　砺波平野散居村の屋敷林「カイニョ」（2005 年 8 月 26 日）
　　　　［筆者撮影］

し，射水市で富山湾に注ぐ．なお，散村または散居村とは農家が農地の近くに散らばって散在する形態であり，「あずまだち」と呼ばれる切妻造の屋敷があり，その周辺を屋敷林「カイニョ」（図 35-1，図 35-2）で囲んでいる．局地風の風向を考慮して砺波平野の南部では南側，西部は西側が厚く造成されている．立派な屋敷林では防風目的以外にも多目的に利用されている．

下流の平野部は日本海側気候で，冬夏季とも一定の降水があり，上流の岐阜県側山地では，冬季に平野部と同程度降るが，夏季の降水量が多い．平野部の年間降水量は約 2300 mm，上流では約 3300 mm である．上流部は電源開発が進み，御母衣ダムをはじめ，ダムが多い．流域には合掌造りで有名な高山市白川郷や五箇山がある．

庄川あらしは，庄川中流域で地峡風として強化され，庄川開口部から砺波平野に吹き出す強いだし風の特性を有するため，庄川だしとも呼ばれる．庄川の上流には盆地はないが，台風など低気圧による吹き出しでフェーン風の特性を示すことも多い．

一方，夜間は冷気を伴う山風（冷気流）となって庄川開口部から吹き出すこともあり，庄川あらしと呼ばれる所以になっている．特に夏季から秋季の夜間の晴天下の一般風の弱いときに，ある程度（数 m/s）の風が定常的に吹き出し，夜間中吹くこともある．ただし，庄川あらしは地峡風であり，おもに昼夜に吹く違いはあるが，風向も同じで別々の風名もないため，ここでは明確な区別はしなかった．

なお，庄川の開口部から 4 km 下流の庄川町青島付近の水田では好適な風が吹くため，稲穂に夜露が付かず，また昼夜の気温差が大きいためイネの種籾の稔実率が高く，皮が厚く健全に実り，稲籾からの発芽が良く病虫害に強い子実ができるため，種籾産地となっている（平沢，2000；吉野，2013）[1],[2]．なお，この山風は冷気流（斜面下降風）であり，愛媛県西条市のホウレンソウ露地栽培地で有利な気象（作物に対しては高温風・乾燥風）となる西条あらせの気象特性と同様である．

富山湾に近いアメダス伏木の南寄りの最大風速は 29.5 m/s 南南西（1950 年 9 月 3 日），22.2 m/s 南西（1944 年 9 月 17 日），21.0 m/s 西南西（1961 年 9 月 16 日），20.4 m/s 南西（1954 年 9 月 26 日），19.7 m/s 南西（1945 年 9 月 18 日）であり，最大瞬間風速は 37.7 m/s 南西（1991 年 9 月 28 日），34.5 m/s 南南西（1950 年 9 月 3 日），33.0 m/s 西南西（1961 年 9 月 16 日），32.4 m/s 南南西（1965 年 9 月 10 日），32.3 m/s 南西（1944 年 9 月 17 日）である．最強風速と風向範囲を仮に集約すると最大風速は 30 m/s，南南西から西南西，最大瞬間風速は 38 m/s，南南西から西南西で，季節は 9 月である．

アメダス八尾の最大風速・最大瞬間風速は前節の神通川だしを参照．なお，八尾の最大風速は 18 m/s，南南東から南，最大瞬間風速は 36 m/s，南南東から南西，季節は春季から秋季である．

最終的に集約すると，伏木と八尾の比較から平均すると最大風速は 24 m/s，南南

114　第Ⅲ章　北陸地方（中部地方北部）

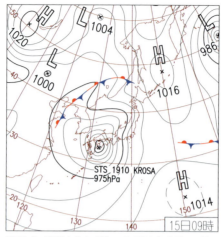

図 35-3　庄川あらしが吹いた 2019 年 8 月 15 日 9 時の天気図［気象庁提供］

東から西南西，最大瞬間風速は 37 m/s，南南東から西南西，季節は春季から秋季と推定された．

　2019 年 8 月 15 日の気象はアメダス伏木で最高気温 34.5℃，最大風速 10.2 m/s，南，最大瞬間風速 18.3 m/s，南を記録し，庄川あらしが吹いた．同日 9 時の天気図（図 35-3）は豊後水道に 975 hPa の台風 10 号があり，新潟県糸魚川で 31.3℃ の最低気温の更新，アメダス中条で最高気温は 40.7℃ を記録した．翌日 16 日 9 時には台風は日本海中部に移動し，980 hPa となったが，引き続き日本海側はフェーン現象の高温で，午前中に 35℃ を超えたところもあった．

　もう一例として 2012 年 9 月 18 日の気象はアメダス中条で 37.5℃，伏木で 34.1℃，フェーンを伴う乾燥した強風は，18 日 0 時 40〜50 分に吹き，最大風速 8.0 m/s，南，最大瞬間風速 16.1 m/s，南であった．これには放射冷却による斜面からの冷気流も強風化に作用したと推測される．なお，強風時は晴天および曇天だったが，以降は曇雨天となった．同日 9 時の天気図は，992 hPa の低気圧が日本海北部にあり，寒冷前線が北陸に近づいていた．

36. 井波風（井波だし）

　井波風の吹く地域の色別標高地図は 32 節の図 32-1（p.101）を参照．前述の通り庄川は岐阜県高山市南西部から同北部と富山県西部を流れる一級河川である．庄川峡（図 36-1，図 36-2，図 36-3）を経て，砺波市庄川地区で平野部に出て北流し，砺波平

36. 井波風（井波だし）　　115

図 36-1　夏季の庄川峡風景　［庄川遊覧船株式会社提供］

図 36-2　晩秋季の庄川峡風景　［庄川遊覧船株式会社提供］

図 36-3　冬季の庄川峡風景　［庄川遊覧船株式会社提供］

野，射水平野を経て射水市で富山湾に注ぐ．庄川あらしおよび庄川だしについては前節で解説した．

南砺市の旧井波町付近ではその井波の名称を冠した局地風，井波風が吹く．現在の行政区では庄川の開口部の南西 2〜3 km に井波の地名が散在する．井波風と庄川あらしの発生場所が非常に近いため庄川あらしと同一とする場合もあるが，気象特性が大きく異なる点もあり，多くは別名称のため区別して紹介する．井波風は井波だし，八乙女おろしとも呼ばれる．

庄川の開口部付近から南西方にかけて，砺波平野（庄川と小矢部川の扇状地）の南縁にある八乙女山（756 m）- 扇山 - 高清水山（1145 m）の山地と平行に強風域が伸びる場合がある．この局地風の強風は八乙女山近くを南東から南南東風として越えて吹き降ろす，いわゆるおろし風のためである．井波風の特徴は神通おろしや庄川あらしが強風として吹かない場合にも吹く特徴がある（田上・山川，2022）[1]．庄川あらしは地峡風の特性があるが，井波風は鉛直気層の気象特性差（標高差による風速・気温・湿度差）によって発生する特徴がある．

八乙女山麓には不吹堂の風神の祠堂が多数祀られ，かつ稜線上には強風が吹き出すとされる風穴があり，毎年 6 月に風の祭祀が行われる．井波町は上述の山地北麓に位置する瑞泉寺の門前町である．散村のある砺波平野では西風の強風は高温，北風の強風は低温を運ぶ特徴がある（図 36-4，図 36-5）．

アメダス砺波の最大風速は 23.1 m/s 南南東（2012 年 4 月 3 日），20.0 m/s 南南東（2007 年 3 月 5 日），19.0 m/s 南西（1991 年 9 月 28 日），17.5 m/s 南（2016 年 4 月 17 日），17.0 m/s 南南東（2005 年 11 月 6 日）であり，最大瞬間風速は 39.8 m/s 南南東（2012 年 4 月 3 日），32.0 m/s 南南東（2016 年 4 月 17 日），28.1 m/s 南（2016 年

図 36-4　砺波平野の散居村の配置状況（2005 年 8 月 26 日）
［筆者撮影］

36. 井波風（井波だし）　　117

図 36-5　砺波平野の散居村の説明板とその遠景（2005 年 8 月 26 日）［筆者撮影］

5 月 3 日），27.5 m/s 南西（2015 年 12 月 4 日），27.4 m/s 南南西（2018 年 8 月 24 日）である．集約すると最大風速は 23 m/s，南南東から南西（南南東から南南西）であり，最大瞬間風速は 40 m/s，南南東から南西（南南東から南南西），季節は全年（春季と秋季）である．

　最大風速・最大瞬間風速記録日 2012 年 4 月 3 日 9 時の天気図（図 36-6）は日本海西部に 986 hPa の低気圧があり，太平洋東方に 1032 hPa の高気圧があり，東高西低

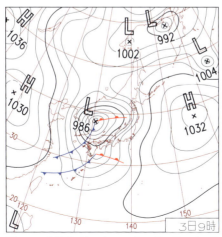

図 36-6　井波風が吹いた 2012 年 4 月 3 日 9 時の天気図［気象庁提供］

118　第Ⅲ章　北陸地方（中部地方北部）

の気圧配置である．砺波平野では上述の通りの最大風速・最大瞬間風速であり，また南砺高宮では 30.7 m/s の南風が吹き，富山では南 17.8 m/s，南南西 31.3 m/s の強風で，最高気温 18.8℃，最小湿度 37%の高温乾燥風（フェーン）となった．

最大風速 2 位の 2007 年 3 月 5 日 9 時の天気図は日本海北部に 986 hPa の低気圧があり，まもなく寒冷前線が北陸を通過する状況である．

37. 砺波だし

砺波だしの吹く地域の色別標高地図は 32 節の図 32-1（p.101）を参照．庄川・小矢部川間の砺波平野では庄川と小矢部川が流れて富山湾に注ぐ．平野域ではカイニョ（屋敷林）を伴った散居村（散村）のある水田地帯を形成している．水稲栽培（砺波米）やチューリップ栽培が盛んであり，最近では雪タマネギ栽培が増えている．観光では庄川峡，距離的に近い五箇山（図 37-1，図 37-2），庄川温泉郷も人気がある．

さて，前述の通り神通川の開口部の大沢野付近では南風をくだり風と呼ぶ．また，富山県では春の南から東寄りの風が「だし」と呼ばれるのに対して夏の南から西寄りの風は「くだり」と呼ばれる（田上・山川，2022）[1]．石川県では北西の風が吹くときに，富山県では内陸部（富山平野）を中心に南風が吹くことが多い．内陸部で風向が変化する原因の一つは石川と富山の県境（能登半島南端付近）の山地は風を遮るが，宝達山（637 m）と医王山（939 m）の間は標高が比較的低いため，天田峠などを越えた風は小矢部市付近で早々に風向が南風（南西寄りの風）に変わるか，南砺市の八乙女山（756 m）や高清水岳（1145 m），そして岐阜県境の笈ヶ岳（1841 m）などに阻まれて南砺市福光付近で淀んだあと，南寄り（南西風）となって富山平野に吹き出すが，局地風名はついていない．富山県では夏季の風をくだり風と呼ぶため，この風は付近の有名な山の名称を冠した局地風名「医王くだり」が適する．

なお，年間を通して晴天日の日中には海面より陸面が暖かいため海から陸に海風すなわち北風が吹くが，冬・春季に積雪があると冬季の日中は晴天でも陸面より海面が暖かいため陸から海へ陸風（山風）・南風が多く吹く（吉村，2012）[2]．

アメダス南砺高宮の最大風速は 17.2 m/s 西南西（2012 年 4 月 3 日），17.0 m/s 南（2016 年 4 月 17 日），16.9 m/s 西南西（2018 年 10 月 6 日），16.8 m/s 南西（2018 年 9 月 4 日），16.4 m/s 西南西（2018 年 3 月 1 日）であり，最大瞬間風速は 30.7 m/s 南（2012 年 4 月 3 日），29.6 m/s 西南西（2016 年 10 月 5 日），29.2 m/s 南（2016 年 4 月 17 日），27.3 m/s 南西（2018 年 9 月 4 日），26.9 m/s 西南西（2009 年 4 月 26 日）である．

最強風速と風向範囲を集約すると最大風速は 17 m/s，南から西南西であり，最大瞬間風速は 31 m/s，南から西南西，季節は春季と秋季である．

37. 砺波だし　119

図37-1　南砺市五箇山・相倉全景［富山県南砺市役所情報政策課提供］

図37-2　南砺市五箇山・菅沼の合掌造り［富山県南砺市役所情報政策課提供］

　砺波だしは庄川あらしや井波風よりいくぶん弱いが，これは小矢部川では山地に地峡がなく，また平野に出る地点で発散風が明確でない一方，石川県方面からかなり強い風の侵入があるためと推測される．
　アメダス南砺高宮の最大風速・最大瞬間風速記録日2012年4月3日の気象は降水量42 mm，最適気温・最高気温3.8℃，20.0℃，平均風速9.0 m/s，最大風速・最大瞬間風速（風向）17.2 m/s 西南西，30.7 m/s 南，最多風向南南西，日照時間1.2 hである．同日9時の天気図は前出（36節・井波風の図36-6，p.117）の通りである．
　最大風速2位の2016年4月17日9時の天気図（33節・立山おろしの図33-6，p.108）は日本海に978 hPaの低気圧があり，まもなく寒冷前線が日本海側を通過す

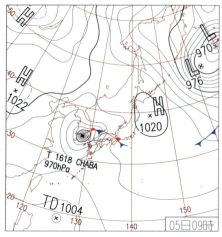

図 37-3　砺波だしが吹いた 2016 年 10 月 5 日 9 時の天気図［気象庁提供］

る．輪島で最大瞬間風速 35.7 m/s であった．

　また最大瞬間風速歴代 2 位の 2016 年 10 月 5 日の気象は 0 mm，17.2℃，32.8℃，3.7 m/s，16.3 m/s 西南西，29.6 m/s 西南西，最多風向南西，0.9 h である．同日 9 時の天気図（図 37-3）は朝鮮半島南部に 970 hPa の台風 18 号があり，まもなく温帯低気圧で日本海に抜ける状況である．金沢では最大瞬間風速 43.4 m/s のタイ記録であった．

38. 白山おろし
　　　はくさん

　白山おろしの吹く地域の色別標高地図は 32 節の図 32-1（p.101）を参照．白山（御前峰，2702 m）は岐阜と石川の県境にあり，御前峰，大汝峰，剣ヶ峯の白山三峰
　　ごぜんがみね
からなる．地域一帯は白山国立公園である．白山は日本百名山，日本百高山，花の百名山である．ハクサンチドリ，ハクサンイチゲ，ハクサンシャクナゲなどハクサンの名称の付く固有種が多い（図 38-1）．なお，白山の比較的近くに白山神社（図 38-2），および「合掌造り集落」の世界遺産として岐阜県側に白川郷，富山県側に五箇山がある．

　石川県白山市では 2 種類の白山おろし（池田・青木，2021)[1] が吹く．一つ（巻末付録① 38. 白山おろし①）は手取川が平野部に出るところの鶴来地区で吹き，もう一つ
　　　　　　　　　　　　　　　　　　　　　　　　　　　　つるぎ
の②は南部の市境付近，手取川上流の白山登山口に向かう途中の白峰地区（白峰温泉付近）で吹く．

図38-1　室堂から白山への登山道（2006年8月4日）[筆者撮影]

図38-2　石川県白山市にある白山比咩神社（2017年10月1日）[筆者撮影]

　①は手取川上流で低気圧や台風に向かって吹く南寄りの風であり，両白山地の山脈を越えて山岳に沿って吹き降ろすフェーン現象を伴う強風であり，地峡風の特性を有する．強風では，アメダス白山河内の南寄りの最大風速は19.5 m/s 南東（2012年4月3日），15.5 m/s 東南東（2009年3月13日），15.4 m/s 南南西（2018年9月4日），15.0 m/s 東南東（1991年9月27日），14.9 m/s 南西（2016年4月17日）であり，最大瞬間風速は35.8 m/s 南東（2012年4月3日），29.1 m/s 南南西（2022年3月26日），28.2 m/s 南東（2013年3月18日），27.2 m/s 南（2016年10月5日），26.7 m/s 南南西（2016年4月17日）である．最強風速と風向範囲を集約すると①最大風速は20 m/s，南東から南西，最大瞬間風速は36 m/s，南東から南南西である．季節は春季と秋季であり，このように手取川の川筋では強風が吹く．

　最大風速・最大瞬間風速の歴代1位の2012年4月3日の気象は降水量26.5 mm，

第Ⅲ章　北陸地方（中部地方北部）

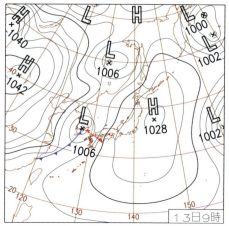

図 38-3　白山おろしが吹いた 2009 年 3 月 13 日 9 時の天気図［気象庁提供］

最低気温・最高気温 3.6℃，20.5℃，平均風速 8.7 m/s，最大風速・最大瞬間風速（風向）19.5 m/s 南東，35.8 m/s 南東，最多風向南東，日照時間 1.5 h である．同日 9 時の天気図（36 節・井波風の図 36-6，p.117）は朝鮮半島東岸に 986 hPa の低気圧および九州南部にも別の低気圧があり，石川県では南風が吹く気圧配置であった．

　上記最大風速の歴代 2 位の 2009 年 3 月 13 日の気象は上記の順に 0.5 mm，0.2℃，15.4℃，5.7 m/s，15.5 m/s 東南東，25.7 m/s 東南東，最多風向東南東，0 h であり，同日 9 時の天気図（図 38-3）は朝鮮半島南部に 1006 hPa の低気圧と東北の太平洋上に 1028 hPa の高気圧がある東高西低の気圧配置であり，北陸地域では暖かい南風が予測された．

　②は夜間に吹く南西寄りの 4 m/s 程度の風で，周辺の風とは異なる風系を示す．アメダス白山河内の夜間の気温が他の観測点よりも低く，夜間の放射冷却によって谷間に冷気が蓄積され，それが谷間に沿って谷の出口から流れ出す弱風の山風および斜面下降風の冷気流である．なお，アメダスのデータでは冷気流のような弱風の検索は難しいため，代表的な事例を選定して解析する．

　まず，晴天の夜間に弱風の山風・冷気流の吹走が推測される事例として，2023 年 2 月 6 日のアメダス白山河内の気象は，最大風速（風向）4.1 m/s 南西，最大瞬間風速（風向）6.7 m/s 西，最多風向南南西，日照時間 6.8 h であり，最低気温の比較では各アメダスの白山河内 −3.6℃，金沢 1.0℃，小松・加賀中津原 −0.6℃で，白山河内が最も低い．なお最小湿度は金沢 45%であり，冷気流の吹く条件が整っている．

　もう一例，2023 年 3 月 7 日の気象は，白山河内の最大風速 4.1 m/s 南西，最大瞬間

風速 7.3 m/s 西南西，最多風向南，日照時間 9.9 h であり，最低気温が白山河内 0.1℃，金沢 2.9℃，小松 1.6℃，加賀中津 1.0℃で，河内が最も低い．このような晴天日の夜間に冷気流が吹くと推測され，放射霧が発生して金沢平野に流れ出す特性がある．弱風の風速と風向を集約すると最大風速は 4 m/s，南西，最大瞬間風速は 7 m/s，西から西南西，季節は冬季と春季である．

第 IV 章　関 東 地 方

栃木県・群馬県・茨城県・千葉県・埼玉県・神奈川県，東京都

　関東地方の気候は太平洋側気候区になり，春季は高低気圧が西から東に通過することで，気温は大きく変動し，天気は数日周期で変わる．夏季は6〜7月中旬頃に梅雨前線がかかり，曇雨天が多くなり，大雨も降る．7月下旬には梅雨が明け太平洋高気圧に覆われ，高温・多湿な気候となる．秋季は高低気圧が交互に通過し，天気は春季同様に数日周期で変わる．9〜10月は秋雨前線や台風で降水量は年間で最も多い．冬季は，大陸ではシベリア高気圧，北太平洋ではアリューシャン低気圧の冬型の気圧配置で大陸から寒気が流入し，越後・三国山脈では日本海からの雪雲で降雪が多くなる一方，関東平野部では山越え気流として乾燥した風（空っ風）の吹き降ろしが多く晴天が多くなる．関東甲信地方では南岸低気圧で大雪になることもある．

　関東地方の局地風（那須おろし，男体おろし・日光〔奥〕白根おろし，上州おろし，赤城おろし，榛名おろし，浅間おろし，妙義おろし，筑波ならい，筑波おろし，秩父おろし，下総赤風，下総ならい・ごち，練馬風，丹沢おろし，大山おろし，箱根おろし）を解説する．

　なお，これら局地風の名称の通り，冬季を中心にした名称がほとんどである．したがって，夏季における有名な局地風はないとも言える．ほかの地域ではいくぶん季節的にはバランスを保っているが，関東地方では特に顕著であることを記しておきたい．

39. 那須おろし

　那須おろし，男体おろし，赤城おろしの吹く地域の色別標高地図を図39-1に示す．

　冬季の西高東低の気圧配置のときに大陸から吹き出した季節風が日本海側から日本列島の脊梁山脈を越えて太平洋側に吹き降りる．この強風がおろしである．脊梁山脈では多くの場合，降水・降雪があり，乾燥した気流となって吹く．那須岳は日本百名山であり，その最高峰は三本槍岳（1917 m）である．那須岳の名称を冠した那須おろし（真木，2022）[1]は帝釈山脈（帝釈山 - 那須岳，図39-2，図39-3）を越えて栃木県内の那須野原 - 宇都宮東方域に吹く局地風の山越え気流で，関東平野に吹く赤城，榛名，筑波おろしと同じメカニズムで発生する空っ風（吉野，1986；真木，2000）[2],[3]であり，北から北西風で吹き降ろす低温の乾燥した強風である．日光連山の主峰・男

126　第IV章　関東地方

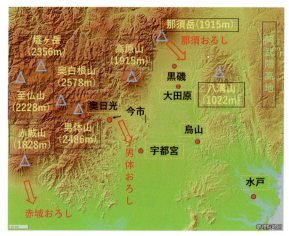

図 39-1　那須おろし，男体おろし，赤城おろしの吹く地域の色別標高地図［国土地理院の地図をもとに筆者作成］

図 39-2　那須連山の朝日岳より見た那須岳最高峰の三本鎗岳（1917 m）（2019 年 7 月 25 日）［筆者撮影］

体山（二荒〔ふたあらまたはふたら〕）の名称を冠した男体おろし，二荒おろし，日光おろしも同じメカニズムで発生するが，長距離のため区別した．

　2020 年 1 月 21 日の典型的な天気図と気象衛星ひまわりの衛星画像を図 39-4，図 39-5 に示す．冬型の西高東低で那須・関東地方の晴天状況が読み取れる．また 2019 年 12 月 27 日も類似した気象であった．

　次に最近の事例として，図 39-6 に 2020 年 1 月 21 日の日最大瞬間風速の分布を示

図 39-3 那須連山の清水平より見た朝日岳（左，1896 m）と茶臼岳（右，1915 m）（2019 年 7 月 25 日）[筆者撮影]

図 39-4 那須おろしが吹いた 2020 年 1 月 21 日 9 時の天気図 [気象庁提供]

す．図では帝釈山脈付近の 20 m/s 以上の地域（アメダス那須高原 21.8 m/s，奥日光 20.4 m/s）と，吹き降ろした台地・平野で，16 m/s 以上（黒磯 17.3 m/s，大田原・那須烏山 16.5 m/s）のように相当の強風である．これは関東平野および甲府盆地の強風（56 節・八ヶ岳おろしの図 56-6，p.194）と同一の季節風であり，乾燥した低温のボラ，空っ風である．1 月 21 日の日最大風速は奥日光 13.1 m/s，鹿沼 13.5 m/s，那須高原 10.5 m/s，大田原 11.0 m/s，宇都宮 10.2 m/s，那須烏山 9.1 m/s，今市

128　第Ⅳ章　関東地方

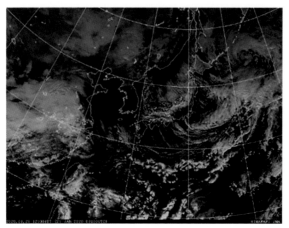

図 39-5　関東地方の晴天域が鮮明である 2020 年 1 月 21 日 12 時の気象衛星ひまわりの可視衛星画像［気象庁提供］

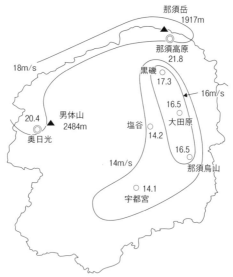

図 39-6　2020 年 1 月 21 日の栃木県の最大瞬間風速の強風分布（真木，2022）[1]

7.2 m/s など相当の強風であり，一般的には空っ風は平均風速で 10〜15 m/s である（吉野，1986；真木，2000）[2,3]。

　なお，図 39-6 の那須おろしの代表として黒磯の気象データを示すと，2020 年 1 月 21 日には降水量 0.0 mm，最低気温・最高気温 −0.6℃，5.3℃，平均風速 4.4 m/s，

最大風速・最大瞬間風速（風向）7.8 m/s 北北西，17.3 m/s 北，最多風向北北西，日照時間 1.7 h である．同日 9 時の天気図（図 39-4）に示した通りである．

次に，アメダス黒磯の冬季と春季の最大風速は 16.0 m/s 西北西（1980 年 3 月 30日），14.0 m/s 北西（2023 年 1 月 24 日），14.0 m/s 北西（2014 年 2 月 16 日），14.0 m/s 北北西（1982 年 4 月 1 日），13.0 m/s 北北西（2023 年 2 月 27 日）であり，最大瞬間風速は 28.6 m/s 北（2014 年 2 月 16 日），26.5 m/s 北西（2021 年 3 月 2 日），26.4 m/s 北北西（2010 年 2 月 7 日），25.8 m/s 西（2020 年 3 月 5 日），25.8 m/s 北西（2009 年 5 月 14 日）である．最強風速と風向範囲を集約すると最大風速は 16 m/s，西北西から北北西，最大瞬間風速は 29 m/s，西から北，季節は冬季と春季である．

最大風速記録日 1980 年 3 月 30 日の気象は降水量 33 mm，最低気温・最高気温 8.6℃，14.5℃，平均風速 6.4 m/s，最大風速・最大瞬間風速（風向）16.0 m/s 西北西，最多風向北西，日照時間 8.6 h である．最大瞬間風速記録日 2014 年 2 月 16 日の気象は上記の順に 0 mm，−0.1℃，5.1℃，6.1 m/s，14.0 m/s 北西，28.6 m/s 北，最多風向北北西，3.9 h であり，同日 9 時の天気図は東北沖に 994 hPa の低気圧と朝鮮半島南西部に 1030 hPa の高気圧との西高東低の気圧配置で強風が吹いた．

屋敷林（屋敷森）と偏形樹の方向と偏形強度から那須おろしの風向を北北西から北西方向と推測し，気温変化からボラ風を確認している（小園，1983）[4]．屋敷林を利用して那須地域の風向を考慮した長年の生活スタイルが定着していることがわかる．

空っ風を有効利用した産業にサツマイモ加工の干し芋がある．茨城県は国内生産量の 9 割を占め，生食用のサツマイモより高価であるが品質も良いため健康食品ブームから盛況である．近年では横開きビニールハウス内での天日干し乾燥が多い．干し芋産地のひたちなか市や東海村は水戸市の直ぐ北側に位置し，群馬県経由の空っ風ではなく，まさに那須おろしの空っ風の賜物である（真木，2022）[1]．

空っ風による風害は，冬春季に地表面が乾燥し強風時に風食が発生する．関東ロームは細かい土壌粒子が多く，土壌とともに肥料分が飛ぶので土地が痩せ荒れる．平均風速 10 m/s，瞬間風速 15 m/s を超えると多発し 20 m/s 以上になると黄塵万丈となることが多い．筆者の住むつくば市でも，ときどき激しい風食が発生する．強風による風害は多方面に及ぶ．

40. 男体おろし（日光おろし）

男体おろしの吹く地域の色別標高地図は 39 節の図 39-1（p.126）を参照．男体山（2486 m，図 40-1）は日光中禅寺湖の北東に鎮座し，富士山（コニーデ，成層）型火山で雄大である．湖面からあるいは頂上からの景色は絶景である．日光国立公園内にあり，中禅寺湖からは関東以北の最高峰・日光（奥）白根山（2578 m）が見える（図

図 40-1　中禅寺湖にそびえる男体山（2486 m）（2023 年 7 月 5 日）
　　　　［筆者撮影］

図 40-2　奥白根山（日光白根山，2578 m）（2019 年 6 月 25 日）
　　　　［筆者撮影］

40-2，図 40-3）．

　日光は徳川家康を祀る東照宮で有名である．二荒山神社の奥宮は男体山頂上にあり，大鳥居は中禅寺湖の入口にある．華厳の滝（図 40-4）は幅 7 m，落差 97 m で，壮大である．なお，男体おろしは，日光おろし，二荒おろし，日光（奥）白根おろしとも呼ばれる．また，日光（奥）白根山による白根おろしが影響することがあるが，白根山 - 男体山 - 日光（二荒山）間は各 5 km であり白根山は奥地にある．なお，日光（奥）白根おろしはここでは男体おろしに含めて取り扱った．一方，草津白根おろしは 44 節で解説している．

　男体おろしは日光おろし，二荒おろし，白根おろしとともに那須おろしに含める場合があるが，那須岳，三本槍岳と男体山の間隔は約 60 km あり，長距離であるため那

図 40-3　中禅寺湖と奥白根山（中央の最高点）（2023 年 7 月 5 日）
　　　　［筆者撮影］

図 40-4　日光・華厳の滝（2015 年 10 月 4 日）［筆者撮影］

須おろしとは区別した．おろし風名は，季節風の強風に対して付近で有名な男体山や白根山，歴史的遺産で有名な日光東照宮や二荒山神社の名称を被せた局地風名である．

　宇都宮付近では冬季に日光方面から吹き降ろす乾燥した低温の強風，すなわち空っ風が吹く．典型例である 2019 年 12 月 27 日（図 40-5）では，那須岳から吹き出した強風はアメダス黒磯・大田原，および日光奥地の帝釈山脈から吹き出した強風は，宇都宮の強風をもたらしている．その男体山や日光方面からの強風は気象データがないために，いきなり宇都宮のみで強風が出現したように見える．日光からの連続した強風域は見られず，後述する群馬県の谷川岳（三国山脈）を吹き越す風と同様に，飛地的な強風域（跳ね水現象）との関連性が推測される（41 節・上州おろしの図 41-7，p.137）．すなわち，波動現象として帝釈山脈を越えた吹き降ろしの風は，アメダス今

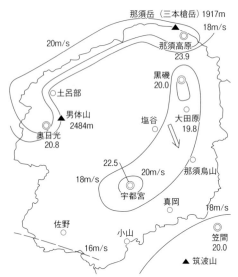

図 40-5　2019 年 12 月 27 日の栃木県の最大瞬間風速の強風分布［真木, 2022］[1]

市付近で着地して跳ね水現象を起こして，一度上空に吹き上げてから宇都宮付近に引き降ろす現象が宇都宮の強風であると推測される．さらにはその風下の茨城県のアメダス下妻では周辺よりも強風であり 3 回目の着地であろうか．したがって，三国山脈におけるアメダス沼田－前橋間，今市－宇都宮間，宇都宮－下妻間は，それぞれ約 30 km で一致しており，興味深い．

宇都宮の冬春季の北西寄りの最大風速は 22.2 m/s 北北西（1940 年 3 月 22 日），21.4 m/s 北北西（1938 年 2 月 17 日），19.5 m/s 北西（1999 年 2 月 27 日），19.0 m/s 北（1951 年 2 月 15 日），18.4 m/s 西北西（1951 年 2 月 15 日）であり，最大瞬間風速は 33.3 m/s 北北西（2003 年 3 月 2 日），30.7 m/s 北北西（1941 年 1 月 20 日），30.5 m/s 北（1986 年 3 月 23 日），29.9 m/s 北西（1999 年 2 月 27 日），29.5 m/s 西北西（2004 年 2 月 23 日）である．最強風速と風向範囲を集約すると最大風速は 22 m/s, 西北西から北，最大瞬間風速は 33 m/s, 西北西から北，季節は冬季と春季である．

宇都宮の最大風速記録日 1940 年 3 月 22 日の気象は 2.8 mm，気温 0.3℃，7.8℃である．最大瞬間風速記録日 2003 年 3 月 2 日の気象は 7.0 mm，2.6℃，14.3℃，最小湿度 18%，平均風速 5.8 m/s，16.7 m/s 北北西，33.3 m/s 北北西，7.7 h であり，同日 9 時の天気図（図 40-6）は東北沖に 976 hPa の低気圧，朝鮮半島・済州島付近に 1018 hPa の高気圧で西高東低の気圧配置である．

なお，最近の事例として 2024 年 1 月 13 日 9 時の天気図（94 節・大根風の図 94-3，

40. 男体おろし（日光おろし）　　133

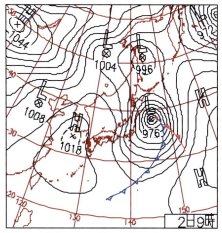

図40-6　男体おろしが吹いた2003年3月2日9時の天気図［気象庁提供］

p.340）は弱い西高東低で，宇都宮で最大風速北北西10.7 m/s，最大瞬間風速北16.8 m/s，最小湿度33％の空っ風が吹いた．

　さて，図40-5に戻ると，図39-6との比較では帝釈山脈の20 m/s以上の地域（那須高原21.8 m/s，23.9 m/s，奥日光20.8 m/s，20.4 m/s）と，吹き降ろした台地・平野域で，17 m/s以上（宇都宮22.5 m/s，黒磯20.0 m/s，那須烏山17.8 m/s）のように相当の強風である．これは関東平野および甲府盆地（56節・八ヶ岳おろし，p.192）の強風と同一の季節風であり，乾燥した低温のボラ，空っ風である．日最大風速は奥日光14.2 m/s，那須高原12.5 m/s，平野域の宇都宮14.9 m/s，大田原14.2 m/s，鹿沼13.9 m/s，今市13.2 m/sなど相当の強風である．一般的には平均風速で10～15 m/sであるとされる（吉野，1986；真木，2000；真木，2022）[1),2),3)]．

　なお，2019年12月27日（図40-5）の宇都宮の気象は降水量1 mm，最低気温・最高気温0.3℃，13.2℃，最小湿度44％，平均風速4.2 m/s，最大風速・最大瞬間風速（風向）14.9 m/s北北西，22.5 m/s北北西，日照時間6.8 hであり，同日9時の天気図（56節・八ヶ岳おろしの図56-6, p.194）は，関東の東方海上に988 hPaの低気圧，上海付近に1030 hPaの高気圧があり西高東低の冬型の気圧配置で，西から東日本の日本海側は雨や雪となった．また，黒磯の気象は3.0 mm，1.5℃，10.3℃，平均風速3.4 m/s，10.2 m/s北西，20.0 m/s北北西，最多風向北北西，3.8 hであった．

41. 上州おろし

　上州おろし，赤城おろし，榛名おろし，白根（草津白根）おろし，浅間おろし，妙義おろしの吹く地域の色別標高地図を図 41-1 に示す．

　上州とは群馬県のほぼ全域である．県内全域で使われている上州おろし（上州空っ風，上州の空風）は那須おろし，赤城おろしと同様の原理で吹き，冬季に北から吹く乾燥した冷たい強風を指す．

　冬季の西高東低の気圧配置時にアジア大陸から吹き出した季節風は，日本海上で雪雲を発生させ日本海側に雨と雪を降らす．すなわち新潟県側からの高湿気流は日本列島の脊梁山脈の三国山脈で降雨と降雪を起こし，山を吹き越えて太平洋側に吹き降り，おろし風となる．山越えで乾燥した気流は関東地方に空っ風となって吹き進む．直近の群馬県では上州空っ風と呼ばれる．ここで日本海 - 三国山脈 - 関東の地図を図 41-2 に，その断面図を図 41-3 に示す．

　三国山脈（図 41-2，図 41-3）は東の燧ヶ岳（2346 m）から西の四阿山（2354 m）に東西に連なる山脈で，日本海側からの高湿・低温の気流が高地で雨と雪を降らせることで乾燥した気流となり，沼田盆地や草津・長野原地域に北寄りの風として吹き降りる（図 41-4，図 41-5）．

　山越え気流について考えると，2015 年 10 月 25 日の図 41-6（真木，2021）[1]のように，顕著なときは三国山脈（谷川岳）直下の水上付近では南風の吹き上げ風（剝離風，

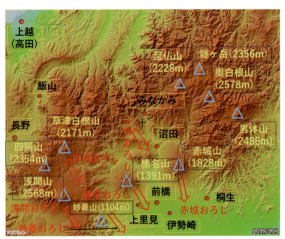

図 41-1　上州おろし，赤城おろし，榛名おろし，白根おろし，浅間おろし，妙義おろしの吹く地域の色別標高地図
　　　　［国土地理院の地図をもとに筆者作成］

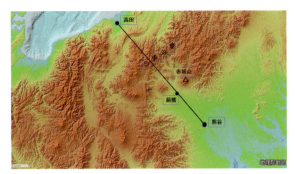

図41-2　高田-三国山脈-前橋-熊谷間の立体地形
[国土地理院の地図をもとに筆者作成]

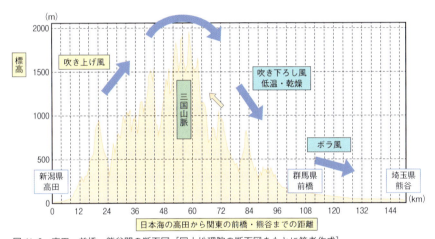

図41-3　高田-前橋-熊谷間の断面図[国土地理院の断面図をもとに筆者作成]

逆方向渦)が吹く.図41-6(三国山脈からの距離による風速分布)のアメダスみなかみ,水上(10 km)は24 m/s,沼田(30 km)は20 m/sで,その沼田付近では吹き降ろしの中心域となり,地表面に吹き降りた強風が跳ね返り,いわゆるハイドロリックジャンプ(跳ね水)現象によって上空に吹き上がり,次の吹き降ろし域は30 km風下の前橋付近であり,再び地表面で跳ね上がり,次は30 km先の降下域が熊谷付近となるとともに,さらに風下へと続くこともある.その間隔は約30 kmであった.筆者が10月25～26日の草津白根山・四阿山に登山したときに,三国山脈を越える強風と関東平野でのボラと跳ね水現象が発生した.非常に早い時期に発生した事例である(真木,2021:真木,2022)[1),2)].

強風発生日(図41-6)の2015年10月25日9時の天気図(図41-7)は,前日10月

図 41-4　関越自動車道の谷川岳 PA より撮った三国山脈（2024 年 6 月 5 日）［筆者撮影］

図 41-5　樹木に樹氷の着いた晩秋季の四阿山頂上（2015 年 10 月 26 日）［筆者撮影］

24 日 9 時に北海道北西方にあった 1000 hPa の低気圧が北海道北方を通過して 25 日 9 時には千島列島中部に 972 hPa の低気圧に移動し，西高東低の気圧配置となり，北日本中心に風が強く北海道襟裳岬で最大瞬間風速 37.1 m/s を観測した．

　ここで，上州おろしの吹く地域の代表として，アメダス沼田の冬春季の北寄りの最大風速は 15.0 m/s 北北西（1988 年 5 月 14 日），14.0 m/s 西北西（2007 年 5 月 15 日），14.0 m/s 北北西（2006 年 4 月 3 日），14.0 m/s 北北西（2006 年 3 月 17 日），14.0 m/s 西（1979 年 3 月 31 日）であり，最大瞬間風速は 24.2 m/s 北西（2015 年 2 月 15 日），23.2 m/s 西（2012 年 4 月 3 日），23.0 m/s 北北西（2014 年 2 月 16 日），22.7 m/s 北北西（2014 年 3 月 31 日），21.6 m/s 西（2015 年 4 月 15 日）である．最強風速と風向範囲を集約すると最大風速・風向は 15 m/s，西から北北西（西北西か

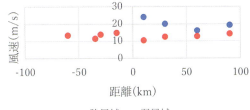

図41-6 2015年10月25日の三国山脈南北の距離による風速分布（山越え・跳ね水現象とボラの強風域および周辺の弱風域）（真木，2021）[1]．三国山脈の風下側の強風域（青丸）：波動現象を起こす中心域（アメダスみなかみ，沼田，前橋，熊谷）と弱風域（赤丸）：強風（青丸）の周辺域の複数のアメダス平均風速

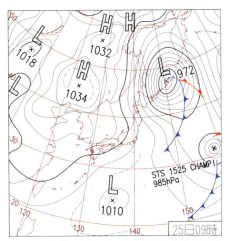

図41-7 上州おろしが吹いた2015年10月25日9時の天気図［気象庁提供］

ら北北西)，最大瞬間風速24 m/s，西から北北西，季節は冬季と春季である．

最大風速記録日1988年5月14日の気象は降水量0 mm，最低気温・最高気温13.4℃，23.0℃，平均風速4.3 m/s，最大風速・最大瞬間風速（風向）15.0 m/s北北西，最多風向北北西，日照時間5.8 hである．最大瞬間風速記録日2015年2月15日の気象は上記の順に12.5 mm，−2.2℃，2.5℃，3.2 m/s，11.1 m/s北西，24.2 m/s北西，最多風向西北西，3.8 hである．

空っ風は種々の風害を発生させる．看板が剥がれる被害，建物への種々の風害，地

表面の風食，ビル風，ビニールハウス・簡素な建物などの破損，ビニールハウスの被覆材が舞い上がって電線に絡み電車の運行に支障をきたすなども起こる．風食は群馬県のコンニャク，埼玉県と茨城県のヤマイモ・サツマイモ，千葉のラッカセイの掘り取り跡地で冬作のない農地からが多い．精密機械の製造には不向きである．日常生活では，洗濯物は外に干せない，室内への砂埃の侵入，強風時にはスマートフォンが使い難い，体温が奪われるので厚着になるなどがある．

　空っ風が人の健康に及ぼす影響では，埃・砂塵による眼病，目や鼻アレルギー症状の悪化，風邪やインフルエンザへの影響，乾燥や低温によるシモヤケ，肌荒れ，皮膚の角化症等が起こりやすい．また中国から飛来の黄砂が加わると，さらに悪化する傾向がある．

42. 赤城おろし

　赤城おろしの吹く地域の色別標高地図は 41 節の図 41-1 (p.134) を参照．上州おろしと同様，赤城おろしは群馬県中央部の赤城山南部域で，冬季に北から吹く乾燥した低温の強風である（真木，2022）[1),2)]．赤城山（黒檜山，1828 m，図 42-1）は日本百名山で，夏季には赤城高原の白樺牧場内でレンゲツツジの開花に遭遇できる（図 42-2）．

　シベリア高気圧から日本列島に吹く風は，群馬県と新潟県境の山岳地帯に当たると上昇気流となり，日本海側に雨と雪を降らせる．山の風上側では湿潤断熱減率で気温が低下し，山越えしたあと，山の風下側に吹き降ろすときに，春季には乾燥断熱減率によって暖かく乾いた風，フェーン風を吹き降ろすことがある．冬季には高所の空気は低温であるため山から吹き降りても風の気温が周辺より低いボラ風であり，乾燥し

図 42-1　赤城おろしの吹く赤城山（黒檜山 1828 m）(1995 年 3 月 3 日) [筆者撮影]

図 42-2　レンゲツツジの咲く赤城白樺牧場（2016 年 6 月 14 日）
［筆者撮影］

た低温の強風や空っ風となる．

　空っ風に関して，低温の乾燥した強風はボラ風であり，関東一円にその影響を及ぼす．この風は関東平野の前橋付近と利根川と荒川沿いに吹き，前橋付近の北東部，北西部にある赤城山（図 42-1），榛名山の名称を冠して赤城おろし，榛名おろしと呼ばれる．

　山を越える際に気温，気圧ともに下がることで空気中の水蒸気が雨や雪となって山の風上側および風下側の一部に降るため，山を越えてきた風は乾燥した状態となる．特に群馬県北部域で冬に吹く北西風は上州の空っ風として有名で，群馬県の名物の一つであり，また関東の空っ風として共通する．なお，赤城山以北では単に空っ風，上州おろしであり，赤城おろしとは呼ばない．

　アメダス前橋の冬春季の最大風速（長期観測の古い記録）は 24.5 m/s 北北西（1942 年 4 月 5 日），24.2 m/s 北（1912 年 3 月 28 日），23.9 m/s 北（1911 年 3 月 31 日），23.6 m/s 北（1941 年 3 月 12 日），23.6 m/s 北（1901 年 3 月 22 日）であり，最大瞬間風速は 32.0 m/s 北西（1979 年 3 月 31 日），30.2 m/s 北北西（1966 年 2 月 23 日），30.0 m/s 北北西（1971 年 1 月 18 日），28.6 m/s 北西（1994 年 2 月 22 日），28.3 m/s 北（1941 年 3 月 12 日）である．最強風速と風向範囲を集約すると最大風速・風向は 25 m/s，北北西から北，最大瞬間風速・風向は 32 m/s，北西から北，季節は冬季と春季である．

　最大風速記録日 1942 年 4 月 5 日の気象は降水量 6.3 mm，最低気温・最高気温 5.2℃，22.0℃のみであり，最大瞬間風速記録日 1979 年 3 月 31 日の気象は降水量 0 mm，最低気温・最高気温 7.3℃，20.7℃，最小湿度 20％，平均風速 8.3 m/s，最大

風速・最大瞬間風速（風向）18.0 m/s 北西，32.0 m/s 北西，日照時間 11 h であった．

なお，最近の 2019 年 12 月 27 日の前橋の気象は上記の順に 3.5 mm，2.8℃，12.0℃，最小湿度 57%，3.2 m/s，8.5 m/s 北西，15.9 m/s 北西，6.7 h であり，同日 9 時の天気図は，56 節・八ヶ岳おろしの図 56-6（p.194）に示した．そして同日 14 時の可視衛星画像を図 42-3 に示した．

ここで，その 2019 年 12 月 27 日の関東地方の風速分布を図 42-4 に示す．前橋付近からの 16 m/s の点線区分線で示す扇型強風域が顕著に出ており，典型的な関東平野

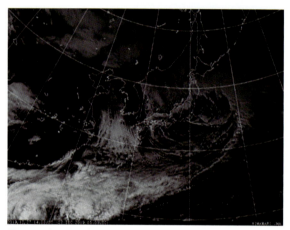

図 42-3　空っ風の吹いた 2019 年 12 月 27 日 14 時の気象衛星ひまわりの可視衛星画像［気象庁提供］

図 42-4　2019 年 12 月 27 日の関東地方など広域の風速分布　［真木，2022][1]

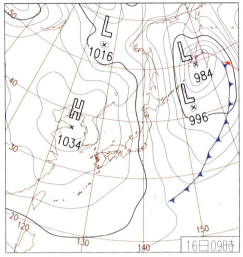

図 42-5　赤城おろしが吹いた 2024 年 1 月 16 日 9 時の天気図［気象庁提供］

での空っ風が示されている.

　また，最近，2024 年 1 月 16 日の気象は降水量 0.0 mm，最低気温・最高気温 −1.2℃，4.4℃，最小湿度 43%，平均風速 4.3 m/s，最大風速・最大瞬間風速（風向）8.0 m/s 北西，13.6 m/s 北西，日照時間 4.9 h であり，同日 9 時の天気図（図 42-5）の通り西高東低である．このような気圧配置で空っ風が吹くことになる．

43. 榛名おろし

　榛名おろしの吹く地域の標高地図は 41 節の図 41-1（p.134）を参照．榛名山（1449 m）は二重式火山であり，均整のとれた榛名富士（1391 m，図 43-1）などいくつかのピークがある．榛名富士と榛名湖の景色は絶妙の被写体である．榛名富士に 2014 年 11 月 23 日に登った（真木，2022a；2022b）[1),2)]．

　榛名湖の南には榛名神社（図 43-2）があり，中腹には伊香保温泉がある．さて，この地域で冬春季に吹く乾燥強風の空っ風を榛名おろしまたは伊香保おろし（田口，1962）[3)] と呼び，この辺りで吹く寒乾風である空っ風に付近の有名な榛名山の山名や温泉名を付けた風名である．

　榛名山の南東方約 20 km の前橋と約 35 km の伊勢崎の気象を見ていく．

　前橋の気象は前節の赤城おろしで示した．最強風速と風向範囲を仮に集約すると最大風速・風向は 25 m/s，北北西から北，最大瞬間風速・風向は 32 m/s，北西から北，

142　第Ⅳ章　関東地方

図 43-1　榛名おろしの吹く榛名山（榛名富士 1391 m）（2014 年 11 月 23 日）［筆者撮影］

図 43-2　榛名神社の御神体の御姿岩（2014 年 11 月 23 日）［筆者撮影］

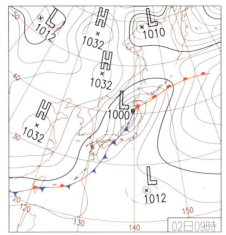

図 43-3　榛名おろしが吹いた 2021 年 3 月 2 日 9 時の天気図［気象庁提供］

季節は冬季と春季である．ただし，最大風速・最大瞬間風速では観測期間が大きく異なっている．

さて，アメダス伊勢崎の冬春季の北寄りの最大風速では 16.1 m/s 北西（2021 年 3 月 2 日），15.4 m/s 北西（2023 年 1 月 24 日），15.0 m/s 北西（2008 年 4 月 1 日），15.0 m/s 西北西（1999 年 3 月 22 日），14.6 m/s 北西（2013 年 3 月 21 日）であり，最大瞬間風速では 25.4 m/s 北西（2023 年 1 月 24 日），24.9 m/s 北西（2021 年 3 月 2 日），23.6 m/s 北北西（2019 年 12 月 31 日），23.5 m/s 北西（2013 年 3 月 10 日），22.6 m/s 北西（2020 年 3 月 16 日）である．最強風速と風向範囲を仮に集約すると最大風速は 16 m/s，西北西から北西，最大瞬間風速は 25 m/s，北西から北北西であり，前橋よりかなり小さい．

最終的には，前橋と伊勢崎の平均を取って，最大風速は 21 m/s，北西から北北西，最大瞬間風速は 29 m/s，北西から北，季節は冬季と春季となった．前橋では観測期間が長く，また三国山脈（広義の越後山脈）を越えた風の跳ね水現象と吹き降ろし風の影響を受けかなり大きい風速である一方，伊勢崎はかなり風速が小さいので平均は現実的であろう．

最近の事例は伊勢崎の最大風速記録日 2021 年 3 月 2 日の気象は降水量 6.5 mm，最低気温・最高気温 5.4℃，16.3℃，最大風速・最大瞬間風速（風向）16.1 m/s 北西，24.9 m/s 北西，最多風向西北西である．同日 9 時の天気図（図 43-3）は秋田付近に北東 – 南西に前線を伴った 1000 hPa の低気圧があり，本州全体が低圧域にある．

最大瞬間風速記録日 2023 年 1 月 24 日の気象は降水量 0 mm，最低気温・最高気温

−2.9℃，13.1℃，最大風速・最大瞬間風速（風向）15.4 m/s 北西，25.4 m/s 北西，最多風向北西，日照時間 4.7 h である．同日 9 時の天気図は宗谷海峡と知床に 1000 hPa の低気圧，そして関東の東方には前日に南岸低気圧として通過した前線を伴った 998 hPa の低気圧がある．翌日 9 時には 944 hPa の猛烈な低気圧に発達している．

44. 白根おろし（草津白根おろし）

　白根（草津白根）おろしの吹く地域の色別標高地図は 41 節の図 41-1（p.134）を参照．草津白根山（本白根山，2171 m）は草津温泉の西方にあり，本白根山，白根山，逢ノ峰等々を含む広大な火山地帯である．1983 年には浅間山，焼山，草津白根山が噴火したのに続き，最近 2018 年 1 月 23 日に草津白根山で噴火し死傷者が出たが，立ち入り禁止区域外での噴火であった．白根山の東方には草津温泉，西方には万座温泉があり，白根火山の恩恵がある．なお，図 44-1，図 44-2 に草津白根山の関連写真を示す．
　長野県西部の軽井沢町の北側は群馬県嬬恋村であり，その東に長野原町，北に草津町がある．群馬県側は盆地地形になっている．嬬恋村の東方域（長野原町）は北軽井沢と呼ばれている．長野原町は本白根山の南にあり，西方には四阿山が，南西には浅間山がある高原で，嬬恋村はキャベツを代表とする高原野菜で有名である．北軽井沢付近では白根おろしの風名が使用されている（真木，2021）[1]．
　冬季に日本海側から吹き付ける季節風は三国山脈で雨雪を降らせ，かなり乾燥した風が北軽井沢付近に到達する．ボラの低温の風が多い．
　冬春季のアメダス草津の北寄りの最大風速は 20.0 m/s 北北西（1990 年 5 月 1 日）．

図 44-1　草津白根山の中腹（1800 m 付近）での霧氷（2015 年 10 月 25 日）［筆者撮影］

44. 白根おろし（草津白根おろし）　　145

図 44-2　草津白根山（本白根山，2171 m）と弓池（2015 年 10 月 25 日）［筆者撮影］

19.0 m/s 北北西（1982 年 3 月 31 日），19.0 m/s 北北西（1980 年 3 月 10 日），17.0 m/s 北北西（1994 年 2 月 21 日），16.0 m/s 北北西（1991 年 2 月 16 日）であり，最大瞬間風速は，25.6 m/s 北北西（1994 年 3 月 31 日），25.5 m/s 北北西（2014 年 2 月 16 日），25.0 m/s 北北西（2012 年 12 月 26 日），24.2 m/s 北北西（2009 年 3 月 23 日），23.5 m/s 北（2011 年 12 月 4 日）である．最強風速と風向範囲を集約すると最大風速は 20 m/s，北北西であり，最大瞬間風速は 26 m/s，北北西から北，季節は冬季と春季である．

　最大風速記録日 1990 年 5 月 1 日の気象は降水量 0 mm，最低気温・最高気温 −0.1℃，9.6℃，平均風速 5.1 m/s，最大風速・最大瞬間風速（風向）20.0 m/s 北北西，最多風向北，日照時間 7.4 h である．最大瞬間風速記録日 1994 年 3 月 31 日の気象は上記の順に 0 mm，−3.1℃，7.1℃，2.8 m/s，7.0 m/s 北，最多風向北西，11.0 h である．

　最大瞬間風速歴代 2 位 2014 年 2 月 16 日の気象は降雪深 31 cm，最低気温・最高気温 −6.3℃，−3.2℃，平均風速 6.7 m/s，最大風速・最大瞬間風速（風向）11.7 m/s 北北西，25.5 m/s 北北西，最多風向北北西，日照時間 3.2 h であり，同日 9 時の天気図（図 44-3）は，前日に太平洋側（史上最深の積雪：甲府 114 cm）に大雪を降らせた三陸沖の 994 hPa の低気圧と朝鮮半島南部に 1030 hPa の高気圧で西高東低の気圧配置であり，北風が強かった．

　一方，北アルプス白根三山（北岳，間ノ岳，農鳥岳）からの風も白根おろしと呼び，山梨県南アルプス市内の白根御勅使中学校校歌に出ている．ただし市内，特に甲府盆地からは遠くてよく見えないか．なお，草津白根山や奥（日光）白根山でも白根おろしを使うことは前述した．

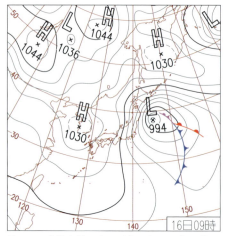

図44-3　草津白根おろしが吹いた2014年2月16日9時の天気図［気象庁提供］

45. 浅間おろし

　浅間おろしの吹く地域の色別標高地図は41節の図41-1（p.134）を参照．浅間山（2568 m）は群馬と長野県の境にある安山岩質の成層火山で，山体は円錐形でカルデラも形成されており，活発な活火山で知られる．上信越高原国立公園に指定され，日本の地質百選や浅間山北麓ジオパークに認定されている．1783年の天明浅間山大噴

図45-1　外輪山の槍ヶ鞘から見た浅間山（2016年5月31日）
　　　　［筆者撮影］

図 45-2 外輪山の最高峰黒斑山（2404 m）から見た浅間山（2568 m）
（2016 年 5 月 31 日）［筆者撮影］

火の際に吾妻火砕流が群馬県側に流れ，それでできた溶岩樹型が保護されている．2000 年以降でも噴火を確認している（図 45-1，図 45-2）．長野原町には八ッ場ダム関連施設（道の駅八ッ場ふるさと館）があり，その対岸には不動滝がある（図 45-3）．

浅間山は日本百名山，花の百名山であり，噴煙を上げる活火山で危険であるため近年は登山禁止であるが，浅間山の外輪山の最高峰の黒斑山（2404 m）には登れる．

北軽井沢での浅間おろしは，多くは南寄りの風（浅間は南西方向にある）になり，長野原・軽井沢付近で使われる．なお，草津白根おろしや浅間おろしの西風による影響を受ける地域はおもに関東地方である．

冬春季（12〜5 月），西北西から北風のアメダス軽井沢の最大風速は 16.0 m/s 北北西（1960 年 2 月 21 日），15.8 m/s 北（1960 年 3 月 24 日），15.5 m/s 西北西（1951 年 4 月 13 日），15.3 m/s 西北西（1961 年 1 月 26 日），15.3 m/s 北西（1950 年 1 月 10 日）であり，最大瞬間風速は 25.4 m/s 北（1980 年 12 月 24 日），25.1 m/s 西北西（1985 年 2 月 11 日），24.0 m/s 北西（1989 年 3 月 17 日），23.5 m/s 北北西（1979 年 1 月 18 日），22.2 m/s 北北西（1990 年 5 月 1 日）である．最強風速と風向範囲を仮に集約すると最大風速は 16 m/s，西北西から北であり，最大瞬間風速は 25 m/s，西北西から北である．ただし，観測年数が長いため強風の程度が大きく評価されるため，次のアメダス上里見との直接比較は難しい．

冬春季の風はほとんどが北西寄りの風である．アメダス上里見の最大風速は 11.0 m/s 西北西（2006 年 4 月 3 日），11.0 m/s 西北西（2003 年 3 月 2 日），11.0 m/s 西北西（1986 年 4 月 5 日），11.0 m/s 西（1986 年 3 月 12 日），11.0 m/s 西北西（1980 年 5 月 6 日）であり，最大瞬間風速は 23.2 m/s 北北西（2013 年 3 月 21 日），21.0 m/s

図 45-3　群馬県長野原町の八ッ場ダム不動大橋からの不動滝（2024 年 4 月 23 日）［筆者撮影］

西（2012 年 4 月 3 日），19.3 m/s 北西（2021 年 3 月 26 日），18.8 m/s 西北西（2021 年 12 月 17 日），18.8 m/s 西北西（2013 年 3 月 10 日），18.8 m/s 西（2012 年 4 月 4 日）である．最強風速と風向範囲を仮に集約すると 11 m/s，西から西北西，最大瞬間風速は 23 m/s，西から北北西，季節は冬季と春季である．

　ここで，浅間山周辺域で浅間おろしの名称を使う意味で，軽井沢と上里見の平均を軽井沢，北軽井沢，長野原付近の気象とした．したがって最大風速 14 m/s，西から北（北西寄り），最大瞬間風速 24 m/s，西から北（北西寄り），季節は冬季と春季である．

　なお，上里見の最大風速記録日 2006 年 4 月 3 日の気象は降水量 0 mm，最低気温・最高気温 5.5℃，16.1℃，平均風速 6.3 m/s，最大風速（風向）11.0 m/s 西北西，最多風向西北西，日照時間 11.5 h であり，同日 9 時の天気図（図 45-4）は前日 9 時に日本海にあった 992 hPa の低気圧が東北地方北部を通過して発達し，4 月 3 日 9 時には東北沖に 978 hPa の低気圧がある西高東低の気圧配置である．

　最大瞬間風速記録日 2013 年 3 月 21 日の気象は上記の順に 0 mm，1.7℃，16.8℃，3.6 m/s，9.9 m/s 西北西，23.2 m/s 北北西，西北西，11.5 h であり，同日 9 時の天気図は千島列島中部に 972 hPa の低気圧がある西高東低の気圧配置である．

45. 浅間おろし　　149

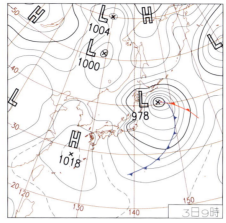

図 45-4　浅間おろしが吹いた 2006 年 4 月 3 日 9 時の
　　　　　天気図［気象庁提供］

▶▶▶　コラム②　関東地方の空っ風

　　関東甲信地方では冬季を中心に空っ風が吹く．この風は乾燥した低温の強風
　であり，種々の悪影響（砂塵害，洗濯物の汚れ，眼病などの健康被害）を及ぼ
　すが，逆に，しらす干し，干し芋などで利用価値もある．
　　空っ風は関東を中心に冬季によく吹くが，春季になっても吹くことも多い．
　日射で気温が上がり降雨が少ないと，乾燥して土壌が飛びやすくなり，特に関
　東ロームの農地からの風食が激しくなる．吹く季節は，寒候期であり，気圧配
　置は西高東低や低気圧通過後である．
　　これには那須おろし，男体おろし，日光おろし，二荒おろし，上州おろし，
　赤城おろし，榛名（伊香保）おろし，筑波おろしがあり，そのほかに八ヶ岳お
　ろし（甲州空っ風），松本空っ風，遠州空っ風，三河空っ風，高知空っ風等があ
　る．これらに関しては個別に解説する．
　　なお，風速について，冬春季と寒候期に区別したが，関東地方では春季の強
　風・乾燥があり，冬春季が妥当と判断した．寒候期（10〜3 月），冬季中心（12
　〜2 月）等がある．関東では解析は冬春季（12〜5 月）で扱ったが，冬春季また
　は寒候期とした事例が多くなった．寒候期にすると 10〜11 月が入るため，台
　風を意識する場合には古いデータでは詳しいことがわからないため，それを避
　ける意味もある．一方，暖候期（4〜9 月）と寒候期の区分は，海風と陸風（山
　谷風）で区分した富士川おろしのみである．

▶▶▶ コラム③　山越え気流による局地風モデル

　山越え局地風モデルを図③-1（吉野，2008，筆者一部改稿）[1]に示す．気流が山越えするときに気象特性が変質する，その過程を地形，雲，降水等の方面から解説する．

　冬季に日本海側からの湿った低温の気流が関東地方北部の三国山脈を越えるときに，山地で雨や雪を降らせ，関東地方に空っ風を吹き降ろす．地形的に雲や雨雪に影響する結果として，風下の関東地方の気象に変質を及ぼす状況を，特に風の面（山越え気流）から評価する．

　（1）地形特性：A地域は平野か水面等．B山脈の走向に直角に走る大きい谷があり両側は数百メートル高の丘陵．C風上斜面山麓の丘陵の谷に風が収斂（れん）．D風上斜面で峠に向かう細い谷がある．E高度400〜800 mの鞍部，両側は1000〜2000 m高の長い山脈．F風下斜面は風上より急．G山麓から平野か水面．H山麓平野か水面．I〜L平野か水面．

　（2）雲特性：A高気圧で雲無．B上空2000 mに高層雲．C高層雲に切目．D山麓地面に霧・雲．E地面は霧・雲，頂上に風枕，上空にレンズ雲，高層雲無．F雲は斜面で急消失．G上空に青空発生．H高度約2000 mに高層雲，下層は雲無．I高さ1000〜1500 mにレンズ・吊・ローター・積雲．J上空に高層雲，下層は雲無．K次の波頭で雲は不明瞭．L低気圧に近付くと雲は厚く雲底は低下．

　（3）降水特性：A〜C無降水．D降雨降雪．E降雨降雪強．F雨滴か雪片が

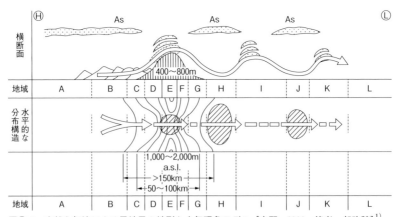

図③-1　山越え気流による局地風の地形と大気現象モデル［吉野，2008，筆者一部改稿］[1]．
　　　　（上）地形断面に沿う鉛直構造，（下）地形と風の水平構造，斜線域は強風，A〜Lは地域範囲

飛来．L 低気圧性降水，G〜K 無降水．
（4）局地風の地面付近の風：A 弱風．B 谷中は弱風，やや上空で谷向の気流収斂．C 谷中弱風，上空で谷向の気流収斂強．D 強風．E 暴風で地鳴り．F 地面付近弱風．G 弱風，H との境界は明瞭だが強風で風下に移動．H 暴風で乱れも大，強風域は E から 30〜40 km．I 弱風，時に逆風．J 強風，H より範囲狭い．K 弱風．L 次第に低気圧性風系になる．

▶▶ コラム④　関東地方の局地風のボラとフェーンの特徴

　高温乾燥風（フェーン，以下①）と低温乾燥風（ボラ，以下②）の気象特性を，吉野（2008）[1]を参考に区別して記述する．
　日本全体の広域（マクロスケール）では，基本的原理として，風下斜面の山麓で吹いたあとの気温は①上昇，②下降，湿度は①下降，②下降する．発達する季節は主として①暖候期，②寒候期に発生しやすい．影響を及ぼすおもな気団は①赤道・熱帯・亜熱帯の海洋性気団，②北極・寒帯・亜寒帯の大陸性気団．関連する低気圧は①熱帯低気圧・熱帯外（温）低気圧，②熱帯外（温帯）低気圧・寒帯低気圧．対流圏の平均循環場（500 hPa，約 5000 m 高度面）は①暖候期に南成分が強い，②寒候期に北成分が強い．発達する地域は①夏の季節風循環・貿易風系に支配される低・中緯度地域，②冬の季節風循環・寒波の吹き出しに支配される中高緯度域である．特徴としては風下の強風域の風速日変化は①ほとんど日中に発達する，②日中に発達する場合が多いが夜間に発達することもある．風上斜面の降水は①②ともに有である．
　局地気象ではフェーンとボラは類似しており，現象が起こる地域は，卓越風が吹き出す山脈の風下山麓である．雲の発達は，卓越風が吹き出す山脈の風上側斜面と山頂域である．湿度は風が吹き出すと低下し乾燥する．降水は風上側斜面で発生する．フェーンは吹き出すと高温，ボラは吹き出すと低温になる違いのみであり，差異を特定・区分するための広域・高精度観測は現実的ではなく，気温の経過を見て判断するのが無難であろう（吉野，1986）[2]．

46. 妙義おろし

　妙義おろしの吹く地域の色別標高地図は 41 節の図 41-1（p.134）を参照．妙義山（相馬岳，1104 m）は多数のピークと激坂のある岩山であり，上毛三山（赤城，榛名，妙義）の一つである．妙義荒船佐久高原国定公園に入る．山麓の妙義神社や中之嶽神社は素晴らしく，第一門から第四門や轟岩などの景色は抜群で，見応えのある景観である（図 46-1，図 46-2）．特に紅葉期が素晴らしいため，2015 年 12 月 2 日に登った．妙義山（群馬県下仁田町・富岡市・安中市），寒霞渓（香川県小豆島町），耶馬渓（大分県中津市）が日本三大奇勝（奇景）であり，この奇勝な名称を群馬県南西部の局地風名に冠している．

　アメダス上里見は前橋の西方，妙義山の東方の中間地点にあり，西野牧は妙義山の南に位置する．上里見の気象データは前節で示し，また浅間おろしの気象（軽井沢）も示した．

　なお，アメダス前橋の気象とは相当大きい差が認められるため，ここでは前橋と上里見との平均として，総合的に集約すると，最大風速は 18 m/s，西から北（北西寄り），最大瞬間風速は 28 m/s，西から北（北西寄り），季節は冬季と春季である．したがって，これらの風速，風向が妙義おろしの代表的風特性とされる．

　上里見の最大風速記録日 2006 年 4 月 3 日の気象と天気図は 45 節の浅間おろしの図 45-4（p.149）で示した．上里見の最大瞬間風速記録日 2013 年 3 月 21 日の気象は降水量 0 mm，最低気温・最高気温 1.7℃，16.8℃，最大風速・最大瞬間風速（風向）9.9 m/s 西北西，23.2 m/s 北北西，最多風向西北西，日照時間 11.5 h であり，同日 9 時

図 46-1　妙義山の最高峰の相馬岳（1104 m）（2014 年 11 月 23 日）
　　　　［筆者撮影］

図46-2　妙義山のアーチ門や奇岩（2015年12月2日）［筆者撮影］

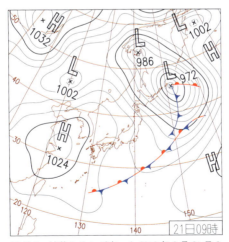

図46-3　妙義おろしが吹いた2013年3月21日9時の天気図［気象庁提供］

の天気図（図46-3）は千島列島中部に972 hPaの低気圧があり，西高東低の気圧配置であり強風が吹いた．

47. 筑波ならい

　筑波ならい，男体おろし，筑波おろし，やませの吹く地域の色別標高地図を図47-1に示す．

　筑波山（図47-2, 図47-3, 図47-4）は関東平野の東部にあり，山の上層部は硬い斑れい岩，下層部は侵食しやすい花崗岩でできており，長く美しい裾野を引くが火山ではない．筑波山（女体山，877 m）は最も低い日本百名山であり，日本ジオパークに認定されており，20余回登った．

　茨城県東北部海岸域で吹く寒候期，特に冬春季の北東寄りの風・ならいに有名な筑波山名を冠した局地風であるが，あまり聞き慣れないかもしれない．なお，筑波ならいは筑波ならひ，筑波北東風とも呼ぶ．北東風が，暖候期，特に梅雨期であれば，やませに相当する．寒候期には20％の頻度で吹き，特に2014年2月15日には，非常に顕著な南岸低気圧に起因する筑波ならいによって，茨城北部での大雨と甲府，河口湖での大雪が降った．

　冬季のアメダス北茨城の北東寄りの最大風速は17.1 m/s 北北東（2014年2月15日），最大瞬間風速は25.2 m/s 北（2014年2月15日）（25.8 m/s 北西〔2014年2月16日〕），日立の最大風速は12.8 m/s 北北東（2014年2月15日），最大瞬間風速は

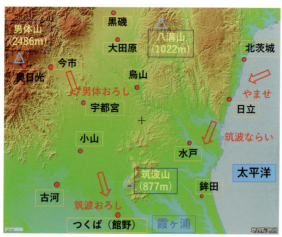

図47-1　筑波ならい，男体おろし，筑波おろし，やませの吹く地域の色別標高地図［国土地理院の地図をもとに筆者作成］

図47-2 宝篋山より見た左の男体山・右の女体山の筑波山（2019年5月9日）［筆者撮影］

図47-3 つつじヶ丘付近からの双耳峰の筑波山（2020年11月12日）［筆者撮影］

25.7 m/s 北北東（2014年2月15日），水戸の最大風速は17.5 m/s 北北東（2014年2月15日），最大瞬間風速は28.2 m/s 北北東（2014年2月15日）である．最大風速・最大瞬間風速（風向）を3地点平均で最終的に集約すると，最大風速が15.8 m/s，北北東，最大瞬間風速が26.4 m/s，北から北北東，季節は冬季である．なお，約50 km内陸のアメダスつくば（館野）では最大風速9.3 m/s 東北東，最大瞬間21.0 m/s 北東であった．

次に，最大風速記録日2014年2月15日の気象を示す．北茨城は降水量80.0 mm,

図 47-4　筑波山の女体山から見た男体山（2022 年 4 月 11 日）
［筆者撮影］

0.7℃，8.7℃，平均風速 8.8 m/s，最大風速・最大瞬間風速（風向）17.1 m/s 北北東，25.2 m/s 北，最多風向北北東，日立は 141.0 mm，0.3℃，10.3℃，日平均 7.1 m/s，12.8 m/s 北北東，25.7 m/s 北北東，最多風向北北東，0 h，水戸は 142.5 mm，0.9℃，12.3℃，最小湿度 66％，日平均 7.3 m/s，17.5 m/s 北北東，28.2 m/s 北北東，0.1 h，なお，つくば 110.0 mm，0.5℃，11.8℃，最小湿度 60％，日平均 4.9 m/s，9.3 m/s 東北東，21.0 m/s 北東，0.1 h であった．

　茨城県では大雨であったが，低気圧の発達に伴い関東甲信を中心に大雪で，最深積雪は河口湖 143 cm，甲府 114 cm，前橋 73 cm，熊谷 62 cm など甲信から東北の 15 地点で観測史上（歴代）1 位を更新し，東京都千代田区も 27 cm の積雪となった．なお，甲府の気象は降水量 40.5 mm，最低気温・最高気温 −0.5℃，6.0℃，最小湿度 45％，平均風速 2.7 m/s，最大風速・最大瞬間風速（風向）8.4 m/s 北北西，14.8 m/s 北西，日照時間 1.7 h，降雪 29 cm（14 日降水量 58 mm，降雪 83 cm）であった．

　2014 年 2 月 15 日 9 時の天気図（図 47-5）を示す．996 hPa の南岸低気圧が房総半島を通過中であるが，移動速度が遅いことで長時間継続したため，水戸・日立では降雨と降雪で 150 mm に近い日降水量となった．

　筑波ならいは，従来では関東の乾燥した低温期に，東からの湿った気流が吹き込み，降雨があり，恵みの雨となることが多いが，今回は多雨・多雪の異常気象・極端気象となり，農業被害も大きかった．当時の農業被害は，山梨県によるとビニールハウスの 4 割が倒壊または損傷，特にブドウの産地である笛吹市や甲州市などの峡東地区では 8 割が被害を受けた．栃木県でもビニールハウスの倒壊で収穫期のイチゴの被害を受けたほか，群馬県でもキュウリやトマトの被害が発生しており，産経新聞の調

48. 筑波おろし　157

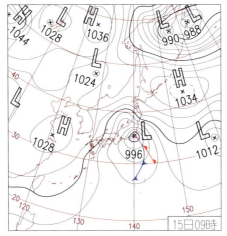

図47-5　筑波ならいが吹いた2014年2月15日9時の天気図［気象庁提供］

査では約250億円の被害が出ているとされた．また，埼玉県でもビニールハウスの倒壊が相次ぎ，埼玉県のブランドネギである「深谷ねぎ」をはじめとした農産物の被害が発生，被害額は約229億円にも及んだ．

　もう一例は，アメダス日立の最大瞬間風速は4月の歴代1位の2020年4月13日の気象は降水量45.5 mm，最低気温・最高気温4.8℃，9.3℃，平均風速7.2 m/s，最大風速・最大瞬間風速（風向）10.9 m/s 北北東，24.2 m/s 北北東，最多風向北東，日照時間0 hであり，アメダスつくばでは上記の順に38.5 mm，4.5℃，10.4℃，最小湿度74％，5.5 m/s，9.4 m/s 北北東，20.8 m/s 北北東，0 hであり，同日9時の天気図では，988 hPaの二つ玉低気圧（関東・東海沿岸）が南岸低気圧として通過中である．このため西日本から東日本で大雨となり，低気圧が発達しながら本州南岸を通過し，沖縄から東北の広い範囲で雨や雪となった．

48. 筑波おろし

　筑波おろしの吹く地域の色別標高地図は47節の図47-1（p.154）を参照．筑波山（図48-1，図48-2，図48-3，図48-4）は関東平野の東部にあり，山の南面・西面が平野に突き出た形態を示す．前述の通り上層部は斑れい岩，下層部は花崗岩で，長く美しい裾野を引く．筑波山（877 m）は日本百名山の中で最も低い山であるが，西の富士山，東の筑波山として古く万葉集にも詠まれている．大仏岩，北斗岩，胎内くぐり，弁慶七戻り等の奇岩がある．1969年2月1日に水郷筑波国定公園に指定されている．

図48-1 筑波山南東部つつじヶ丘方向からの筑波山双耳峰（2011年5月4日）［筆者撮影］

図48-2 筑波山山麓の筑波山梅林（2020年1月21日）［筆者撮影］

　1985年3月17日より6か月間，つくば研究学園都市で開催された「つくば科学万博」は近代科学技術紹介などで多くの人が押し寄せた．

　2005年8月24日につくば‐秋葉原を結ぶ「つくばエクスプレス」が開業したことで住民が増えた．2023年1月1日現在の人口増加率が市区部で日本一の2.30％であり，2024年10月1日現在の人口は25万9618人，現在でも年間約5000人のペースで，30年以上も増加し続けている．

　2016年9月9日に筑波山地域ジオパークに認定されている．ジオパークとは，優れ

図 48-3　南西方向から見た双峰の筑波山，左：男体山（871 m），右：女体山（877 m）（2020 年 11 月 7 日）［筆者撮影］

図 48-4　筑波山山頂より南方の筑波神社の方向を望む（2023 年 4 月 24 日）［筆者撮影］

た大地の遺産を含む地域資源を有し，地域資源の「保全」や，地域資源を活用した「教育」，「持続可能な開発」を中心としたジオパーク活動を行うことで，持続可能な社会の実現を目指す地域である．なお，筆者はジオパークガイドの資格を得ている．

　図 48-5 の写真撮影日 2016 年 11 月 26 日 9 時の高層気象は，つくば（館野）の上空 5 km 高の風向風速は西北西 23 m/s，4 km 高は西北西 20 m/s，筑波山中腹相当 500 m 高は東北東 9.8 m/s，気温 5.0℃，湿度 71%，地上 1.5 m 高は西北西 0.8 m/s，4.9℃，85% であった．なお，この写真の撮影後 30 分もしないうちに雲に覆われた．

図 48-5　筑波おろしの吹く筑波山と収穫後の水田，中央：男体山（871 m），右：女体山（877 m）（2016 年 11 月 26 日）
[筆者撮影]

　関東の空っ風の一つとして，おろし風に筑波山名を冠した名称の筑波おろし（真木，2022a；2022b）[1),2)]は，風下だけでなく広く筑波山周辺域で呼ばれている．筑波おろしとして冬春季（12～5 月）の北から西（北西寄り）の風を指定すると，アメダスつくば（館野）の冬春季の最大風速は 22.6 m/s 北西（1924 年 5 月 9 日），19.6 m/s 北北西（1955 年 12 月 26 日），19.0 m/s 北北西（1947 年 1 月 18 日），18.8 m/s 北北西（1951 年 2 月 15 日），17.8 m/s 北西（1922 年 3 月 28 日）であり，最大瞬間風速は 33.0 m/s 西北西（1994 年 2 月 21 日），28.1 m/s 西（1970 年 1 月 31 日），27.6 m/s 北西（1987 年 3 月 10 日），27.0 m/s 西北西（2006 年 3 月 31 日），27.0 m/s 西北西（1994 年 2 月 22 日）である．最終的に最強風速と風向範囲を集約すると最大風速は 23 m/s，北西から北北西，最大瞬間風速は 33 m/s，西から北西，季節は冬季と春季である．

　最大風速記録日 1924 年 5 月 9 日の気象は降水量 0.2 mm，最低気温・最高気温 7.1℃，23.7℃（平均 15.2℃），平均風速 7.6 m/s である．最大瞬間風速記録日 1994 年 2 月 21 日の気象は降水量 46.5 mm，最低気温・最高気温 7.0℃，10.7℃（平均 8.7℃），最小湿度 38%，平均風速 5.5 m/s，最大風速・最大瞬間風速（風向）14.9 m/s 西，33.0 m/s 西北西，日照時間 0 h である．

　筑波おろしが吹いた 2024 年 1 月 8 日の気象は上述の順に 0 mm，－3.2℃，9.0℃，最小湿度 25%，2.6 m/s，7.8 m/s 西北西，15.9 m/s 西北西，9.5 h であり，同日 9 時の天気図（図 48-6）は黄海に 1030 hPa の高気圧があり，つくばでは空っ風が吹いた．

　空っ風について，低温の乾燥した強風はボラ風であり，関東一円にその影響を及ぼす．この風は関東平野の前橋付近と利根川と荒川沿いに吹く．前橋付近の北東および

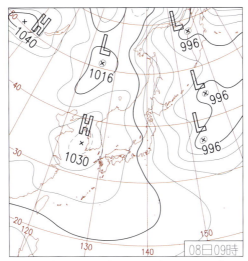

図 48-6　筑波おろしが吹いた 2024 年 1 月 8 日 9 時の天気図［気象庁提供］

北西部には赤城山と榛名山があり，この名称を冠して前述の通り赤城おろし，榛名おろしと呼ばれる．また利根川沿いを吹き抜ける風は，独立峰の筑波山を冠して筑波おろしと呼ばれる．ただし，これらは山の方向から必ずしも吹き降りるわけではなく，いわば空っ風全体に対して，付近の有名な山の名前を用いた名称である．なお，山の風下側のみとする場合や周辺域・風上側でも呼ぶ場合など混乱するが，関東の空っ風

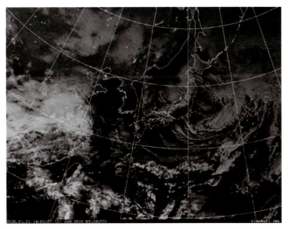

図 48-7　筑波おろしが吹いた 2020 年 1 月 21 日 14 時の気象衛星ひまわりの可視衛星画像［気象庁提供］

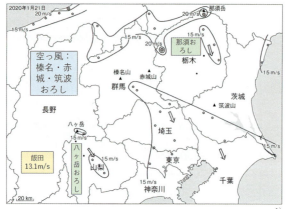

図 48-8　2020 年 1 月 21 日の関東地方広域の風速分布 [真木, 2022][1)]

図 48-9　1991 年 2 月 28 日の春一番による農地からの風食・赤土で黄塵万丈に近い [筆者撮影]

の場合には有名な山の名称の使用が無難である．

　最近の空っ風の事例 2020 年 1 月 21 日の気象衛星ひまわりの可視衛星画像を図 48-7 に，風速分布を図 48-8 に示す（天気図は那須・八ヶ岳おろしの項参照）．前橋付近からの 15 m/s の区分線で示す扇型強風域が顕著に出ており，典型的な関東平野での空っ風である．茨城県内の最大瞬間風速・風向は北茨城 16.6 m/s 西，下妻 16.5 m/s 西，龍ケ崎 15.9 m/s 西北西，つくば 15.4 m/s 西で，県内の西寄りの風は，つくば（館野）の高層気象データから，地表面まで偏西風の影響が出ていることと一致する．また，伊豆（図の範囲外）の石廊崎 25.7 m/s 西，御前崎 17.6 m/s 西北西，松崎 17.0 m/s 西の西寄り風は典型的な偏西風・季節風である．一方，逆風として富士 6.5 m/s

南南東，三島 7.8 m/s 東南東のように，風向差から伊豆半島北部に東西の不連続線が確認できる．なお，つくば市の空っ風による風食の状況を図 48-9 に示す．激しい風食の状況を現している．

49. 下総赤風

　下総赤風，下総ならい・下総ごちの吹く地域の色別標高地図を図 49-1 に示す．
　下総国は，現在の行政区分では，千葉県北部，茨城県南西部，東京都東部になる範囲にあった．農業気象関係では，千葉県北部の下総台地は気候が温暖であるが，地下水位が低く水源に乏しい上，赤土と呼ばれる透水性が高い関東ロームの火山灰土が堆積する洪積台地一帯は，干ばつにより冬春季の乾燥期に赤風と呼ばれる砂嵐が吹き荒れる．このため成田用水（図 49-2，図 49-3）が造成される一方，空の玄関口の成田国際空港ができて，急激な発展が継続している．また成田用水関連施設の写真を撮っている間に着陸態勢にある何機もの航空機の飛行が真上に見られ，発展振りが実感できる．なお，成田市内には千年の歴史のある成田山新勝寺，年間参拝者 1000 万人の全国有数の寺院がある．

　下総赤風は千葉県北部，茨城県南西部，東京都東部域で強風が冬春季の乾燥した時期に吹くため，土を舞い上げて赤く見えるような砂塵を発生させる．一方，千葉県御宿町には月の砂漠記念像のある月の砂漠記念公園があり，砂，乾燥，砂漠との関連を示している（図 49-4）．

図 49-1　下総赤風，下総ならい・下総ごちの吹く地域の色別標高地図［国土地理院の地図をもとに筆者作成］

図 49-2　水資源機構根木名川水管橋（川を渡す水道管）（2024 年 5 月 18 日）[筆者撮影]

図 49-3　水資源機構の成田用水関連施設の水門（2024 年 5 月 18 日）[筆者撮影]

　アメダス成田の冬季と春季の最大風速は 19.0 m/s 北（2006 年 1 月 14 日），17.7 m/s 北（2014 年 2 月 8 日），17.1 m/s 北北西（2020 年 2 月 6 日），16.3 m/s 北西（2015 年 2 月 15 日），16.2 m/s 北北西（2014 年 2 月 9 日）であり，最大瞬間風速は 27.3 m/s 北（2020 年 4 月 13 日），24.7 m/s 北北西（2017 年 2 月 21 日），24.2 m/s 北（2014 年 2 月 8 日），23.7 m/s 北北西（2013 年 2 月 13 日），22.6 m/s 北北西（2020 年 2 月 6 日）である．最強風速と風向範囲を集約すると最大風速風向は 19 m/s，北西から北であり，最大瞬間風速風向は 27 m/s，北北西から北，季節は冬季と春季である．
　成田の最大風速記録日 2006 年 1 月 14 日の気象は降水量 90 mm，最低気温・最高気温 1.8℃，13.5℃，平均風速 4.5 m/s，最大風速（風向）19.0 m/s 北，最多風向北北西である．同日 9 時の天気図（図 49-5）は四国南部沿岸に 1004 hPa の低気圧が移動中であり，本州南岸と東北北部に低気圧があり，日本付近には暖かい空気が入り，東日本と西日本は平年より約 6℃高い 3〜4 月並の気温，関東で激しい雷雨，茨城県

49. 下総赤風　165

図49-4　千葉県御宿町の海岸砂地を利用した「月の砂漠」モニュメント（2011年6月4日）［筆者撮影］

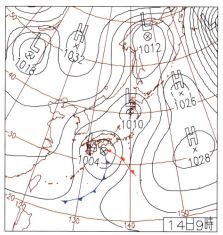

図49-5　下総赤風が吹いた2006年1月14日9時の天気図［気象庁提供］

鹿嶋市で 55 mm/h であった．

　最大瞬間風速記録日 2020 年 4 月 13 日の気象は上述の順に 68 mm，4.2℃，14.1℃，平均風速 10.2 m/s，18.7 m/s 北北東，27.3 m/s 北，最多風向北北東である．同日 9 時の天気図は本州南岸を 988 hPa の二つ玉低気圧が通過中で，その発達した低気圧が日本の東を北東進し北陸で曇りや雨の他はおおむね晴れ，千葉県銚子では最大瞬間風速 29.5 m/s が吹いた．まさに成田での強風と一致し，下総赤風が吹いた．

50. 下総ならい・下総ごち

　下総ならい・下総ごちの吹く地域の色別標高地図を図 50-1 に示す．また 49 節の図 49-1（p.163）も参照．なお，下総はしもふさとも呼ぶ．

　下総は現在の千葉県北部と茨城県南西部を主たる領域とする旧国名であり，上総は千葉県中部に当たり，下総の南にある．したがって伊豆七島からは南の上総が近いことになる．また山並みに沿って吹くとされる意味は伊豆七島ではどうであろうか．対象地域は伊豆七島とされているが文献が少なく，港との関連，出入港・航行との関係など明確でない．したがって，いくつかの説明を引用する．海況との関連で相当強い局地風が吹き，確かに風名があると推測される．伊豆大島，三宅島，御蔵島の写真を図 50-2，図 50-3，図 50-4，図 50-5 に示す．

　下総ならい（下総北東風，北ならい）と下総ごち（下総東風，下総こち）を記述する．下総ならいは下総北東風のことであり，下総ごち（こち，東風）とおおむね同じ

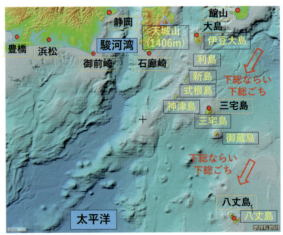

図 50-1　下総ならい・下総ごちの吹く地域の色別標高地図
　　　　［国土地理院の地図をもとに筆者作成］

図50-2 三原山展望台からの伊豆大島三原山（2011年7月13日）[筆者撮影]

図50-3 伊豆大島ジオパークの火山岩堆積地層（2010年12月29日）[筆者撮影]

と考えられる．下総ごち（こち）は下総東風のことであり，下総ならいと近隣か同一地域と考えられるため，ここでは「ならい」と「ごち」を合わせて取り扱った．

さて，ならい（ならひ）とは，デジタル大辞泉によると「冬に吹く強い風．海沿いの地でいい，風向きは地方によって異なる．ならい風」である．『日本大百科全書』（小学館）では「東日本の海沿いの地方で吹く北寄りの風．山脈の走行に平行して吹くというのが語源である」とされている．したがって，地域によって風向が違ってくる．北西風-千葉県，茨城県，北風-千葉県，東京都の伊豆大島，三宅島，八丈島お

図50-4　夕日を受けて赤く色付いた三宅島（2011年7月12日）
［筆者撮影］

図50-5　三宅島から見た御蔵島（2022年10月29日）［筆者撮影］

よび神奈川県，大分県，北東風－東京都の三宅島，千葉県，静岡県，愛知県，三重県，東風－静岡県，愛知県，南西風－岩手県などである．ならいは山や地方の名を取って，「筑波ならい」「下総ならい」などということもある．「ならいが吹くと霜柱が融けぬ」といった俚諺(りげん)もあるが，この風のときは，海上は比較的静穏で漁師や舟人には喜ばれている．俳諧では冬の季語とされている．ブリタニカ国際大百科事典によると「北西からの冬の季節風をさす風の地方名で，東日本の太平洋側（三陸海岸から紀伊半島東側まで）の各地」とされている．百科事典マイペディアでは「東日本の太平洋側で吹く冬の季節風．峰々の側面に平行して，すなわちならって吹く」とされている．

50. 下総ならい・下総ごち　　169

　以上のように冬に吹く強い風，冬の季節風とある一方，ならいが吹くと霜柱が融けない，すなわち晴天・低温・弱風の気象が推測され，またこの風が吹くと，海上は比較的静穏で漁師や舟人は喜ぶとあり，逆の使い方である．したがって晴天で穏やかな気象は別として，以降は強風について記述する．

　冬春季の北東寄りの強風として，アメダス大島の最大風速は 30.3 m/s 北（1951 年2 月 14 日），28.6 m/s 北（1951 年 2 月 15 日），27.9 m/s 北北東（1956 年 1 月 5 日），26.5 m/s 北北東（1972 年 1 月 12 日），25.0 m/s 北東（1966 年 2 月 27 日）であり，最大瞬間風速は 37.1 m/s 北北東（1963 年 3 月 13 日），36.3 m/s 北北東（1972 年 1 月12 日），35.4 m/s 北北東（1986 年 3 月 23 日），34.8 m/s 北東（1944 年 2 月 24 日）である．最強風速と風向範囲を仮に集約すると最大風速は 30 m/s，北から北東，最大瞬間風速は 37 m/s，北北東から北東，季節は冬春季（1〜3 月）である．

　アメダス三宅島の最大風速は 34.2 m/s 北東（1963 年 3 月 13 日），32.7 m/s 北東（1944 年 3 月 5 日），31.7 m/s 北東（1944 年 3 月 18 日），31.2 m/s 北北東（1972 年 1月 12 日），30.4 m/s 北東（1958 年 3 月 18 日），30.4 m/s 北東（1959 年 3 月 17 日）であり，最大瞬間風速は 38.6 m/s 北北東（1944 年 3 月 19 日），38.1 m/s 北北東（1998年 3 月 5 日），37.6 m/s 北東（1963 年 3 月 13 日），36.8 m/s 北北東（1945 年 2 月 25日），36.8 m/s 北東（1944 年 3 月 18 日）である．最強風速と風向範囲を仮に集約すると最大風速は 34 m/s，北北東から北東，最大瞬間風速は 39 m/s，北北東から北東である．

　大島と三宅島について平均化して集約すると最大風速・最大瞬間風速は 32 m/s 北から北東，38 m/s 北北東から北東，季節は冬季と春季である．島嶼・海上のため風速が大きい．

　大島の最大風速記録日 1951 年 2 月 14 日の気象は降水量 30.8 mm，最低気温・最高気温 0.0℃，4.2℃であり，最大瞬間風速記録日 1963 年 3 月 13 日の気象は降水量1.3 mm，最低気温・最高気温 −0.4℃，3.2℃，最小湿度 67%，平均風速 19.5 m/s，最大風速 23.5 m/s 北北東，日照時間 0 h である．

　三宅島の最大風速記録日 1963 年 3 月 13 日（大島の最大瞬間風速記録日と同日）の気象は上記の順に 6.4 mm，4.3℃，8.2℃，77%，26.8 m/s，34.2 m/s 北東，0 h であり，最大風速記録日 1944 年 3 月 19 日の気象は 7.2 mm，3.0℃，8.5℃である．

　三宅島の最大瞬間風速記録（4 月歴代 3 位）の 2003 年 4 月 5 日の気象は上述の順に 88 mm，7.9℃，14.1℃，15.9 m/s，24.5 m/s 北北東，35.6 m/s 北北東であり，同日 9 時の天気図（図 50-6）は，三宅島付近に 992 hPa の低気圧があり，南岸を発達中の低気圧が東進して寒気が流入し関東北部・甲信の一部で大雪となり，東日本と西日本では 50 mm の大雨と強風が吹き，三宅島阿古で 147 mm の大雨で，伊豆七島では大荒れだった．このように強風の記録から海上の荒天が理解できる．

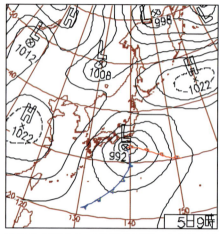

図50-6 下総ならいと下総ごちが吹いた2003年4月5日9時の天気図［気象庁提供］

51. 秩父おろし

　秩父おろし，練馬風，丹沢おろし，大山おろし，箱根おろしの吹く地域の色別標高地図は図51-1に示す．

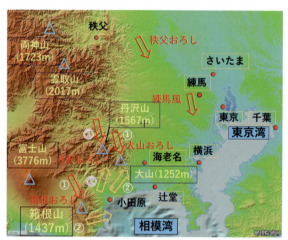

図51-1　秩父おろし，練馬風，丹沢おろし，大山おろし，箱根おろしの吹く地域の色別標高地図［国土地理院の地図をもとに筆者作成］

51. 秩父おろし

　秩父は埼玉県西部の秩父盆地にあり，古から歴史のある地域である．秩父市の師走名物，秩父神社（図51-2）の例大祭「秩父神社夜祭」は，京都祇園祭，飛騨高山祭とともに日本三大曳山祭の一つに数えられ，「秩父の夜祭り」として有名である．また三峯神社の由緒は古く，日本武尊（ヤマトタケルノミコト）がイザナギ・イザナミ尊をお祀りしたのが始まりとされており，三峯神社は百名山の雲取山（2017 m）の北側の登山口でもある．その雲取山（図51-3，図51-4）は東京都の最高峰で，埼玉県秩父市，東京都奥多摩町，山梨県丹波山村に跨がっている．

図 51-2　秩父神社は恒例の神社の夜祭でも有名（2015 年 10 月 15 日）［筆者撮影］

図 51-3　東京都最高峰の雲取山（2017 m）（2015 年 10 月 7 日）［筆者撮影］

図51-4 雲取山（2017 m）山頂からの北方の眺望（2015年10月7日）[筆者撮影]

　埼玉県での秩父おろしは季節風による北西寄りの風である．アメダス秩父の冬春季の北寄りの最大風速は16.5 m/s 北西（1955年2月20日），15.5 m/s 北北西（1955年2月11日），15.5 m/s 北西（1933年3月21日），14.0 m/s 北北東（1952年2月23日），14.0 m/s 西北西（1951年12月27日）であり，最大瞬間風速は26.5 m/s 北西（1997年2月22日），25.7 m/s 北西（2000年3月24日），25.6 m/s 北西（1966年3月19日），25.2 m/s 北西（1982年5月5日），24.7 m/s 西（2007年2月15日）である．最強風速と風向範囲を仮に集約すると最大風速は17 m/s，西北西から北北東（北西から北），最大瞬間風速は27 m/s，西から北西，冬季と春季である．

　秩父おろしがおもに使われるのは県庁所在地の旧浦和市（現さいたま市）の地域であり，アメダスさいたまの北寄りの最大風速は14.3 m/s 北（2016年4月29日），14.3 m/s 北西（2014年2月16日），14.1 m/s 北西（2021年12月17日），14.0 m/s 北西（2020年3月16日），14.0 m/s 北北西（2008年3月4日）であり，最大瞬間風速は24.0 m/s 北西（2023年1月24日），23.1 m/s 北西（2021年12月17日），22.7 m/s 北（2016年4月29日），22.5 m/s 北北西（2013年3月10日），22.4 m/s 北西（2023年3月2日）である．最強風速と風向範囲を仮に集約すると最大風速は14 m/s，北西から北，最大瞬間風速は24 m/s，北西から北，季節は冬季と春季である．

　さいたまの最大風速記録日2016年4月29日の気象は降水量0.0 mm，最低気温・最高気温8.9℃，19.1℃，平均風速6.3 m/s，最大風速・最大瞬間風速（風向）14.3 m/s 北，22.7 m/s 北，最多風向北北西，日照時間12.0 h である．同日9時の天気図（図51-5）は北海道南方，東北東方の太平洋上に978 hPa の低気圧，上海付近に1018 hPa の高気圧があり，西高東低の気圧配置で，日本の東で低気圧が発達し上空には強

52. 練馬風　173

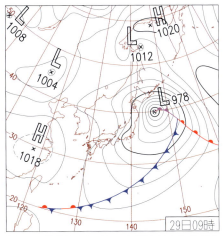

図 51-5　秩父おろしが吹いた 2016 年 4 月 29 日 9 時の天気図［気象庁提供］

い寒気があり，襟裳岬で最大瞬間風速 33 m/s を記録した．

　最大瞬間風速記録日 2023 年 1 月 24 日の気象は降水量 0.0 mm，最低気温・最高気温 −1.4℃，12.2℃，最小湿度 24％，平均風速 4.4 m/s，最大風速・最大瞬間風速（風向）13.8 m/s 北西，24.0 m/s 北西，最多風向北西，日照時間 6.0 h である．同日 9 時の天気図は低気圧が関東の東に進み千葉沖に 998 hPa，北海道北部と東部に 1000 hPa の低気圧があり，大陸奥地に 1052 hPa の高気圧の西高東低であった．

　秩父おろしを総合的にまとめると，秩父とさいたまの平均を取ると最大風速は 16 m/s，北西から北，最大瞬間風速は 26 m/s，西から北となった．

　なお，秩父おろしの最大風速の北西から北と赤城おろしの北北西から北はおおむね一致するが，埼玉県では北西寄りの風は秩父おろし，北寄りの風は赤城おろしである．

52. 練馬風

　練馬風の吹く地域の色別標高地図は 51 節の図 51-1（p.170）を参照．練馬風の「練馬」は東京都練馬区の区名であり，その練馬を冠した空っ風である．すなわち練馬空っ風（練馬の空っ風）と呼ぶ．練馬大根は江戸時代の元禄期頃に登場し，当時の百万都市の野菜の供給地として大根栽培が発展し，昭和初期まで高い生産を重ねた．しかし，干ばつ，病害，洋風化，都市化の影響で栽培が減少し，現在では多くがキャベツ畑に変わった．農地の面積は激減している．

　一方，練馬を被せた局地風の練馬風の起こりは明治期から昭和期と推測され，練馬

大根の栽培地域・時期と関連する（図52-1，図52-2）．練馬風の普及範囲は余り広くはないが，それでも気象的には東京都の練馬区よりも広い埼玉県南部域を含めた地域（武蔵野台地北部域，都県境域）における冬春季の乾燥した低温の強風，いわゆる空っ風の吹く地域である．したがって東京都の北部や埼玉県南部域に練馬風が吹くとされる．ただし，現在の練馬区内は都市化により農地や農作物との関係で練馬風を実感することはほとんどないが，空っ風自体はあまり変わらず吹いていると言える．

アメダス練馬の冬春季の北西寄りの最大風速は 10.4 m/s 北北西（2015 年 2 月 15

図52-1　練馬白山神社周辺地域では，かつて練馬大根が栽培されていた［筆者撮影］

図52-2　江戸時代から栽培されている伝統野菜の練馬大根
　　　　［JA 東京あおば提供］

日），10.3 m/s 北北西（2013 年 3 月 10 日），9.8 m/s 北（2016 年 4 月 29 日），9.8 m/s 北北西（2013 年 5 月 7 日），9.5 m/s 北北西（2013 年 3 月 21 日）であり，最大瞬間風速は 21.8 m/s 北北西（2014 年 5 月 9 日），21.4 m/s 西北西（2021 年 12 月 17 日），21.0 m/s 西北西（2020 年 3 月 16 日），20.7 m/s 北北西（2015 年 2 月 15 日），20.0 m/s 北北西（2013 年 3 月 21 日）である．最強風速と風向範囲を集約すると最大風速では 10 m/s，北北西から北，最大瞬間風速では 22 m/s，西北西から北北西，季節は冬季と春季である．

最大風速記録日 2015 年 2 月 15 日の練馬の気象は降水量 0 mm，最低気温・最高気温 −1.7℃，10.5℃，平均風速 4.3 m/s，最大風速・最大瞬間風速（風向）10.4 m/s 北北西，20.7 m/s 北北西，最多風向北北西，日照時間 9.9 h であり，同日 9 時の天気図（図 52-3）は北海道東方に 974 hPa の低気圧，九州南方に 1024 hPa の高気圧による西高東低の気圧配置で，練馬風が吹いた．

また，最大瞬間風速記録日 2014 年 5 月 9 日の気象は 1.5 mm，11.6℃，26.8℃，1.9 m/s，8.6 m/s 北北西，21.8 m/s 北北西，最多風向北，10.6 h であり，同日 9 時の天気図は日本海北部に 1002 hPa の低気圧がある気圧配置であり，上空に寒気を伴う低気圧が北日本へ進み，関東も日中昇温して大気の状態が不安定となり午後に東京と宇都宮で雹が降った．

なお，練馬風には時期（5 月 9 日）が遅いため冬春季の歴代 2 位 2021 年 12 月 17 日の気象は降水量 4 mm，最低気温・最高気温 4.6℃，12.2℃，平均風速 1.9 m/s，最大風速・最大瞬間風速（風向）8.6 m/s 北西，21.4 m/s 西北西，最多風向北，日照時

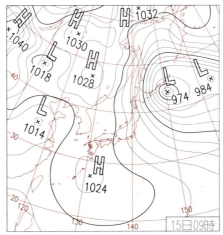

図 52-3　練馬風の吹いた 2015 年 2 月 15 日 9 時の天気図［気象庁提供］

間 0.9 h であり，同日 9 時の天気図は大陸に 1048 hPa の高気圧，関東地方に 998 hPa と青森に 1000 hPa の低気圧があり，冬型の気圧配置になり練馬風が吹いた．

53. 丹沢おろし

丹沢おろし（ピンク丸数字）の色別標高地図は 51 節の図 51-1（p.170）を参照．丹沢山（総称）は丹沢大山国定公園に指定されており，最高峰（蛭ヶ岳，1673 m）は丹

図 53-1　丹沢山（1567 m）から最高峰の蛭ヶ岳（1673 m）へ向けての山道（2015 年 6 月 14 日）［筆者撮影］

図 53-2　丹沢山の最高峰蛭ヶ岳（1673 m）と富士山（2015 年 6 月 14 日）［筆者撮影］

沢山（1567 m）の北西方 2.5 km にある．神奈川県西部にある丹沢山（図 53-1，図 53-2）は山塊の立派さから日本百名山に選定されている．丹沢山は首都圏東京に近く登山客で賑わう．山塊が大きいため，風には大きい障害物となっている．冬春季の北寄りと南寄りの風について解析した．

アメダス横浜での冬春季の北寄りの最大風速は 30.0 m/s 北（1951 年 2 月 15 日），26.1 m/s 北（1951 年 2 月 14 日），25.6 m/s 北（1951 年 2 月 20 日），24.2 m/s 北北西（1928 年 3 月 11 日），23.9 m/s 北（1930 年 4 月 2 日）であり，最大瞬間風速は 29.3 m/s 北（1955 年 2 月 11 日），27.3 m/s 北北西（1968 年 2 月 16 日），27.3 m/s 北（1955 年 12 月 26 日），27.1 m/s 西北西（1965 年 5 月 27 日），27.0 m/s 北（1941 年 1 月 20 日）である．仮に集約すると最大風速は 30 m/s，北北西から北であり，最大瞬間風速は 29 m/s，西北西から北である．

なお，最大風速・最大瞬間風速が逆転しているのは，統計期間の違いで，観測史上 10 位までの風速はあるが，1960 年 12 月まで風速風向の日報と月報が気象庁データでは得られないためである．横浜気象台に問い合わせると，風データはあるが，未整理のまま国会図書館に提出し，あとは未処理である．かつ風速の極値は統計されているが日報には掲載されないため，表示風速に矛盾が起こる．全国 1000 余地点のアメダスデータでは，このような欠陥はないと思われる．したがって，横浜と海老名とで調整して，その影響を小さくした．

アメダス海老名の冬春季の北寄りの最大風速は 11.3 m/s 北北西（2014 年 2 月 15 日），10.2 m/s 北北東（2014 年 2 月 14 日），10.1 m/s 北北西（2014 年 2 月 8 日），10.0 m/s 北北西（1999 年 2 月 1 日），10.0 m/s 北北西（1998 年 1 月 15 日），10.0 m/s 北北西（1995 年 1 月 6 日）であり，最大瞬間風速は 18.8 m/s 北（2008 年 4 月 8 日），18.6 m/s 北西（2014 年 2 月 14 日），17.9 m/s 北北西（2014 年 2 月 15 日），17.6 m/s 北北西（2014 年 2 月 8 日），15.9 m/s 北北西（2017 年 1 月 8 日）である．最強風速と風向範囲を仮に集約すると最大風速は 11 m/s，北北西から北北東（北北西から北），最大瞬間風速は 19 m/s，北西から北，季節は冬季と春季である．

最大風速記録日 2014 年 2 月 15 日の海老名の気象は降水量 56 mm，最低気温・最高気温 −0.5℃，8.5℃，平均風速 4.0 m/s，最大風速・最大瞬間風速（風向）11.3 m/s 北北西，17.9 m/s 北北西，最多風向北北西，日照時間 0.4 h である．同日 9 時の天気図は 47 節・筑波ならいの図 47-5（p.157）を参照．また最大瞬間風速記録日 2008 年 4 月 8 日の気象は上記の順に 97.5 mm，10.3℃，13.0℃，6.2 m/s，9.8 m/s 北，18.8 m/s 北，最多風向北，0 h である．同日 9 時の天気図（図 53-3）は，本州南岸に 982 hPa の低気圧があり，上空に寒気を伴った低気圧が急発達しながら本州南岸を通過した．東京都八丈町西見 35.1 m/s の最大瞬間風速，静岡県伊豆市天城山 230 mm/日の降水量で関東地方は大荒れだった．この風は関東地方の南岸を通る南岸低気圧に

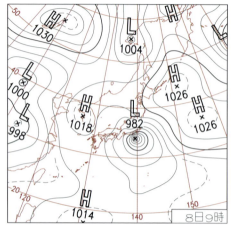

図 53-3 丹沢おろしが吹いた 2008 年 4 月 8 日 9 時の天気図 [気象庁提供]

よって吹くことが多い．

　さて，横浜と海老名の差が大き過ぎる一方，欠測のため横浜の最大瞬間風速が小さいので，大きく補正すると，横浜の最大瞬間風速は 29 m/s の瞬間/平均風速の係数を 1.25 として 36 m/s を推定し，横浜と海老名の平均を取ると（巻末付録① 53．丹沢おろし①），最大風速は 21 m/s，北北西から北，最大瞬間風速は 28 m/s，西北西から北，季節は冬季と春季となり，神奈川県中東部の強風に相当するとした．多くは南岸低気圧に起因する．

　一方，アメダス辻堂における冬春季の南寄りの最大風速は 23.0 m/s 南南西（2004 年 12 月 5 日），20.6 m/s 南南西（2016 年 4 月 17 日），19.3 m/s 南南西（2012 年 4 月 3 日），19.2 m/s 南南西（2010 年 4 月 2 日），18.6 m/s 南南西（2005 年 5 月 12 日）であり，最大瞬間風速は 28.6 m/s 南南西（2012 年 4 月 3 日），28.5 m/s 南（2015 年 5 月 12 日），27.9 m/s 南（2016 年 4 月 17 日），27.3 m/s 南南西（2010 年 12 月 3 日），25.9 m/s 南南西（2009 年 3 月 14 日）である．最強風速と風向範囲を集約すると（巻末付録① 53．丹沢おろし②）最大風速は 23 m/s，南南西，最大瞬間風速は 29 m/s，南から南南西，季節は冬季と春季である．

　この風は丹沢を越えて吹き降ろす相模原地域での山越え強風の丹沢おろしであり，日本海低気圧が発達中に，あるいは関東地方を通過する低気圧や前線の前面で吹くことが多い．

　さて，辻堂の最大風速記録日 2004 年 12 月 5 日の気象は降水量 50 mm，最低気温・最高気温 9.1℃，22.6℃，平均風速 7.0 m/s，最大風速・最大瞬間風速（風向）23.0

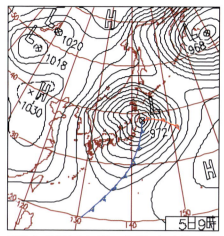

図 53-4　丹沢おろしが吹いた 2004 年 12 月 5 日 9 時の天気図　[気象庁提供]

m/s 南南西，最多風速西南西，8.6 h であり，同日 9 時の天気図（図 53-4）は仙台沖に 972 hPa の低気圧があり，千葉市で最大瞬間風速 47.8 m/s，関東は晴れて山越えの西風によるフェーン現象が加わり，熊谷市で 26.3℃ など夏日となった．

なお，最大瞬間風速記録日 2012 年 4 月 3 日の辻堂の気象は降水量 16 mm，最低気温・最高気温 11.3℃，16.5℃，平均風速 8.2 m/s，最大風速・最大瞬間風速（風向）19.3 m/s 南南西，28.6 m/s 南南西，最多風向南南西，日照時間 3.4 h であり，同日 9 時の天気図は日本海西部に 986 hPa の低気圧，本州はるか東方に 1032 hPa の高気圧があり，日本海の低気圧が急速に発達，21 時の中心気圧 964 hPa，本州付近は暴風，高潮など大荒れとなった．

以上，冬春季の風には 2 種類あり，強風の吹く地域は①神奈川県中東部（横浜方面域），②丹沢山地から北東部に相当する相模原付近（山越え気流）である．風速・風向は①最大風速は 21 m/s，北北西から北，最大瞬間風速 28 m/s，西北西から北（北寄り），②最大風速は 23 m/s，南南西，最大瞬間風速 29 m/s，南から南南西である．吹く季節は冬季と春季，気圧配置は①南岸低気圧，②関東低気圧や前線の前面・通過前とされる．

54. 大山おろし

大山おろしの吹く地域の色別標高地図は 51 節の図 51-1（p.170）を参照．大山（1252 m）は神奈川県中西部の丹沢山（1567 m）の南東 7 km にあり，ピラミッド型

（図54-1）の山容を示し，別名「雨降山（あふりやま）」と呼ばれる．それは相模湾の水蒸気を含んだ南風を受けるため，上昇気流となり雲が発生して雨が降りやすい一方，丹沢山地の南東端に位置するため気流の動きが速く，雨が上がりやすいとされる．大山は丹沢大山国定公園に指定され，山頂・中腹には大山阿夫利神社・同下社（標高約700 m）（図54-1，図54-2，図54-3）がある．

　気象の特徴は，距離が近く別々の山ではあるが，太平洋からの気流，関東北部からの空っ風の影響など，同様の気象・気候特性を受けるとされる．しかし大山はスケールが小さく，丹沢山のように広大ではないため，影響範囲はアメダス海老名付近までとして，その気象データを解析した．なお，大山では風向が2方向に分かれる特性がある．

　アメダス海老名の冬春季，北寄りの最大風速と最大瞬間風速は前項（丹沢おろし）を参照されたい．集約すると（巻末付録①54．大山おろし①）最大風速は11 m/s，北北西から北北東（北北西から北），最大瞬間風速は19 m/s，北西から北，季節は冬

図54-1　伊勢原駅から見たピラミッド型の大山の山容（2024年5月14日）［筆者撮影］

図54-2　大山（1252 m）の中腹にある大山阿夫利神社下社（2024年5月14日）［筆者撮影］

54. 大山おろし　181

図54-3　阿夫利神社境内より見た神奈川県伊勢原地域（2024年5月14日）［筆者撮影］

季と春季である．

　最大風速記録日2014年2月15日の海老名の気象は降水量56 mm，最低気温・最高気温−0.5℃，8.5℃，平均風速4.0 m/s，最大風速・最大瞬間風速（風向）11.3 m/s北北西，17.9 m/s北北西，最多風向北北西，日照時間0.4 hである．同日9時の天気図（47節・筑波ならいの図47-5，p.157）で示した．

　海老名の最大瞬間風速記録日2008年4月8日の気象は上記の順に97.5 mm，10.3℃，13.0℃，6.2 m/s，9.8 m/s北，18.8 m/s北，最多風向北，0 hである．同日9時の天気図（53節・丹沢おろしの図53-3，p.178）は本州南岸に982 hPaの低気圧があり，上空に寒気を伴った低気圧が急発達しながら本州南岸を通過．したがって，海老名（大山）での大雨と強風が理解できる．

　一方，海老名の冬春季，南寄りの最大風速は15.8 m/s南南西（2010年4月2日），14.0 m/s南西（1995年4月23日），13.0 m/s南南西（2004年12月5日），13.0 m/s南西（1980年4月6日），13.0 m/s南南西（1979年3月30日）であり，最大瞬間風速は27.8 m/s南南西（2010年3月21日），24.8 m/s南南西（2010年4月2日），23.0 m/s南南西（2012年4月3日），23.0 m/s南南西（2009年3月14日），22.7 m/s南南西（2017年2月20日）である．最強風速と風向範囲を集約すると（巻末付録①54．大山おろし②）最大風速は16 m/s，南南西から南西，最大瞬間風速は28 m/s，南南西，冬季と春季である．

　最大風速記録日2010年4月2日の気象は降水量3.5 mm，最低気温・最高気温10.5℃，21.4℃，平均風速5.6 m/s，最大風速・最大瞬間風速（風向）15.8 m/s南南西，24.8 m/s南南西，最多風向北東，日照時間1.2 hであり，同日9時の天気図（図54-4）は樺太に982 hPa，関東に1002 hPaの低気圧があり，上海付近に1026 hPaの高気圧があり，西高東低である．発達中の低気圧から伸びる寒冷前線が本州を南下し，前線通過時に風が強く吹き，神奈川県辻堂で最大風速19.2 m/s等，県内3か所

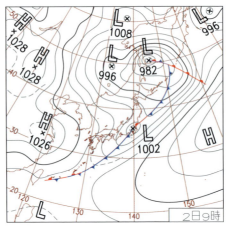

図 54-4　大山おろしが吹いた 2010 年 4 月 2 日 9 時の天気図 [気象庁提供]

で 4 月の最大風速を更新した.

　最大瞬間風速記録日 2010 年 3 月 21 日の気象は上記の順に 20 mm, 5.8℃, 22.0℃, 4.6 m/s, 12.1 m/s 南西, 27.8 m/s 南南西, 最多風向南南西, 9.0 h であり, 同日 9 時の天気図は北海道北西部に 974 hPa の低気圧, 上海付近に 1022 hPa の高気圧の西高東低, 発達した低気圧の通過と寒冷前線の南下により広い範囲で暴風や短時間の大雨であった. この南寄りの風は日本海低気圧が発達中に吹くことが多く, また関東地方を通過する低気圧や前線の前面で吹くことが多い.

　以上のように冬春季の南寄りまたは北寄り風が非常に強い日は海老名や大山では悪天候になる一方, 海風, 陸風が適度な日変化を起こすような日は好天が多いことを示している.

55. 箱根おろし

　箱根おろしの吹く地域の色別標高地図は 51 節の図 51-1 (p.170) を参照. 箱根地域は広い外輪山で囲まれた中に箱根山 (神山, 1437 m, 図 55-1, 図 55-2, 図 55-3) があり, 西方には芦ノ湖がある. 富士箱根伊豆国立公園に指定されている箱根は山岳信仰の聖地とも言える場所で, 箱根神社, 九頭龍神社, 箱根本宮がある. 箱根湯本温泉, 芦ノ湖温泉, 仙石原温泉などの温泉や, 仙石原高原, 大涌谷などの景勝地が多数ある. 2024 年 1 月に第 100 回記念大会が開催されたが, 東京箱根間往復大学駅伝競争 (箱根駅伝) の開催地として有名である.

　アメダス箱根の降水量は, 2019 年 10 月 12 日に日降水量 922.5 mm の国内最多記

図 55-1　箱根神山（1437 m）と芦ノ湖（2015 年 12 月 6 日）
［筆者撮影］

図 55-2　箱根山からの富士山の眺望（2015 年 12 月 6 日）［筆者撮影］

録を保持している．この降水量にも関連する箱根北方の丹沢山地（山塊）は神奈川県西部・中部の気象に影響を及ぼす．

　さて，冬春季の北西寄りのアメダス小田原の最大風速は 10.0 m/s 西（2012 年 5 月 6 日），9.8 m/s 西北西（2023 年 1 月 24 日），9.0 m/s 北西（1980 年 5 月 7 日），8.7 m/s 北西（2023 年 1 月 25 日），7.7 m/s 北東（2013 年 5 月 16 日）であり，最大瞬間風速は 25.0 m/s 北西（2012 年 5 月 6 日），23.9 m/s 西（2014 年 3 月 18 日），23.4 m/s 西（2020 年 2 月 17 日），21.4 m/s 西（2021 年 1 月 7 日），17.6 m/s 西（2023 年

図 55-3　箱根山からの眼下の芦ノ湖（2015 年 12 月 6 日）［筆者撮影］

5 月 6 日）である．最強風速と風向範囲を集約すると（巻末付録① 55. 箱根おろし①）最大風速は 10 m/s，西から北東（西北西から北），最大瞬間風速は 25 m/s，西から北西である．なお，この現象は冬季と春季の西高東低の気圧配置時の昼間に発生することが多い．

　冬季の関東地域の日中には本来の季節風の北西風が吹く．この風に相当する風として，一般的に冬季の晴天日の日中に神奈川県西部では気温が上昇して約 10℃になると，箱根おろしと丹沢おろしが吹くようになる．これは日射によって午前中に陸地の気温が上がり，気圧差によって海風が吹き始め相模湾からの冷たい海風が陸地に入ると，気温の逆転が発生して，やがて午後にはおろし風が強く吹くようになる．すなわち丹沢山地と箱根外輪山とのあいだの谷地（谷我 - 山北）より足柄平野（小田原）に強風が吹き降りる現象である．これは一つの重要な箱根おろしである．たとえば，小田原の 2023 年 1 月 24 日の気象は降水量 0 mm，最低気温・最高気温 −0.3℃，14.2℃，最小湿度 19％，平均風速 3.1 m/s，最大風速・最大瞬間風速（風向）は 9.8 m/s 西北西，18.2 m/s 北西，最多風向西北西，日照時間 5.9 h である．翌 25 日は 0 mm，−3.6℃，4.6℃，13％，3.0 m/s，8.7 m/s 北西，15.0 m/s 北西，西北西，9.4 h などの事例である．

　最大風速・最大瞬間風速記録日 2012 年 5 月 6 日の気象は上記の順に 3.5 mm，11.5℃，28.2℃，2.1 m/s，10.0 m/s 西，25.0 m/s 北西，最多西北西，9.2 h であり，同日 9 時の天気図（図 55-4）は能登半島に 1000 hPa，沿海州に 998 hPa の低気圧があり，上空の寒気と下層の暖かく湿った空気で関東・東北は激しい雷雨，つくば市で竜巻強度（藤田スケール）F 3（日本最大級）の竜巻が発生し大被害を起こし，水戸で

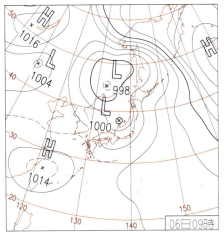

図 55-4 箱根おろしが吹いた 2012 年 5 月 6 日 9 時の天気図［気象庁提供］

直径 28 mm の雹(ひょう)を観測した．

　一方，アメダス小田原における冬春季の南寄りの最大風速・最大瞬間風速は次の通りである．アメダス小田原における冬春季の南寄りの最大風速は 12.4 m/s 西南西（2012 年 4 月 3 日），11.9 m/s 西南西（2018 年 1 月 9 日），11.8 m/s 西南西（2014 年 3 月 18 日），11.7 m/s 西南西（2014 年 1 月 1 日），11.6 m/s 西南西（2023 年 12 月 16 日），11.6 m/s 西南西（2013 年 3 月 10 日）であり，最大瞬間風速は 28.1 m/s 西南西（2012 年 4 月 3 日），27.7 m/s 南西（2009 年 2 月 14 日），26.1 m/s 南西（2017 年 2 月 17 日），25.3 m/s 西南西（2018 年 3 月 1 日），25.1 m/s 西南西（2023 年 12 月 15 日）である．最強風速と風向範囲を集約すると（巻末付録①では②），最大風速は 12 m/s，西南西，最大瞬間風速は 28 m/s，南西から西南西，季節は冬季と春季である．

　冬春季にアメダス小田原での南西寄りの風を調べると，箱根の東方に吹き込む南寄りの風が卓越する．この強風は，丹沢おろしに相当し，吹く頻度が非常に高い．これらの風に対して相模原地域では丹沢おろしの呼称はあるが，小田原地域には年間を通して吹く南西寄りの風には特別な呼称はない．しかし，一つの主要な箱根おろしである．

　最大風速・最大瞬間風速記録日 2012 年 4 月 3 日の気象は降水量 36 mm，最低気温・最高気温 5.0℃，18.6℃，平均風速 4.1 m/s，最大風速・最大瞬間風速（風向）12.4 m/s 西南西，28.1 m/s 西南西，最多風向南，日照時間 2.4 h である．同日 9 時の天気図（36 節・井波風の図 36-6，p.117）は日本海西方の 986 hPa の低気圧が急速に発達して 21 時には 964 hPa に，翌日 9 時には 952 hPa に発達して，本州付近は暴風，高潮など大荒れとなった．

186　第Ⅳ章　関東地方

▶▶▶　コラム⑤　筑波山の斜面温暖帯利用のミカン栽培とそれを支える筑波風

　　筑波山で吹くもう一つの局地風をミカン栽培と絡めて解説する．筑波山では
ミカン栽培が盛んで，首都圏に近いこともあり，観光農園としても人気が高
い．さて筑波のミカンは，多くは筑波山中腹の西斜面に栽培されている．有名
な産地は筑波山西方（西北西）の酒寄地区である．ミカンは福来ミカンと一般
的な温州ミカンである．江戸時代から栽培されている福来ミカンは薄黄色の
3 cm 程で小さいが，味は独特で酸味と甘みのあるミカンであり，生食用以外
に，特に七味唐辛子に乾燥させた皮を入れた「ふりかけ」は独特の風味である．
　　このミカン栽培に局地風が有効な作用を及ぼしている．すなわち，愛媛県西
条市でのホウレンソウ栽培地域で吹く局地風（89 節の西条あらせ，p.311）の
冷気流（斜面下降風）による気象資源の有効利用と同様の原理である．冬季，
晴天，弱風時に筑波山の中腹より吹き降ろす斜面下降風が吹くと低温にならな
いため，霜も降りず，寒害も起きない．低平地には冷気が溜まる一方，その上
層に逆転層ができて，筑波山の中腹に斜面温暖帯が形成されて気温が高くなる
ため，品質の良いミカンができることになる．
　　この斜面を吹き降ろす冷気流に名称を付けるとすると，まさしく「筑波風」
であろう．

▶▶▶　コラム⑥　三宅島・御蔵島の風況と航空機による人工降雨実験

　　関東では 2012 年 2 月 27 日に人工降雨の実験が行われた（Maki *et al*.,
2013)[1]．伊豆七島・三宅島付近で液体炭酸（液化炭酸）を 5 g/s で約 30 分間
（約 5 kg），高度 2200 m で航空機から散布した．上層風と地表風は逆風向に近
く，地表風の風向は北東から北北東，風速 7.7 m/s，散布時の上空の風向は南
西，風速 8.75 m/s であり，散布後，液体炭酸は昇華して上昇気流を起こし，
周辺の雲と凝結しながら雲頂に達する．散布時の上空の雲は，最初は南西風に
よって北東方向へ流れて雲が発達して降雨（雨脚）が発生した．三宅島西方 2
km 地点での散布で，0.5 時間後には雲が発達して降雨があった（図⑥-1）．
　　雲が発達し降雨が発生すると，雨脚は北東の下層風によって御蔵島に流れ，
降雨を起こすとともに，御蔵島の上昇気流で新たにできた雲は急激に発達して
3000～4000 m 高のレーダーに映る雲，すなわち東北東方向に列状雲（図⑥-2
の楕円形内の降水域）が発生し降水があった．10 時には雲のない領域に 11 時
30 分には見事に雲列がレーダーに映っており，雲列は数時間弱まりながら継

続した．これらの現象は高度差による風向の逆転などの偶然が重なり，2次的効果等で有益だった．

　液体炭酸散布による直接的1次降水は三宅島付近の南西風によって北東域に降水をもたらせた．三宅島北西から引き返してきた下層の降水雲（雨脚）は御蔵島で上昇気流に乗って上空に上ってできた人工雲から2次的降雨が発生した．降水量は異例的に多く，2000万トンと推定された（Maki et al., 2024)[2]．

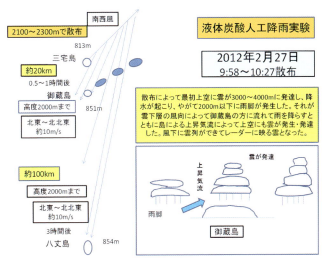

図⑥-1　人工降雨実験の概要［筆者作成］

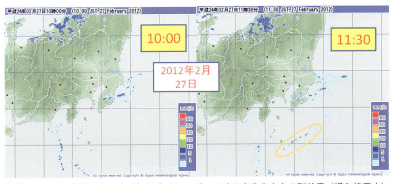

図⑥-2　10時の雨雲なしと11時30分のレーダーに映る東北東方向の列状雲（褐色楕円内）
　　　　［筆者作成］

コラム⑦　春一番・木枯らし1号と黄砂発生日数

　関東地方（東京）における春一番の定義は，下記事項を基本として総合的に判断している．①立春から春分までのあいだで，②日本海に低気圧があり，③関東地方における最大風速が，おおむね風力5（風速8m/s）以上の南よりの風が吹いて，昇温した場合（気象庁）．近年の発生は2019年3月9日，2020年2月22日，2021年2月4日，2022年3月5日，2023年3月1日，2024年2月15日であり，遅速は明確でない．

　一方，木枯らし1号の発表は，東京地方と近畿地方のみとなり，それぞれ定義がある．東京地方では，①期間は10月半ば～11月末まで，②西高東低の冬型の気圧配置であること，③風向きは西北西から北，④最大風速8m/sという条件を満たす必要がある．最近の発表状況は，2018年なし，2019年なし，2020年11月4日，2021年なし，2022年なし，2023年11月13日，2024年11月7日であり，7年間で3回しか吹いていない．以前はこんなことはなかった．地球温暖化による影響か，低温化が遅れ，吹かなくなったように感じられる．

　年間の黄砂発生日数（図⑦-1）に関して，沙漠・黄砂研究最中の2000～2002年の急増に驚嘆した．その後減少したが，「DNA鑑定による黄砂の付着病原菌の同定」（2007～2010年度）の研究が終わる頃の2010年に黄砂が再び急増した．この急増が関連したか，宮崎県で口蹄疫が蔓延した．その原因は中国蘭州付近からの黄砂付着口蹄疫輸送が原因であり，風速・移動距離・輸送時間の合致，口蹄疫ウイルスの黄砂付着で気温・乾燥・紫外線からの回避，後方流線解析法およびDNA鑑定で科学的に証明した（真木，2012）[1]．

　しかし2011年以降は中国での防風・緑化が進むことと地球温暖化で一時的に降雨増があるため，黄砂が減少すると筆者が予測した通り減少した．奇しくも筆者の研究課題「最適人工降雨法の開発と適用環境拡大」（2011～2013年度）

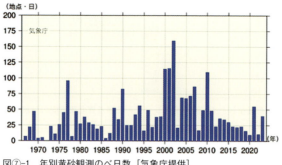

図⑦-1　年別黄砂観測のべ日数［気象庁提供］

に移った頃であった（真木ら, 2012）[2].

　人工降雨研究は成果（p.186）を上げ期待される一方, 黄砂が2021年と2023年は増加しており今後が懸念される.

第 **V** 章　中部地方中南部
山梨県・長野県・岐阜県・静岡県・愛知県

　山梨県・長野県と岐阜県北部（飛騨地方と美濃地方北部）の気候は，内陸性気候区に分類される．気温は高度差に加えて日較差と年較差が大きい．甲府盆地では日最高気温が40℃を超えることがあるが，標高の高い地域では甲府盆地より低く，年気温差が6℃を超えることも多い．内陸域では一般的に湿度が低く，年降水量も少ない．特に長野盆地，上田盆地，佐久盆地では北海道東部に次ぐ少雨地域である．一方，東海地方の静岡県，愛知県と岐阜県南部の太平洋側では熊野灘と遠州灘を流れる黒潮の影響で，四季を通じて温暖な気候であり，南海から温暖・多湿な気流が入ると南斜面を中心に雨が降り，低気圧，前線，台風が通過すると大雨になることも多い．

　本章では中部地方中南部の局地風（八ヶ岳おろし，笹子おろし，富士おろし，富士川おろし，西山おろし，碓氷おろし，鉢盛おろし，乗鞍おろし，御嶽おろし，益田風，遠州おろし，三河空っ風，伊吹おろし）を解説する．

56. 八ヶ岳おろし

　八ヶ岳おろし，笹子おろし，富士おろし，富士川おろしの吹く地域の色別標高地図（図56-1）に示す．

　日本百名山・百高山（真木，2019；2023）[1), 2)]での八ヶ岳（図56-2, 図56-3, 図56-4, 図56-5）は長野県東部と山梨県北部に位置し，赤岳，権現岳，編笠山で県境を成している．南北30 kmに及ぶ火山群で八ヶ岳中信高原国定公園に指定されている．南八ヶ岳には高山が多く，急峻な地形で，赤岳（2899 m）の最高峰を中心に北に横岳（2829 m），中岳（2700 m），硫黄岳（2760 m），南に権現岳（2715 m），編笠山（2524 m），西に阿弥陀岳（2805 m）等がある．一方，北八ヶ岳は樹林帯が山頂近くまであり比較的なだらかな峰が多い．たとえば天狗岳（2646 m），縞枯山（2403 m）等である．南東部の野辺山高原には天文台とアメダス観測点があり，鉄道最高所と高原野菜（キャベツ，レタス）が有名であり，南部域の清里高原も高原野菜や畜産，観光牧畜が盛んである（Maki, 2022）[3)].

　なお，八ヶ岳おろしは甲州空っ風，甲州の空っ風とも呼ぶ．

　アメダス甲府では2019年12月27日の気象は降水量0.5 mm，最低気温・最高気

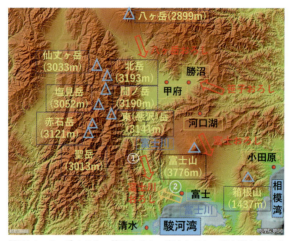

図 56-1 八ヶ岳おろし，笹子おろし，富士おろし，富士川おろしの吹く地域の色別標高地図［国土地理院の地図をもとに筆者作成］

図 56-2 春の八ヶ岳（赤岳，2899 m）(2017 年 5 月 29 日)［筆者撮影］

温 4.1℃，14.6℃，最小湿度 32%，日平均風速 5.1 m/s，最大風速 11.7 m/s 北北西，最大瞬間風速 19.3 m/s 北北西，日照時間 8.1 h である．同日 9 時の天気図（図 56-6）は 988 hPa の低気圧が本州東方に抜けて弱い西高東低の気圧配置である．

　日本海側の厚い雪雲に対して長野県南部・山梨県の切れ目のあるまばらな雪雲が判読できる．また，2020 年 1 月 21 日の甲府の気象はそれぞれ 0 mm，0.3℃，12.6℃，21%，5.1 m/s，9.8 m/s 北北西，17.4 m/s 北北西，9.3 h である．同日 9 時の天気図

図 56-3　八ヶ岳からの早朝の雲海上にそびえる富士山（2012 年 8 月 22 日）［筆者撮影］

図 56-4　硫黄岳からの八ヶ岳（赤岳）（2012 年 8 月 22 日）［筆者撮影］

は北海道東方に 1000 hPa の低気圧，朝鮮半島に 1032 hPa の高気圧の西高東低の気圧配置であり，本州は次第に高気圧に覆われる．

　冬季，西高東低の気圧配置時（2019 年 12 月 27 日 9 時の天気図，図 56-6）に，日本海からの雪雲（図 56-7）は新潟県と長野県境の妙高山（2446 m）付近や北アルプスで降雪をもたらし，残った雪雲は北アルプスと浅間山間の山地域を通って，蓼科山（2530 m）- 八ヶ岳連山を越えるときに雪を落し，低温の乾燥した強風となって吹き降ろす．この風を八ヶ岳おろし（真木，2022a；2022b）[4),5)] と呼ぶ．あるいは甲府の空っ

図 56-5　夏の八ヶ岳（阿弥陀岳，2805 m）（2017 年 7 月 7 日）
[筆者撮影]

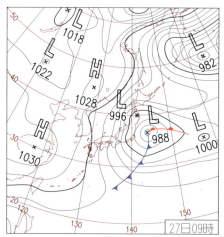

図 56-6　八ヶ岳おろしが吹いた 2019 年 12 月 27 日
9 時の天気図 [気象庁提供]

風（甲府空っ風）とも呼ばれる．八ヶ岳南麓からおもに甲府盆地が強風域になるボラ型強風である．八ヶ岳を越えるときに山上の雪雲から雪を落とすとともに，風は甲府盆地から黒岳（1793 m）- 節刀ヶ岳（1736 m）を越えて河口湖域へ吹き降ろし，強風化する場合もある．特に八ヶ岳の東側（佐久市 - 野辺山）と西側（茅野市）からの風が甲府市の西方の韮崎市と双葉町付近で合流し強風化する．

　甲府の冬春季の最大風速は 25.1 m/s 北（1922 年 2 月 17 日），23.3 m/s 北北西

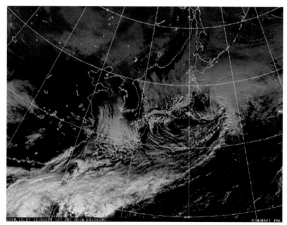

図 56-7　2019 年 12 月 27 日 12 時の気象衛星ひまわりの可視衛星画像［気象庁提供］

(1906 年 2 月 18 日)，22.8 m/s 北北西 (1953 年 1 月 1 日)，22.3 m/s 北北西 (1952 年 3 月 3 日)，22.2 m/s 北北西 (1954 年 5 月 10 日) であり，最大瞬間風速は 32.2 m/s 北北西 (1979 年 3 月 31 日)，31.8 m/s 北北西 (1999 年 2 月 27 日)，31.6 m/s 北西 (1997 年 2 月 21 日)，31.3 m/s 北北西 (1999 年 3 月 22 日)，30.8 m/s 北西 (2006 年 4 月 3 日) である．最強風速と風向範囲を集約すると最大風速は 25 m/s，北北西から北，最大瞬間風速は 32 m/s，北西から北北西である．

2019 年 12 月 27 日の 18 m/s 以上と 2020 年 1 月 21 日の 14 m/s 以上（図 56-8）の強風域が顕著に認められ，特に甲府や河口湖で強くなっている．風向は北西から北北西が多い．

赤城，榛名，筑波おろしのように，付近の有名な山名を付けたのとは異なり，八ヶ岳おろしは山の風下で名称と地域が一致している．2020 年 11 月 30 日は西高東低型で日本海側に雨，高山に雪を降らせ，八ヶ岳を越えるときに少し雲が残り（図 56-9），山麓の大泉では最大瞬間風速 13.8 m/s であった．

なお，2014 年 2 月 15 日にはおもに南岸低気圧の影響で最大瞬間風速は河口湖 25.1 m/s，甲府 14.8 m/s（北西風）の強風を伴う大雪（143 cm，114 cm）で山梨県の果樹・農業施設に雪害が発生した．これは最近の異常気象と極端気象が激しい中，地球温暖化による氷のない北極海の拡大で，シベリア高気圧の中心移動による低温化が原因と推測される．

八ヶ岳おろしと産業の関係では，乾燥・低温を利用した切り干し大根の製造が盛んである．大根を細切りにして天日干しすると甘味・栄養価が高く長期保存食品となる．産地は清里高原であり，また酪農も多い．なお，甲府盆地周縁部では，冬季の低

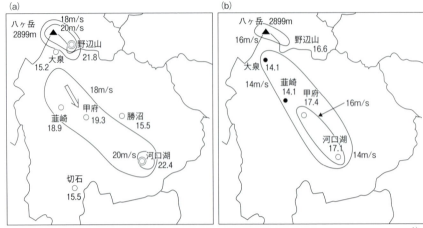

図 56-8 (a) 2019 年 12 月 27 日と (b) 2020 年 1 月 21 日の八ヶ岳おろしの風速分布 [真木, 2022][1]

図 56-9 日本海側から抜けて来た雲が少しかかる八ヶ岳（山梨県富士川町大法師公園，2020 年 11 月 30 日）[気象庁提供]

温・乾燥気候と夏季の冷涼な気候のもとブドウ栽培が盛んである．特に勝沼が有名で，国産ワインの先駆けとして知られている．そのブドウ栽培では気象的に次節の笹子おろしが効果を果たしている．

57. 笹子おろし

笹子おろしの吹く地域の色別標高地図は 56 節の図 56-1（p.192）を参照．甲府盆地

図 57-1 甲府盆地を一望する山梨県笛吹市・甲州市勝沼付近のモモの開花（2024 年 4 月 3 日）[筆者撮影]

図 57-2 甲府盆地・笛吹市の古墳のある八代ふるさと公園の満開のサクラ（2024 年 4 月 3 日）[筆者撮影]

では果樹栽培が盛んであり（図 57-1，図 57-2），ブドウ，モモ，スモモは日本一の生産量を誇り，ワインの製造も盛況である．甲府盆地は地形的には扇状地で，傾斜地が多いため，水はけが良い土地が多い．気象的には局地風や斜面温暖帯の有効利用および傾斜地での日照時間の長さも関与する．また，京浜地方の大消費地に近いことも有利である．果樹栽培は笛吹川東部が中心で，モモは一宮町（笛吹市），ブドウは勝沼町（甲州市）で多い．

　アメダス勝沼では 2013 年 8 月 10 日に史上最高気温 40.5℃を記録し，2022 年 7 月 1 日には第 2 位の日最高気温 40.2℃を記録した．

　早々と太平洋高気圧に覆われた 2022 年 7 月 1 日における気温・風速の時間変化は図 57-3 に示す通り，15 時に最高気温を示し，以降は 17 時まで急速に低下している．これは 15 時 40 分頃に吹いた南東から東南東の風速 6～7m/s の風，すなわち笹子峠を含む南北の笹子山地から吹き降ろした斜面下降風（冷気流）であり，強いときには

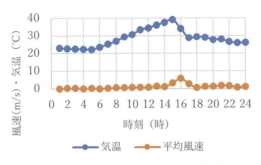

図 57-3 勝沼の 2022 年 7 月 1 日の気温・風速変化［筆者作成］

東より笹子山地を越えて吹くボラ的な乾燥した低温の風，あるいはそれと合流した風，すなわち笹子おろしに基因している．最高気温発生後，2 時間で約 10℃ 低下し，その後も 3℃ 低下している．

なお，笹子峠を吹き越えるときにボラ風かフェーン風かは予測が難しいが，いずれにしても，東西風が主であるため，山越え気流現象による気温変化はあまり大きくないと推測される．したがって，前述の通り気温低下はおもに冷気流の発生に起因すると考えられる．

この風は笹子おろし（真木，2022）[1]と呼ばれる局地風であり，作物，特に勝沼付近でのブドウ栽培に有効な作用を及ぼし，有益である．盆地は昼夜の温度差（日較差）が大きく，果樹栽培に良い影響を与えている．盆地のため，年降水量が国内では相当少ない乾燥気候を示し，日照時間が長い特徴がある．

勝沼の東寄り風の最大風速は 11.1 m/s 南東（2015 年 4 月 4 日），11.0 m/s 南東（2004 年 4 月 13 日），11.0 m/s 東南東（1991 年 4 月 27 日），11.0 m/s 東南東（1991 年 4 月 21 日），10.4 m/s 東南東（2019 年 4 月 8 日）であり，最大瞬間風速は 20.5 m/s 南東（2012 年 9 月 30 日），18.6 m/s 東南東（2017 年 9 月 17 日），18.5 m/s 東南東（2013 年 9 月 16 日），18.2 m/s 東（2014 年 6 月 24 日），17.4 m/s 東南東（2011 年 7 月 10 日）である．最強風速と風向範囲を集約すると最大風速は 11 m/s，東南東から南東，最大瞬間風速は 21 m/s，東から南東，季節は春季から秋季である．

さて，最高気温 2 位記録の 2022 年 7 月 1 日の気象は降水量 0.5 mm，最低気温・最高気温 22.0℃，40.2℃，最大風速・最大瞬間風速・風向 6.3 m/s 東南東，10.1 m/s 東南東，最多風向南東，日照時間 9.7 h であり，同日 9 時の天気図（図 57-4）は太平洋の 1018 hPa の小笠原高気圧からの張り出しが東日本と西日本に及び，高気圧に覆われた西日本から東日本中心に晴れて高温になり，最高気温は 40℃ 以上 6 地点，猛暑日 235 地点，群馬県桐生の 40.4℃ は歴代 2 位（7 月の 1 位）となった．

また，2022 年 7 月 23 日の気象（図 57-5）は，年内 3 番目の日最高気温 38.6℃，最

57. 笹子おろし

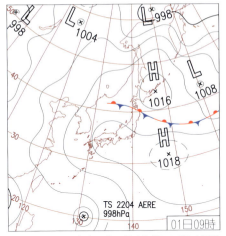

図57-4 勝沼で史上2位の最高気温40.2℃を記録して笹子おろしが吹いた2022年7月1日9時の天気図［気象庁提供］

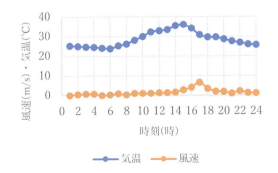

図57-5 勝沼の2022年7月23日の気温・風速変化［筆者作成］

低気温23.5℃，日最大風速6.7 m/s南東，最大瞬間風速11.4 m/s南東，日照時間10.1 hである．時間的な変化では，最高気温は15時の36.0℃，24時の25.7℃であり，17時の風速6.6 m/s，南東である．同日9時の天気図は中国の揚子江に1000 hPa，朝鮮半島北東部に1008 hPa，山形に1000 hPa，東北沖に998 hPaの四つ玉低気圧があり，日本付近は低圧域にあり気圧傾度は弱く高温になった．

甲府盆地の勝沼地域では，3/4の頻度で局地風の笹子おろし（最大風速の歴代1位は11 m/s）が暖候期を中心に吹く．この東寄りの風は国内では珍しい風であり特徴的であるが，相当以前より，果樹園で有利な目的に結び付け，その風を果樹栽培に有効利用しているため，特異性が評価された結果となっている．

200　第Ⅴ章　中部地方中南部

図57-6　2022年7月1日のひまわり衛星画像
　　　　[気象庁提供]

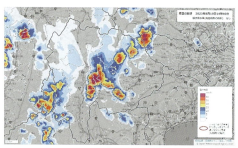

図57-7　2023年8月19日の甲府盆地の雷雨レーダー画像　降雨強度：0 mm/h, 薄青：1, 青：5, 濃青：10, 黄：20, 茶：30, 赤：50, 濃ピンク：80以上 [気象庁提供]

　2022年の年最高気温が観測された7月1日14時の気象衛星ひまわりの衛星画像を図57-6に示すように，山梨県と静岡県付近で，小範囲の雨雲が映っている．甲府盆地の南西40 kmの山中のアメダス井川（静岡県）では15～17時に28.5 mmの雷雨性の降水（16時25 mm）が適確に観測されている．ただし，周辺域では他に降水は観測されていない局所的な特異な雷雨で，小範囲に降った．
　甲府盆地の夏季の高温は笹子おろしによって緩和され，果樹・ブドウ栽培に有利になっている．盆地の降水量がある程度少ないのは果樹には有利であるが，干ばつになると悪影響が出る．図57-7に示すように雷雨の発生が盆地中央部付近で起こる東西風の衝突による上昇気流でできた雨雲に起因して適度の降雨があることなど，品質の良いブドウができる環境が整っている．雷雨は甲府盆地の中央部が主であり，甲府盆地東部や西部域（盆地中央域と南アルプスの強雨域が見事に富士川で区分されてい

る）が少ない状況がレーダー画像から読み取れる（真木，2023）[2]．

58. 富士おろし

　富士おろし（田口，1962）[1]の吹く地域の色別標高地図は図56-1（p.192）を参照．富士山（剣ヶ峰，3776 m）は日本最高峰の独立峰であり，静岡県と山梨県に跨がる活火山である（図58-1，図58-2）．懸垂曲線の山容を示す玄武岩質成層のコニーデ式火山であり，高峰の急斜面から長く裾野を引く優美な風貌は日本の象徴である．日本三霊山（富士山，白山，立山），日本百名山，日本百高山，日本の地質百選（現在120）に選定され，また富士箱根伊豆国立公園に指定された後，特別名勝，史跡，世界文化遺産（富士山 - 信仰の対象と芸術の源泉）に登録されている．古来より霊峰とされ，

図58-1　飛行機から見た富士山（2013年5月24日）［筆者撮影］

図58-2　富士スバルライン五合目からの富士山とアメダス気象観測機器（2019年8月9日）［筆者撮影］

図 58-3　富士山（剣ヶ峰，3776 m）と日本最高地点（3775 m）のアメダス富士山（2019 年 8 月 10 日）［筆者撮影］

頂上には浅間神社が祀られている．富士山麓には風光明媚な富士五湖，白糸の滝，鳴沢氷穴，富岳風穴，富士風穴，富士の伏流水（忍野八海，柿田川），富士浅間神社，富士浅間大社等々がある．

　富士山の気象観測（山梨日日新聞社，2024)[2] は 1932 年に中央気象台富士山頂観測所を設置・観測が始まり，1936 年に剣ヶ峰に移転し富士山頂観測所，1950 年に富士山観測所になり，1963 年に富士山気象レーダーが完成・運用して 1999 年 11 月 1 日に終了した．その後，自動観測化に移り，2004 年 10 月 1 日から無人化した．気温，湿度，気圧，日照時間（夏季）は自動観測している．

　記録としては，気圧 637.8 hPa，最低気温・最高気温 −38.0℃（1981 年 2 月 27 日），17.8℃（1942 年 8 月 13 日），相対湿度 6 %，全天日射量 19.9 MJ/m^2，最大風速 72.5 m/s（西南西，1942 年 4 月 5 日，国内最高），最大瞬間風速 91.0 m/s（南南西，1966 年 9 月 25 日，国内最大），最深積雪 338 cm である．

　富士市（1978)[3] の広報に「冬から春へ：12 月から 1 月にかけては，冷たい西風や"富士おろし"と呼ばれる風が北の方から吹き，カラカラの天気が続きます．2 月にはいると曇りの日も多くなり，ときどき雨も降るようになります．このころ南から強い風が吹くこともあり，丘陵地などの畑の多い地域では土ぼこりがまきあげられ，川の色が茶色に変わることさえあります．そしてこの南風が吹きあれたあと，一雨ごとに春が訪れてきます」とある．

　富士おろしは一般的には富士山麓で富士山から吹き降ろす強風を指す．富士山南麓の富士市付近では市の広報にもあるように「富士おろし」の風名がよく使われる．神奈川県では一部で使われるが風向を考慮すると箱根おろしが使われる場合が多いとさ

れる．

　冬春季における北西寄りの風向に関して，アメダス富士の最大風速は 13.0 m/s 北西（2008 年 2 月 24 日），12.0 m/s 西（1981 年 3 月 15 日），11.6 m/s 北西（2023 年 1 月 24 日），11.4 m/s 北西（2009 年 2 月 1 日），11.0 m/s 北西（2010 年 2 月 7 日），11.0 m/s 北北西（2007 年 5 月 11 日）であり，最大瞬間風速は 21.1 m/s 北北西（2023 年 1 月 24 日），19.3 m/s 西（2021 年 2 月 16 日），19.1 m/s 西北西（2008 年 4 月 8 日），18.9 m/s 西（2018 年 3 月 1 日），18.8 m/s 北北西（2017 年 3 月 22 日），18.8 m/s 北西（2009 年 4 月 2 日）である．最強風速と風向範囲を仮に集約すると冬春季で，最大風速は 13 m/s，西から北北西，最大瞬間風速は 21 m/s，西から北北西である．なお，統計期間外の 2024 年 3 月 20 日に 25.7 m/s 北北西の強風が観測されたが，小さいため富士山の代表は後述のアメダス河口湖とする．

　アメダス富士の最大風速記録日 2008 年 2 月 24 日の気象は 0 mm，−2.0℃，10.2℃，平均風速 5.9 m/s，最大風速 13.0 m/s 北西，最多風向北西，10.4 h であり，同日 9 時の天気図（図 58-4）は東北沖に 974 hPa の低気圧があり，西高東低である．日本の東海上で低気圧が発達し，北から東日本を中心に荒れた天気が続き，所どころで大雪となった．各地で強風により交通機関が乱れ，富山湾ではうねりを伴った高波による浸水などの被害が出た．

　最大瞬間風速記録日 2023 年 1 月 24 日の気象は降水量 0 mm，最低気温・最高気温 −1.3℃，13.9℃，最小湿度 21%，平均風速 3.7 m/s，最大風速・最大瞬間風速（風向）11.6 m/s 北西，21.1 m/s 北北西，最多風向北西，日照時間 6.3 h であり，同日 9

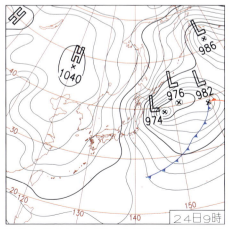

図 58-4　富士おろしが吹いた 2008 年 2 月 24 日 9 時の天気図［気象庁提供］

204 第Ⅴ章 中部地方中南部

時の天気図は大陸に1052hPaの高気圧，関東東方に998hPaと北海道東方に1000hPaの低気圧があり，西高東低の気圧配置である．翌9時には千島北方で944hPaの猛烈な低気圧に発達した．低気圧が関東の東に進み西から冬型の気圧配置が強まり，日本海側は雪，太平洋側でも雪や雨となった．

富士市では富士川が南北流から東方に蛇行して駿河湾に流れ込む．富士市北西の天守山地（山梨県南西部から静岡県中部）と愛鷹山の影響があるためか，富士市の風速は大きくない．また，アメダス三島は地形の影響で南西寄りの風が多く，冬季は北西寄りの風はほとんど吹かない．また年間を通しても強風は北西寄りがほとんどである．

富士山観測所（富士山頂）によると，冬春季の北西寄り（西から北）の最大風速は58.3m/s西（1942年3月30日），58.3m/s西（1938年3月10日），57.0m/s北北西（1947年4月29日），55.6m/s西（1940年3月14日），55.3m/s西（1950年3月12日）であり，最大瞬間風速は75.0m/s北西（1968年1月18日），70.6m/s北北西（1968年1月9日），66.0m/s北（2002年4月5日），64.6m/s西北西（1973年2月7日），64.5m/s北（1970年2月5日），63.6m/s北北西（2004年2月16日）である．最強風速と風向範囲を仮に集約すると最大風速は58m/s，西から北北西，最大瞬間風速は75m/s，西北西から北であり，季節は冬季と春季である．

富士山の最大風速記録日1942年3月30日の気象は最低気温・最高気温−12.5℃，−3.1℃であり，最大瞬間風速記録日1968年1月18日の気象は最低気温・最高気温−20.7℃，−16.8℃，平均湿度79%，平均風速33.6m/s，最大瞬間風速75.0m/s（歴代5位）である．同日9時の天気図（図58-5）は北海道北東方に988hPaの低気圧と大陸に1050hPaの高気圧があり，西高東低の気圧配置である．

富士山の最大瞬間風速（2月歴代3位）2004年2月16日の気象は平均気圧625.7hPa，−27.7℃，−12.3℃，平均湿度19%，26.3m/s，43.2m/s北北西，63.6m/s北北西，積雪90cmであり，同日9時の天気図（図58-6）は北海道東方に968hPaの低気圧と対馬海峡に1028hPaの高気圧があり，西高東低である．

山梨県アメダス河口湖の冬春季北西寄りの最大風速では24.1m/s北西（1957年3月9日），22.6m/s北北西（1950年1月10日），21.5m/s北西（1940年3月22日），21.3m/s北西（1963年3月25日），21.1m/s北西（1957年3月8日），21.1m/s北北西（1951年12月17日）であり，最大瞬間風速では51.1m/s北西（1963年3月25日），40.7m/s北西（1991年2月16日），37.6m/s北西（1957年3月9日），37.1m/s北（2006年3月17日），37.0m/s西北西（1994年2月22日）である．

集約すると最大風速・最大瞬間風速は24m/s，北西から北北西，51m/s，西北西から北，季節は冬季と春季である．さて，山梨，静岡，神奈川県内の富士周辺域のアメダスには種々の特徴があるが，気象的には富士おろしにアメダス河口湖のデータを使用した．

図 58-5　富士山頂の烈風日 1968 年 1 月 18 日の天気図［国立情報学研究所提供］

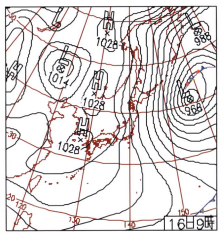

図 58-6　富士山頂の烈風日 2004 年 2 月 16 日 9 時の天気図［気象庁提供］

　河口湖の最大風速記録日 1957 年 3 月 9 日の気象は降水量 0 mm，最低気温・最高気温 −2.3℃，2.9℃，最小湿度 35％，平均風速 11.5 m/s，最大風速・最大瞬間風速（風向）24.1 m/s 北西，37.6 m/s 北西，日照時間なしであり，最大瞬間風速記録日 1963 年 3 月 25 日の気象は上記の順に 0 mm，−0.4℃，9.2℃，20％，12.2 m/s，21.3 m/s 北西，51.1 m/s 北西，8.6 h である．

　河口湖は富士山の北側であり，ある程度風上側ではあるが，関東での空っ風の名称

の呼び方を踏襲すれば富士おろしである．かつ，八ヶ岳おろしより馴染みがあり，重ねて使うことは可能であろう．

59. 富士川おろし

　富士川おろしの吹く地域の色別標高地図は図56-1（p.192）を参照．高瀬舟による山梨－静岡県の船運（遠藤，1981）[1]は，400年以上前の江戸時代に始まり，富士川（日本三大急流の一つ）上流域の甲州三河岸（鰍沢・黒沢・青柳，山梨県富士川町，富士川に名称が変わる釜無川と笛吹川の合流域）（図59-1，図59-2，図59-3）から下流域の岩淵（静岡県富士市）に富士川の流れを利用して下り，逆は船を人力で引き上げていた．明治時代の1884年に帆掛け船が利用されると，江戸時代には上り3～4日，下り半日であったのが下りは半分になった．それに寄与したのが富士川おろしである．帆掛け船は北風を利用して速く下る一方，南風が多く吹く4～8月は上り時間がかなり短縮した．1923～1927年にはプロペラ船が増え，下り2時間余となったが，昭和初期には鉄道によって衰退した．

　富士川おろし（真木，2022a；2022b）[2],[3]は，冬季に吹く八ヶ岳おろしとは異なり，気象学的な意味の高山を吹き越え吹き降ろすおろし風ではない．季節による名称ではなく一年中吹く風であるが，冬季の八ヶ岳おろしが吹く時期は駿河湾に吹き降りる風も強化される一方，海風の発達は弱い．一般的には海風が強く時間が長いが，富士川では陸風と山風が強く長い特徴がある．富士川おろしとの関連から静岡市清水では北風が強く多い一方，海風の南風は余り吹かないか10～17時などと短い．

図59-1　富士川大橋より北方・上流側の釜無川と遠方の八ヶ岳
（2020年11月30日）［筆者撮影］

図 59-2 釜無川と笛吹川の合流点（左側の林の先が笛吹川，富士川大橋より南方・下流側）（2020 年 11 月 30 日）[筆者撮影]

図 59-3 富士橋より見た富士川通船 3 河岸（鰍沢・黒沢・青柳）付近の富士川（2020 年 11 月 30 日）[筆者撮影]

　富士川おろしの特性を 2019 年の気象から考察する．八ヶ岳 - 清水の経路と断面図を図 59-4，図 59-5 に示す．八ヶ岳から駿河湾まで釜無川と富士川沿いにアメダス地点を取ると，大泉・甲府・切石・南部（山梨県）・富士・清水・静岡（静岡県）とほぼ等間隔になる．

　冬季（1 月）と夏季（8 月）（図 59-6）から，冬季は北風が多いが切石，南部で少なく清水で最高である一方，南風が少なく大泉 0 日，清水 1 日で，静岡 12 日と多い．なお，アメダス富士は富士川よりやや東に位置して富士川の影響は小さく（夏季の南

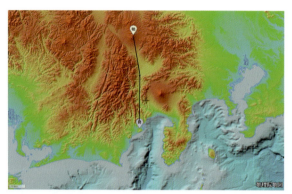

図 59-4　八ヶ岳－甲府西方－清水の経路［国土地理院提供］

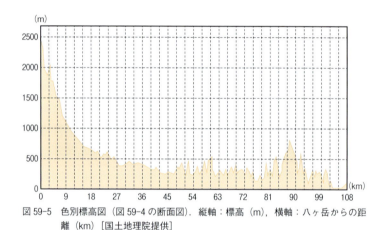

図 59-5　色別標高図（図 59-4 の断面図）．縦軸：標高（m），横軸：八ヶ岳からの距離（km）［国土地理院提供］

寄り以外は北寄り），静岡は影響をほとんど受けない．清水では大きい影響を受け，最多風向は 7 月の北東を除く全年で北（2018 年は全年で北）を考慮すると，富士川下流は東に曲がるが中流の川筋を延長した先に位置する清水が最も良く富士川おろしの特徴をあらわしている．

　2019 年 1 月，4 月，7 月，10 月の風速分布（図 59-7）を見ると，全般に富士川沿いの切石，南部が地形の関係で弱い．夏季に太平洋高気圧に覆われる 7 月は最弱であり，10 月の甲府，富士等で強い理由は台風 15 号と 19 号の強風が影響している．1 月，4 月，7 月，10 月の風向分布（表 59-1）を見ると 1 月は全般に北寄りが多く，4 月は富士川沿いで南風が多くなる．7 月は南風が多くなるが太平洋沿いの清水・静岡では北東風が最多風向となっている．10 月では北寄りが多い．

　アメダス富士の寒候期の北西寄りの最大風速は 15.0 m/s 西北西（2013 年 10 月 16

59. 富士川おろし　209

図 59-6　大泉・甲府・切石・南部・富士・清水・静岡の
1・8月の北・南風の月発生日数［筆者作成］

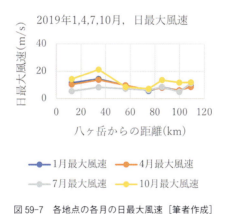

図 59-7　各地点の各月の日最大風速［筆者作成］

表 59-1　2019年1月, 4月, 7月, 10月の各地点の最多風向
　　　　［筆者作成］

月別＼地名	大泉	甲府	切石	南部	富士	清水	静岡
1月	北西	北北西	北北東	西北西	北北西	北	西北西
4月	北西	西北西	南南西	南東	北西	北	北北西
7月	南南東	南西	南南西	南南東	南	北東	北東
10月	北	西北西	北東	西北西	北西	北	北東

210　第Ⅴ章　中部地方中南部

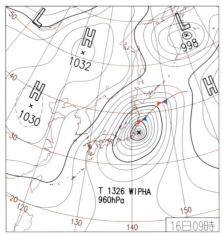

図59-8　富士川おろしが吹いた2013年10月16日9時の天気図［気象庁提供］

日），13.0 m/s北西（2008年2月24日），12.7 m/s北西（2017年10月23日），12.0 m/s西（1981年3月15日），11.6 m/s北西（2023年1月24日）であり，最大瞬間風速は28.9 m/s北西（2013年10月16日），24.3 m/s北北西（2017年10月23日），21.1 m/s北北西（2023年1月24日），21.1 m/s西北西（2014年10月6日），19.3 m/s西（2021年2月16日）である．最強風速と風向範囲を集約すると（巻末付録①59. 富士川おろし①）最大風速15 m/s，西から北西，最大瞬間風速は29 m/s，西から北北西，季節は寒候期（10〜3月）である．

　寒候期の最大風速・最大瞬間風速記録日2013年10月16日の気象は17.5 mm，17.5℃，28.7℃，平均風速6.6 m/s，15.0 m/s西北西，28.9 m/s北西，最多風向北西，5.6 hであり，同日9時の天気図（図59-8）は960 hPaの台風26号が房総半島直近の東方にあり，暴風が吹き荒れた．

　アメダス富士の暖候期の南東寄りの最大風速は16.8 m/s南南東（2011年9月21日），16.0 m/s東（1982年8月1日），14.2 m/s南南東（2012年6月19日），13.7 m/s南南東（2018年9月30日），13.1 m/s南南東（2012年9月30日）であり，最大瞬間風速は31.3 m/s南南西（2011年9月21日），25.9 m/s南（2018年9月30日），25.1 m/s南（2012年6月19日），24.7 m/s東（2018年7月28日），23.1 m/s南南東（2012年9月30日）である．最強風速と風向範囲を集約すると（巻末付録①59. 富士川おろし②）最大風速は17 m/s，東から南南東，最大瞬間風速は31 m/s，東から南南西（東南東から南南西）であり，季節は暖候期（6〜9月）である．

　暖候期の最大風速・最大瞬間風速記録日2011年9月21日の気象は降水量145.5

mm，最低気温・最高気温 22.3℃，25.9℃，平均風速 5.2 m/s，最大風速・最大瞬間風速（風向）16.8 m/s 南南東，31.3 m/s 南南西，最多風向東南東，0 h であり，同日 9 時の天気図は 950 hPa の台風 15 号が紀伊半島付近にあり，静岡県に上陸し暴風が吹いた．

なお，10〜6 月の富士川河川敷の桜えび干しや 3〜10 月の富士川の直ぐ東側の富士市の田子の浦のしらす干しは有名である．天日干しに富士川おろしが重要な役割を果たしている．

60. 西山おろし

西山おろし，碓氷おろし，鉢盛おろし，乗鞍おろし，御嶽おろしの吹く地域の色別標高地図は図 60-1 に示す．

長野市は長野県北部の北信地方に位置し，長野盆地（善光寺平）内にある．県庁所在地としての標高 371 m は日本一高い．1998 年に第 18 回冬季オリンピック長野大会が開催された．長野市で犀川（源流は梓川）が千曲川に合流して流れ，新潟県の信濃川へと繋がる．気温の年格差と日較差が大きい内陸性気候であり，中央高地式気候とされるが日本海側気候の特色もあわせもつ．北部山間地は豪雪地帯であるが市街地は降雨も降雪も少ない．

長野市の西方から吹く西山おろしに関して，その西から北西風は，北アルプスの白

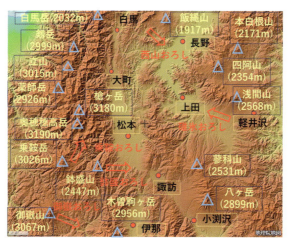

図 60-1 西山おろし，碓氷おろし，鉢盛おろし，乗鞍おろし，御嶽おろしの吹く地域の色別標高地図［国土地理院の地図をもとに筆者作成］

図 60-2　八方尾根のニッコウキスゲなど高山植物が咲き乱れるお花畑（2022 年 7 月 18 日）［筆者撮影］

図 60-3　八方尾根自然研究路上端の雪渓の残る八方池（2060 m）と晴れていれば前方に見える白馬岳の雪渓（2022 年 7 月 18 日）［筆者撮影］

馬岳－白馬鑓ヶ岳－唐松岳－五竜岳－鹿島槍ヶ岳へと南北に続く山脈を越えて小谷村－白馬村の谷地に吹き降りたあと，いくつか低い山々の複雑地形を通って長野盆地に達する．その風はおおむね東西の国道 406 号線（鬼無里街道）に沿って吹き，北アルプス山麓域で八方尾根に当たる．八方尾根は夏の高原とお花畑（八方尾根自然研究路，図 60-2，図 60-3）と冬のスキー場で人気が高い所である．

また，図 60-4，図 60-5，図 60-6 には西山おろしが吹くとされる長野市の善光寺と

長野市の北西方向の高妻山と戸隠山の写真を示す．

さて，長野市西山地区は西部に位置し，信濃新町・中条・小川・大岡からなる地域で，その山地側から市内に吹き降ろす西から北の風が，西山おろしである．

アメダス長野の北西寄りの最大風速は 19.6 m/s 北（1958 年 4 月 27 日），18.7 m/s 西（1951 年 4 月 11 日），18.4 m/s 北（1955 年 3 月 18 日），18.2 m/s 西（1951 年 4 月 12 日），17.3 m/s 西（1972 年 12 月 23 日）であり，最大瞬間風速は 28.2 m/s 西（1998 年 1 月 15 日），27.4 m/s 西（2006 年 11 月 7 日），26.3 m/s 西（1988 年 3 月 22

図 60-4　冬春季に西山おろしが吹く長野盆地内の善光寺（2014 年 8 月 20 日）［筆者撮影］

図 60-5　長野市の北西方の戸隠山（1904 m）からの高妻山（2353 m）（2016 年 10 月 27 日）［筆者撮影］

図 60-6　鏡池に映る紅葉の険しい戸隠山（2016 年 10 月 27 日）
[筆者撮影]

日），26.2 m/s 北（1955 年 3 月 18 日），25.8 m/s 西（1979 年 3 月 31 日）である．集約すると最大風速は 20 m/s，西から北，最大瞬間風速は 28 m/s，西から北，季節は 11～4 月の秋季から春季である．

　最大風速記録日 1958 年 4 月 27 日の気象は降水量 5.0 mm，最低気温・最高気温 9.2℃，19.9℃ であり，最大瞬間風速記録日 1998 年 1 月 15 日の気象は降水量 34.5 mm，最低気温・最高気温 −2.4℃，1.4℃，最小湿度 77%，平均風速 5.9 m/s，最大風速・最大瞬間風速（風向）16.1 m/s 西，28.2 m/s 西，日照時間 0 h である．

　最大瞬間風速歴代 2 位 27.4 m/s の観測日 2006 年 11 月 7 日の気象は 2.5 mm，3.7℃，17.4℃，最小湿度 26%，3.7 m/s，13.4 m/s 西，27.4 m/s 西，4.3 h であり，同日 9 時の天気図（図 60-7）は北海道宗谷西方沖に 996 hPa の低気圧があり，それからの寒冷前線が日本海側の能登半島南部までのび，一方千葉県南方沖から前線が沖縄付近までのびている．寒冷前線が北日本と東日本を通過し北海道から本州の日本海側で大荒れの天気となり，北海道の佐呂間では竜巻が吹き荒れ死者 9 名が出た．

　最大風速 15.0 m/s（西風）の吹いた 2010 年 12 月 3 日の気象は降水量 16 mm，最低気温・最高気温 2.8℃，15.3℃，最小湿度 52%，平均風速 4.1 m/s，最大風速・最大瞬間風速（風向）15.0 m/s 西，24.5 m/s 西，日照時間 2.6 h であり，同日 9 時の天気図では 996 hPa の前線を伴った発達中の低気圧が能登半島沖に，1000 hPa の低気圧が日本海北部にあり，二つ玉低気圧の影響で長野市付近は強風が吹いた．

　なお，長野市の最近の気候は地球温暖化の影響か，最低気温の上昇や風速の減少などが出ている．

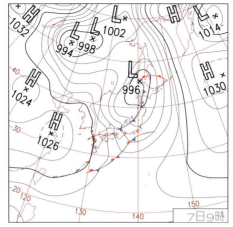

図60-7 西山おろしが吹いた2006年11月7日9時の天気図［気象庁提供］

61. 碓氷おろし

　碓氷おろしの吹く地域の色別標高地図は図60-1（p.211）を参照．上田市は長野県北東部の上田盆地に位置し，浅間山西方30 kmの千曲川沿いにある．戦国時代末期に武将真田昌幸が城主だった上田城が有名である．近年，ブドウ栽培が開始され，高品質のワインの製造が行われている．このブドウ栽培地の気象を推定し，垣根式栽培（図61-1，図61-2）との関連も見ていく．

図61-1 「シャトー・メルシャン　椀子ヴィンヤード」（長野県上田市）内の丘陵地に広がるブドウ畑［上田市　丸子産業観光課提供］[1]

図61-2　ブドウの垣根式栽培法と成熟したブドウの房列［上田市丸子産業観光課提供］[1]

　上田のブドウ栽培地は標高600～650 m に位置しており，気象の推定には，標高や地理（地峡）的状況を考慮して，3地点の標高に重み付けを行い，経験的・便宜的に後述の算定法を用いて各地点の気象を算定するとともに，現地ブドウ園の気象を推定した．

　長野県北東部域における東西方向の気流・風は，主として北の浅間山（2568 m）（図61-3）と南南西の蓼科山（2531 m）（図61-4，図61-5）に挟まれた空間を通過する（真木, 2019；2023a）[2],[3]．

図61-3　浅間山外輪山から見た浅間山（2568 m）（2016年5月31日）［筆者撮影］

図 61-4 火山岩で覆われた蓼科山 (2531 m) 山頂 (2016 年 5 月 16 日) [筆者撮影]

図 61-5 蓼科山の西方に霧ヶ峰が連なり北側は雲海が覆う (2016 年 5 月 16 日) [筆者撮影]

　上田市のアメダス上田は上田盆地内で，浅間山南方の谷地を流れる千曲川沿いにある．浅間山の南東には関東山地の北部を横切る碓氷峠があり，暖候期に吹く東寄りの風はその付近か，峠を越えて吹き降ろす．碓氷峠の西側には軽井沢があり，高原気候を示し，避暑地・観光地となっている．なお，碓氷峠を越えた南西域は佐久盆地であるが，気流からは袋小路的地形であるため，その北側の谷地上を吹く気流が主流となる．千曲川沿いの上田では暖候期に南東から東南東の風が最多風向であり，特に夏季には太平洋高気圧からの吹き出しによる南東風の影響を受ける．

以上のような内陸域・上田盆地の気象特性をブドウ栽培と関連付けて解析するために上田市丸子陣場域の気象を推定し，関連性を評価した．

図61-6から気象の影響・効果について記述すると，アメダス上田で，歴代1位の38.8℃が出た日の気温・風速の日変化を示す．最高気温は15時頃（図では毎正時の気温・風速）に発生している．対して夕方18時頃に4〜5m/sの北東風（碓氷おろし＋地峡風）が吹くことで，最高気温を低下させ，ブドウに高温害が出ないよう，ある程度好適環境に近づけている．なお，局地風「碓氷おろし」とは，甲府盆地で暖候期中心に吹く笹子峠方向から吹き降ろす「笹子おろし」（真木，2022；2023b）[4),5)]に因ん

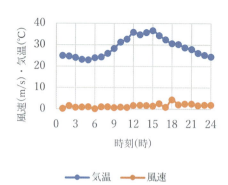

図61-6 アメダス上田の風速と気温の日変化（歴代1位最高気温38.8℃, 2022年7月2日）［筆者作成］

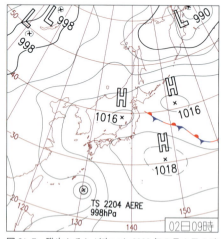

図61-7 碓氷おろしが吹いた2022年7月2日9時の天気図［気象庁提供］

で，碓氷峠越えの「碓氷おろし」と命名した（真木，2024）[6]．

最近の高温日 2022 年 7 月 2 日の気象は降水量 0.0 mm，最低気温・最高気温 22.7℃，38.8℃，最小湿度 22%，平均風速 1.5 m/s，最大風速・最大瞬間風速（風向）4.9 m/s 北東，9.4 m/s 北，最多風向南東，日照時間 10.6 h であり，同日 9 時の天気図（図 61-7）は本州南方の 1018 hPa の小笠原高気圧と山形沖に 1016 hPa の高気圧があり，日本は広く高気圧に覆われて夏型の気圧配置であった．

アメダス上田の暖候期の風配図（図 61-8）によると，ブドウの萌芽期の 4 月では南東が卓越風向であるが，北風もかなりの程度吹き，低温の発生条件を残している．5 月には主風向は南東であるが低温の北北西の風も相当程度吹いている．6 月には主風向が南東，7 月には南東，特に東南東が主風向となり，碓氷おろしの頻度が顕著となっている．8〜9 月は南東が顕著な主風向を示し，上田では碓氷おろしと千曲川の谷地に沿った地峡風の影響が顕著になり，成熟期の高温低下に貢献して，ブドウに好適環境を提供していると判断される．

さて，椀子ブドウ園は標高 600〜650 m で栽培され，アメダスの標高は上田 502 m・蓼科 725 m・東御 958 m であり，（上田 502 m×3＋立科 715 m＋東御 958 m）/5＝636 m の重み付けの算定方法を利用して各気象を推定した．

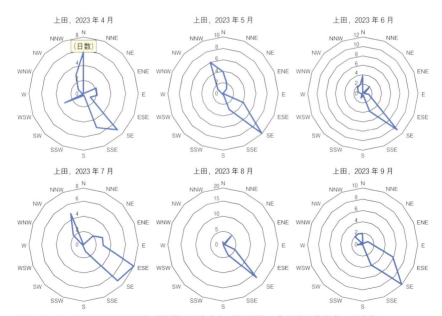

図 61-8 アメダス上田の 2023 年暖候期の風向分布（風配図），主風向は東南東から南東
　　　［気象庁のデータをもとに筆者作成］

220　第Ⅴ章　中部地方中南部

　現地・ブドウ園の推定気象は，年平均気温 11.2℃，最高気温 37.2℃，最低気温 −16.0℃，年平均風速 1.7 m/s，最大風速 14.6 m/s，最大瞬間風速 28.0 m/s，年降水量 960 mm，年日照時間 2202 h となった.

　2023 年暖候期の推定風配図（省略）（真木，2024）[6] によると，4 月は西南西が幾分減り北と南東から南南東風が増え，5 月は北北西から北に対して南東の風が急増し，東寄りの碓氷おろしと地峡風が多い．6 月はその碓氷おろしと地峡風の南東風が主風向となり，7 月は東南東から南東が増え，8 月，9 月はほとんどが南東風により高温化を和らげ，ブドウに有利な風況である.

　要約すると，近年，急速にブドウ栽培・ワイン醸造で高い評価を受けているメルシャンワイン用ぶどう園と椀子ヴィンヤードの気象的評価を行った．気象的には降水量が少なく（ある程度の水分ストレスはブドウ品質に有利），高温・低温に関しては内陸山間地域であることで，被害が出る気温ではなく，適度な風が吹き良好な気象および気候である．近年の地球温暖化で上田盆地でも高温が懸念されるが，ブドウ園は上田盆地内の盆地底ではなく，100 m 余り高い台地にあり，かつ，碓氷おろしや地峡風の局地風が吹くことで最高気温を低下させている．また，ブドウ園では垣根式栽培法で，強風を凌ぎ，草生法を導入して SDGs（国連の持続可能な開発目標）にも適った栽培法となっている.

　碓氷おろしの風向を東寄りに絞ると，最大風速は 13.0 m/s 東（1982 年 8 月 1 日），12.0 m/s 東南東，（1982 年 8 月 2 日），11.1 m/s 東南東（2017 年 9 月 18 日），11.0 m/s 東南東（2004 年 6 月 21 日），11.0 m/s 南東（1981 年 5 月 17 日）であり，最大瞬間風速は 24.7 m/s 東北東（2019 年 10 月 12 日），22.4 m/s 北東（2013 年 10 月 16 日），19.6 m/s 東南東（2018 年 9 月 4 日），19.0 m/s 東南東（2017 年 9 月 17 日），18.7 m/s 東南東（2017 年 9 月 18 日）である．最強風速と風向範囲を集約すると最大風速は 13 m/s，東から南東，最大瞬間風速は 25 m/s，北東から東南東，季節は春季から秋季である.

62. 鉢盛おろし

　鉢盛おろしの吹く地域の色別標高地図は 60 節の図 60-1（p.211）を参照．鉢盛山（2447 m）は松本市の南東 25 km にあり，北アルプス最南端域に位置し，どっしりした丸型の山容を示すが目立たない山である．冬季に西寄りの季節風が吹くと塩尻，岡谷，諏訪市が風下になる．またそれらの地域は長野県と岐阜県境にある乗鞍岳（3026 m）の風下でもあり，後述の乗鞍おろしにも相当し，高山の影響を強く受ける．このため冬春季には定常的に乾燥した低温の風が吹く．鉢盛山影響地域として諏訪市の諏訪湖（図 62-1，図 62-2）と塩尻市の奈良井宿（図 62-3）を示す.

62. 鉢盛おろし 221

図62-1 入笠山(にゅうかさやま)(1955 m)からの諏訪湖の遠景(2021年9月27日)[筆者撮影]

図62-2 高速道路からの諏訪湖市の諏訪湖(2024年5月8日)[筆者撮影]

図62-3 国選定重要伝統的建造物群保護地区の塩尻市奈良井(2024年5月8日)[筆者撮影]

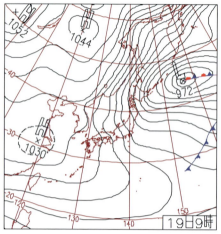

図62-4 飯盛おろしが吹いた2005年12月19日9時の天気図 ［気象庁提供］

　アメダス諏訪の冬季の最大風速は19.2 m/s 西北西（1970年2月1日），18.0 m/s 西（1963年12月22日），18.0 m/s 西南西（1953年2月15日），18.0 m/s 西（1953年1月29日），18.0 m/s 西（1953年1月14日）であり，最大瞬間風速は28.1 m/s 西南西（1963年1月21日），25.9 m/s 西（1994年2月13日），25.6 m/s 西北西（1978年2月23日），25.3 m/s 西（1973年2月7日），25.2 m/s 西（1994年2月23日）である．最強風速と風向範囲を集約すると最大風速は19 m/s，西南西から西北西，最大瞬間風速は28 m/s，西南西から西北西，季節は冬季で安定している．
　諏訪の最大風速記録日1970年2月1日の気象は降水量0.0 mm，最低気温・最高気温−3.6℃，−0.1℃，最小湿度38%，平均風速9.5 m/s，最大風速・最大瞬間風速（風向）19.2 m/s 西北西，25.1 m/s 風向なし，日照時間8.3 h であり，最大瞬間風速記録日の1963年1月21日の気象は上記の順に0.3 mm，−3.7℃，4.4℃，50%，5.7 m/s，13.2 m/s 南西，瞬間風速なし，2.2 h である．
　諏訪の最近の強風記録日2005年12月19日の気象は上記の順に0.0 mm，−7.3℃，0.8℃，最小湿度40%，4.7 m/s，14.0 m/s 西北西，24.4 m/s 西北西，5.0 h であり，同日9時（最大瞬間風速24.4 m/s）の天気図（図62-4）は，北太平洋上に972 hPa の低気圧，上海付近に1030 hPa の高気圧があり，西高東低の気圧配置で強風が吹いた．
　また強風日2018年2月17日の気象は降水量0.0 m，最低気温・最高気温−5.1℃，4.4℃，最小湿度37%，平均風速6.0 m/s，最大風速・最大瞬間風速（風向）17.1 m/s 西，24.2 m/s 西，日照時間3.9 h であり，同日9時の天気図は，北海道西部に994

hPa の低気圧，山東半島付近に 1028 hPa の高気圧があり，西高東低の気圧配置である．急速に発達する低気圧が日本海から北海道付近へ進み，北日本を中心に大荒れや大雪の悪天候であった．

63. 乗鞍おろし

　乗鞍おろしの吹く地域の色別標高地図は 60 節の図 60-1（p.211）を参照．乗鞍岳（剣ヶ峰，3026 m）は長野県と岐阜県境にある複合火山であり，23 峰の火山の総称である．北アルプス最南端の山とする場合と独立峰とする場合がある．乗鞍岳（図 63-

図 63-1　越百山からの右の乗鞍岳と左の御嶽山の遠景（2015 年 9 月 5 日）［筆者撮影］

図 63-2　残雪のある乗鞍岳（2012 年 7 月 28 日）［筆者撮影］

図63-3　右の乗鞍岳山頂と左の東京大学宇宙線観測所のレーダー（2012年7月28日）[筆者撮影]

図63-4　笠雲の懸かる乗鞍岳山頂域（2012年7月28日）[筆者撮影]

1．図63-2，図63-3，図63-4）は北アルプスの中で最も大きい山容をもち，裾野を長く引く優美な姿は長野県の人々にとってはシンボル的存在である．中部山岳国立公園に指定され，日本百名山・日本百高山である．

乗鞍おろしは広く松本盆地，松本市で使われている．松本（図63-4，図63-5）では冬季の低温の西寄りの強風を乗鞍おろし，あるいは松本空っ風（松本の空っ風）とも呼ぶように，冬季に農地などで風食が起こり，砂塵を舞い上げる．また鉢盛おろしと影響が重なることもある．

図63-5 松本城と北アルプスの山々（2019年4月16日）[筆者撮影]

図63-6 松本城天守閣よりの北アルプスの眺望（2019年4月16日）[筆者撮影]

　中部山岳国立公園乗鞍自然保護センターは鉢盛山の西，乗鞍岳の剣ヶ峰の東方（東北東に近い）にあり，ツツジ園は木立に囲まれている．冷たい風が直接当たらない遊歩道脇のツツジは早く見頃になるが，広々として遮るものがなく，乗鞍おろしの冷たい風が当たる所のレンゲツツジは高原内では最も遅い開花となる．
　松本市乗鞍観光センターの報告書に，居住地としての乗鞍高原居住地では，乗鞍おろしと呼ばれる乗鞍岳から吹き降ろす冷たい風を避けるため，前川に下る斜面沿いの大野川や中平に集落が作られてきた経緯がある．風の強い乗鞍，特に岐阜県側から強

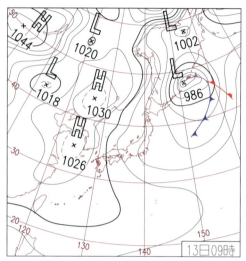

図 63-7　乗鞍おろしが吹いた 2024 年 1 月 13 日 9 時の天気図 ［気象庁提供］

烈に吹雪いて来る風を「乗鞍おろし」と呼ぶ．その風が作り出す雪の風紋は見事である．その他，スキー場での風と雪の紹介での使用例などがある．

　冬季のアメダス諏訪の最大風速と最大瞬間風速は前節の鉢盛おろし（p.220～223）を参照されたい．なお，諏訪の最大風速は 19 m/s，西南西から西北西であり，最大瞬間風速は 28 m/s，西南西から西北西である．

　乗鞍岳および鉢盛山の風下にも当たる諏訪の風向・風速はよく状況をあらわしている．最大風速記録日 1970 年 2 月 1 日の気象と最大瞬間風速記録日 1963 年 1 月 21 日の気象は前節の通りである．

　極最近，2024 年 1 月 13 日の諏訪の気象は降水量 0.5 mm，最低気温・最高気温 −4.7℃，5.4℃，最小湿度 43％，平均風速 4.8 m/s，最大風速・最大瞬間風速（風向）11.5 m/s 西北西，16.0 m/s 西北西，日照時間 0.9 h である．同日 9 時の天気図（図 63-7）は黄海に 1026 hPa と大陸に 1030 hPa の高気圧があり，オホーツク海に 988 hPa の低気圧がある弱い西高東低の気圧配置であった．

　次に，風向が南西寄りになる冬季のアメダス松本の最大風速は 17.7 m/s 南西（1918 年 1 月 6 日），16.2 m/s 南西（1942 年 1 月 30 日），16.2 m/s 南西（1913 年 12 月 12 日），16.1 m/s 南（1951 年 2 月 22 日），15.3 m/s 南（1957 年 12 月 13 日）であり，最大瞬間風速は 26.0 m/s 南西（1942 年 1 月 30 日），23.0 m/s 南西（1975 年 2 月 25 日），23.0 m/s 南（1973 年 12 月 21 日），22.7 m/s 南（1976 年 12 月 18 日），22.6 m/s 南南西（1975 年 12 月 18 日），22.6 m/s 南南西（1975 年 2 月 26 日）である．最

終的に最強風速と風向範囲を集約すると最大風速は 18 m/s, 南から南西であり, 最大瞬間風速は 26 m/s, 南から南西, 季節は冬季である.

　乗鞍おろしは松本でも南西風としてよく観測されており, 松本から諏訪湖にも影響を及ぼすことを示している.

64. 御嶽おろし

　御嶽おろしの吹く地域の色別標高地図は 60 節の図 60-1（p.211）を参照. 御嶽（御嶽山, 木曽御嶽山）（剣ヶ峰, 3067 m）は日本百名山・日本百高山・花の百高山・日本の地質百選である（図 64-1, 図 64-2, 図 64-3, 図 64-4, 図 64-5）. 長野県と岐阜

図 64-1　田ノ原からの御嶽・御嶽山（3067 m）（1999 年 11 月 11 日）
　　　　［筆者撮影］

図 64-2　御嶽スキー場からの御嶽山（1999 年 11 月 11 日）［筆者撮影］

図 64-3　御嶽山（剣ヶ峰，3067 m）と一ノ池（2012 年 9 月 15 日）
　　　　［筆者撮影］

図 64-4　奥の院付近からの御嶽山（剣ヶ峰）（2014 年 9 月 27 日の
　　　　噴火場所付近）（2012 年 9 月 15 日）［筆者撮影］

県境にあるが，頂上は長野県内にある．台形状にどっしりとした山型の独立峰の複合火山であり，独立峰としては富士山に次ぐ標高である．頂上には御嶽神社奥社があり，江戸時代からの信仰の山である．高地の開田高原は蕎麦の産地，近年では高原野菜（ハクサイ，トウモロコシ，カブ等）の産地でもある．

　2014 年 9 月 27 日に突然発生した御嶽山の火山噴火（水蒸気爆発）は噴火警戒レベル 1 の段階での噴火であったことや，登山シーズン最中の日中に発生したなどの要因により死者・行方不明 63 名で，戦後最悪の火山災害となった．

図 64-5　北方の摩利支天付近から見た御嶽山（2012 年 9 月 15 日）
［筆者撮影］

　御嶽の約 40 km 東にあるアメダス伊那では 1 月に西北西の強風が歴代 10 位までの中に 4 例観測されている．風向からして御嶽おろしと推測される．伊那市は南北に流れる天竜川沿いにあり，細く開けた谷間に沿って吹く南風が非常に多い．12 月に 1 例，12.0 m/s 西（2000 年 12 月 12 日）があり，そして 1 月のみのデータによると 11.6 m/s 西北西（2014 年 1 月 31 日），11.5 m/s 西北西（2022 年 1 月 12 日），11.0 m/s 西北西（2006 年 1 月 27 日），11.0 m/s 西北西（2005 年 1 月 12 日）のように珍しく特徴的な強風が観測されており，さらに最大瞬間風速では 10 位全部が西寄りである．5 位まで順に 24.1 m/s 西北西（2022 年 1 月 12 日），23.5 m/s 西南西（2018 年 1 月 9 日），22.1 m/s 西北西（2011 年 2 月 25 日），21.2 m/s 西北西（2015 年 1 月 6 日），21.1 m/s 西北西（2014 年 1 月 13 日）であり，最終的に集約すると最大風速は 12 m/s，西北西であり，最大瞬間風速は 24 m/s，西南西から西北西である．この傾向は 12～2 月の冬期間に集中し，興味深い現象である．まさに御嶽おろしとして確認・評価できる風と言える．

　最大風速記録日 2014 年 1 月 31 日の気象は降水量 1.0 mm，最低気温・最高気温 −1.2℃，9.4℃，平均風速 4.2 m/s，最大風速・最大瞬間風速（風向）11.6 m/s 西北西，20.3 m/s 西北西，最多風向西北西，日照時間 8.2 h であり，同日 9 時の天気図（図 64-6）は北海道東方に 986 hPa の低気圧，朝鮮半島に 1026 hPa の高気圧があり，西高東低の気圧配置で強風が評価できる．

　最大瞬間風速記録日 2022 年 1 月 12 日の気象は上記の順に 0 mm，−5.2℃，1.8℃，3.7 m/s，11.5 m/s 西北西，24.1 m/s 西北西，最多風向西北西，6.7 h であり，同日 9 時の天気図は北海道東部に 972 hPa，西部に 984 hPa の低気圧，上海付近に 1028 hPa

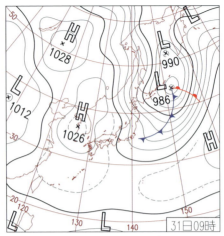

図 64-6　御嶽おろしが吹いた 2014 年 1 月 31 日 9 時の天気図［気象庁提供］

の高気圧の西高東低の気圧配置である．発達した低気圧が北日本に停滞し，強い冬型の気圧配置となり，北海道の襟裳岬で最大瞬間風速 41.3 m/s を記録している．よって伊那での強風が理解できる．

　御嶽おろしは冬季を中心に吹き，最大風速・最大瞬間風速は 12 m/s, 24 m/s で，風向は西南西から西北西であるが，地図上では 2019 年 12 月 27 日の関東地方の風速分布（42 節・赤城おろしの図 42-4 左下方，p.140）に御嶽おろしの強風域が見事に表示されている（真木，2022）[1]．

65. 益田風

　益田風，乗鞍おろし，御嶽おろしの吹く地域の色別標高地図を図 65-1 に示す．

　岐阜県下呂市には飛騨川の上流部沿いに上呂，中呂，下呂があり，下呂温泉と萩原温泉が有名である．中央部の中呂付近で強風が吹く，この風を益田風（益田おろし，寺前風）と呼んでいる（図 65-2, 図 65-3）．下呂市萩原町は御嶽山の西側に位置し，高山市の南方にある．飛騨地方の山間部にありながら風が強い町である．寒候期に毎日のように飛騨川に沿って北寄りの寒風が吹く．

　益田の由来は，その北方にある位山（1529 m）から真下に吹く風を地元の人々が「マシタ風」と呼んでおり，そこから「マシタ」という地名が生まれたとされ，のちに「益々，田が増えるように」と縁起を担ぎ，「益田」という字を当てたと言われている（服部，2000）[1]．

65. 益 田 風

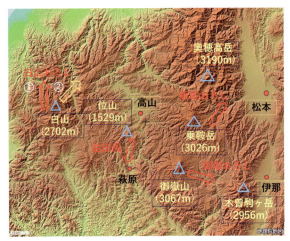

図 65-1 益田風，乗鞍おろし，御嶽おろしの吹く地域の色別標高地図 [国土地理院の地図をもとに筆者作成]

　山間部の萩原町での強風の吹く原因は南北 20 km，東西 2 km 程度の細長い谷地形に起因する．富山県境との分水嶺を越えた風が狭い谷の入口で収束・発散する地峡風で強まると考えられる．益田風は谷口の萩原町北端で最も弱く，町の中央で一気に強まり，さらに南の谷幅が狭くなるところで再度強くなって吹き抜けるため，萩原町の南端の中呂で最も強くなる．そこに禅昌寺というお寺があるため，寺前風とも呼ばれる（中田，1996；2024）[2),3)]．

　益田風には 2 タイプある．①冬型の気圧配置で広域に吹く強風で，シベリア高気圧が日本海に張り出すような日に，谷の走行と一致する北寄りの風が昼夜を問わず強く吹くタイプ．②西から高気圧に覆われ，広域に風が弱い日の，夜から朝にかけて萩原町だけで風が強まり，8 時頃に太陽が昇ると収まるタイプ，である．飛騨川の上流域で放射冷却により冷えた空気が重力によって沈み，谷筋に沿って流れると推測される（中田，1996；2024；小越，2022）[2),3),4)]．すなわち斜面下降風（冷気流）である．

　益田風に対処するために「益田造り」の民家がある．飛騨高山の背の高い合掌造りに対して背が低く，傾斜が緩い屋根が特徴である．夏季には南風が多くなり積乱雲が発達して大雨が降りやすい．2020 年 7 月には豪雨があり，飛騨川が氾濫したが犠牲者はなかった．風の町に根付く防災意識も一因であったと考えられる（小越，2022）[4)]．

　アメダス萩原の北寄りの最大風速は 13.4 m/s 北（2017 年 10 月 22 日），13.2 m/s 北北東（2019 年 10 月 12 日），12.7 m/s 北（2012 年 10 月 19 日），12.6 m/s 北北東（2018 年 3 月 5 日），12.6 m/s 北北東（2014 年 12 月 10 日）であり，最大瞬間風速は 24.5 m/s 北（2019 年 10 月 12 日），24.5 m/s 北北東（2017 年 10 月 23 日），21.6 m/s

232　第V章　中部地方中南部

図 65-2　飛騨の寒風・益田風の吹く下呂市萩原町中呂
　　　　［中田裕一氏提供］

図 65-3　背の低い造りの萩原町上村の益田造りの家
　　　　［中田裕一氏提供］

北北東（2018年3月1日），20.9 m/s 北（2013年10月16日），20.4 m/s 北（2014年10月14日）である．最強風速と風向範囲を集約すると，最大風速は 13 m/s，北から北北東であり，最大瞬間風速は 25 m/s，北から北北東，季節は秋季から春季である．

最大風速記録日 2017年10月22日の気象は降水量 70.5 mm，最低気温・最高気温 14.6℃，17.0℃，平均風速 6.3 m/s，最大風速・最大瞬間風速（風向）13.4 m/s 北，19.6 m/s 北，最多風向北北東，日照時間 0 h であり，同日 9 時の天気図（72節・比良おろしの図 72-6，p.259）では 915 hPa の台風 21 号が四国のはるか南方にあり，本土上陸を伺い，北上とともに秋雨前線が活発化している．

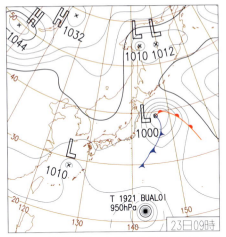

図 65-4　益田風が吹いた 2019 年 10 月 23 日 9 時の天気図［気象庁提供］

　最大瞬間風速記録日 2019 年 10 月 12 日の気象は上記の順に 14.0 mm, 18.8℃, 21.9℃, 8.5 m/s, 13.2 m/s 北北東, 24.5 m/s 北, 最多風向北北東, 0 h であり, 同日 9 時の天気図（24 節・磐梯おろしの図 24-3, p.76）では 950 hPa の台風 19 号が伊豆半島に上陸直前である. 箱根の日降水量 922.5 mm は全国の歴代 1 位を更新し, 東京・羽田の日最大風速 34.8 m/s も更新した.
　萩原の最大瞬間風速 2 位の 2019 年 10 月 23 日の気象は上記の順に 0 mm, 13.3℃, 23.4℃, 2.5 m/s, 6.2 m/s 北, 12.2 m/s 北, 最多風向北, 7 h であり, 同日 9 時の天気図（図 65-4）は三陸沖に 1000 hPa の低気圧があり, その影響は三陸地方であるが東日本から北日本は高気圧に覆われておおむね晴れ, 東シナ海で発生した低気圧が九州に接近中である.

66. 遠州おろし

　遠州おろし, 三河空っ風の吹く地域の色別標高地図を図 66-1 に示す.
　遠州は遠江とも呼ばれ, 静岡県西部の大井川以西を指し, 太平洋（遠州灘）に面している. その遠州を冠したおろし風, 空っ風（遠州空っ風, 遠州の空っ風）が対象である. 寒候期または冬春季に吹く.
　河川には天竜川と大井川がある. 天竜川は八ヶ岳（2899 m）を源流とし, 一度諏訪盆地の水は諏訪湖に集まり合流して, 西に中央アルプス（木曽山脈）, 東に南アルプス（赤石山脈）に挟まれた伊那谷の中央を流れ遠州灘に注ぐ. 大井川は間ノ岳（3190

234　第Ⅴ章　中部地方中南部

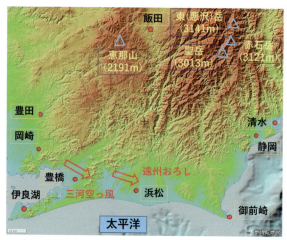

図66-1　遠州おろし，三河空っ風の吹く地域の色別標高地図
　　　　［国土地理院の地図をもとに筆者作成］

m）に発し，静岡県の中央部を南北に貫流して駿河湾に注ぐ．

　浜名湖は静岡県西部の浜松市と湖西市に跨がる湖で遠州灘と繋がり，太平洋の海水が流入する汽水湖であり，観光名所としてウナギの養殖が有名である．中田島砂丘（図66-2，図66-3）は浜松市の遠州灘海浜公園の南にあり遠州灘に接しており，東西4km，南北6kmの広さで，鳥取砂丘や九十九里浜に並ぶ日本三大砂丘である．中田島砂丘の横では浜松祭として凧揚げ合戦が賑やかに行われる．遠州灘沿いの防風林で保護された農地ではタマネギ，ラッキョウ，サツマイモなどの砂地栽培が盛んである．遠州灘では飛砂で砂が移動するため，防砂垣が設定されている．

　アメダス浜松の北西寄りの最大風速は25.1m/s西北西（1927年3月10日），19.8m/s西北西（1931年1月10日），19.0m/s西（1951年12月27日），18.7m/s西北西（1949年10月30日），18.7m/s西北西（1935年3月25日）であり，最大瞬間風速は33.2m/s西北西（1998年2月8日），32.6m/s西南西（1952年4月18日），31.7m/s西北西（1998年3月15日），28.6m/s北西（1999年3月22日），28.3m/s西北西（2007年1月7日）である．最強風速と風向範囲を集約すると最大風速は25m/s，西から西北西，最大瞬間風速は33m/s，西南西から北西で，冬・春季（12～4月）に吹く．

　最大風速記録日1927年3月10日の気象は降水量0mm，最低気温・最高気温3.3℃，12.2℃であり，最大瞬間風速記録日1998年2月8日の気象は降水量0.0mm，最低気温・最高気温2.2℃，10.6℃，最小湿度28％，平均風速6.7m/s，最大風速・最大瞬間風速（風向）16.0m/s西北西，33.2m/s西北西，日照時間8.1hである．

図66-2　浜松市の中田島砂丘（1996年12月14日）［筆者撮影］

図66-3　中田島砂丘での防風・防砂対策の防風林, 防風網, トンネル掛け, ワラ立て
（1996年12月14日）［筆者撮影］

　なお，最大瞬間風速歴代5位の2007年1月7日の気象は上記の順に1.0 mm, 3.0℃, 7.2℃, 最小湿度50%, 8.4 m/s, 12.2 m/s西, 28.3 m/s西北西, 4.1 hであり, 同日9時の天気図（69節・鈴鹿おろしの図69-5, p.248）は北海道釧路沖に急速に発達中の964 hPaの強い低気圧があり, 西高東低の顕著な気圧配置である. 全国的に風が非常に強く, 東京都八丈町で最大瞬間風速48.5 m/s, 浜松では低気圧の吹き返しで西から西北西の強風であった.

　直近の2024年1月25日の気象は降水量0 mm, 最低気温・最高気温 −0.7℃, 6.7℃, 最小湿度37%, 平均風速6.0 m/s, 最大風速・最大瞬間風速（風向）10.2 m/s西北西, 18.9 m/s西, 日照時間8.6 hであり, 同日9時の天気図（図66-4）はオホーツク海に972 hPaの低気圧, 上海奥地に1036 hPaの高気圧で典型的な西高東低で強

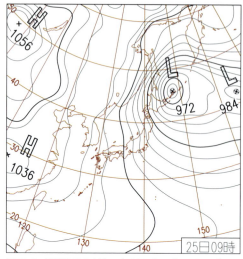

図 66-4 遠州おろしが吹いた 2024 年 1 月 25 日 9 時の天気図［気象庁提供］

風が吹いた．

67. 三河空っ風（三河の空っ風）

　三河空っ風の吹く地域の色別標高地図は 66 節の図 66-1（p.234）を参照．遠州に接する三河とは愛知県東部を指し，その三河を冠したおろし風，空っ風が対象の三河空っ風であり，寒候期または冬春季に吹く．岡崎市（図 67-1，図 67-2），豊田市，豊橋市，豊川市等の有名な都市があり，河川では木曽三川（木曽川，揖斐川，長良川），矢作川，豊川がある．木曽川の源流は鉢盛おろしの吹く長野県鉢盛山（2447 m），揖斐川の源流は岐阜県冠山（1257 m），長良川の源流は岐阜県大日ヶ岳（1709 m）であり，遙々と南流して伊勢湾に注ぐ．三河南部の気候は四季を通じて温和であるが，北部の山間部ではやや内陸性気候を帯び冬季は冷え込む．その冬季は北西風，夏季は南東風が卓越する．

　愛知県では自動車を中心とした工業から商業，農業，水産業も幅広く盛んである．農業ではフキ，シソ，イチジク，畜産では鶏の名古屋コーチン，ウズラ卵，水産ではアサリ，ガザミの漁獲量が 2021 年は全国 1 位であった．観光では徳川家康が居城した岡崎城や日本三大稲荷の豊川稲荷が有名である．

　アメダス豊橋の冬春季の北西寄りの最大風速は 19.1 m/s 北北西（2013 年 10 月 16 日），17.7 m/s 西（2012 年 4 月 3 日），16.2 m/s 西（2019 年 10 月 12 日），16.0 m/s

図 67-1　岡崎城天守からの岡崎市内の眺め（2023 年 6 月 14 日）
　　　　［筆者撮影］

図 67-2　岡崎城と城を守る本多平八郎忠勝像（2023 年 6 月 14 日）
　　　　［筆者撮影］

西（2007 年 1 月 7 日），15.8 m/s 西（2021 年 12 月 17 日）であり，最大瞬間風速は 30.0 m/s 北北西（2013 年 10 月 16 日），25.3 m/s 北北西（2019 年 10 月 12 日），25.2 m/s 西北西（2021 年 12 月 17 日），24.3 m/s 西南西（2012 年 3 月 31 日），23.4 m/s 西北西（2009 年 2 月 16 日）である．最強風速と風向範囲を集約すると最大風速では 19 m/s，西から北北西であり，最大瞬間風速では 30 m/s，西南西から北北西，季節は秋季から春季（10～4 月）である．

最大風速・最大瞬間風速記録日 2013 年 10 月 16 日の気象は降水量 47.5 mm，最低気温・最高気温 15.0℃，24.0℃，平均風速 9.6 m/s，最大風速・最大瞬間風速（風向）19.1 m/s 北北西，30.0 m/s 北北西，最多風向北西，日照時間 10.1 h であり，同日 9 時の天気図（59 節・富士川おろしの図 59-8，p.210）は 960 hPa の台風 26 号が茨

238　第Ⅴ章　中部地方中南部

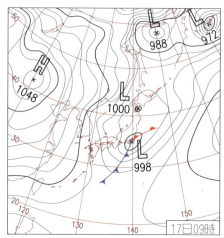

図67-3　三河空っ風が吹いた2021年12月17日9時の天気図［気象庁提供］

城県沖にあり，台風と停滞前線により，東京都大島元町で122.5 mm/h, 降水量824 mm/日の観測史上1位を更新，千葉県銚子で最大瞬間風速46.1 m/sを観測した．

　豊橋の最大風速5位・最大瞬間風速3位の2021年12月17日の気象は上記の順に16.5 mm, 3.5℃, 13.8℃, 48％, 6.8 m/s, 15.8 m/s西, 25.2 m/s西北西，最多風向西北西，3.3 hであり，同日9時の天気図（図67-3）は東京都と青森県付近に998 hPaと1000 hPaの低気圧，大陸に1048 hPaの高気圧で冬型の気圧配置が強まる．

68. 伊吹おろし

　伊吹おろし，鈴鹿おろし，比良おろしの吹く地域の色別標高地図を図68-1に示す．
　伊吹山地は岐阜県と滋賀県境に跨がる山地で1000〜1400 m程の山並が約30 km続く．北は白山（2702 m）のある両白山地に連なり，南は関ヶ原で一旦低くなったあと，鈴鹿山脈へと続いている．また養老山地が南東に延びている．伊吹山地には土蔵岳-横山岳-金糞岳-貝見山-池田山-国見岳-伊吹山があり，南端が最高峰の伊吹山（1377 m）で滋賀県に属する．伊吹山関連の写真を図68-2，図68-3，図68-4，図68-5に示す．関ヶ原の狭窄部は，冬の季節風で濃尾平野に降雪をもたらす原因となっている．アメダス伊吹では2001年3月まで積雪観測を行っており，積雪は1927年2月14日に11.82 mの記録があり，世界一とされる．日本の2位は青森県酸ヶ湯の5.66 m（2013年2月26日）で2倍以上の差である．
　気候的には日本海型気候と太平洋型気候の境界付近にあり，冬季は日本海からの寒

68. 伊 吹 お ろ し   239

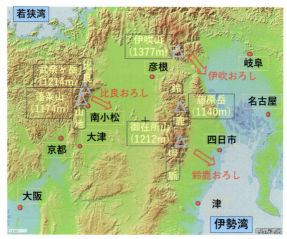

図 68-1　伊吹おろし，鈴鹿おろし，比良おろしの吹く地域の色別標高地図［国土地理院の地図をもとに筆者作成］

冷な季節風が強く山頂部では積雪が多い．伊吹山の石灰岩は塊状の亀裂が多く，透水性が高く表土は少なく乾燥しやすいため，樹木の生育が抑制され山地草原となっている．このような特異な環境のため，伊吹山の固有種（イブキジャコウソウ，イブキレイジンソウ，ルリトラノオ，コイブキアザミ等）が多い．また寒冷時代の生き残りの北方系（イワシモツケ）や多雪（イブキトリカブト），石灰岩（イブキシモツケ）を好む植物など 600 種に及ぶ（文化庁，2024）[1]．

図 68-2　伊吹山中腹からの関ヶ原（2015 年 11 月 10 日）［筆者撮影］

図 68-3　伊吹山（1377 m）山頂の日本武尊像（2015 年 11 月 10 日）
［筆者撮影］

図 68-4　伊吹山（1377 m）山頂付近からの紅葉した木々の眺望
（2015 年 11 月 10 日）［筆者撮影］

　伊吹山は海底火山の隆起によって誕生したと推測されており，石灰岩地が多く，石灰石柱・露岩のカルスト地形となっている．周辺には高山がないため，琵琶湖，濃尾平野や新幹線など，広範囲から丸みを帯びたどっしりした伊吹山が望まれる．冬季に全山真っ白の山体（図 68-5）を見て驚いた．伊吹山には関ヶ原町から全長 17 km のドライブウェイが山頂まで通じており，山頂からは眼下に琵琶湖，比良岳，比叡山の山々や日本アルプス，伊勢湾まで一望の大パノラマが広がる．史跡名勝天然記念物として伊吹山頂草原植物群落が指定されている（文化庁，2024）[1]．

68. 伊吹おろし　241

図 68-5　濃尾平野から見るシンボル的山の冬の伊吹山（2012 年 2 月 11 日）［多森成子氏提供］

　伊吹山は日本百名山，新・花の百名山であり，薬草の宝庫でもある．伊吹山には 2015 年 11 月 10 日に登り，希少植物を鑑賞した．

　冬季，西高東低の気圧配置である 2024 年 1 月 16 日 9 時の天気図（図 68-6），気象衛星ひまわりの可視衛星画像（図 68-7）を示す．日本海からの雪雲は，若狭湾と琵琶湖を隔てる野坂山地や琵琶湖北部周辺に降雪を起こし，残った雪雲は伊吹山地を越えるときに雪として降らせ，低温の乾燥した風となって濃尾平野に吹き降ろす．この冷

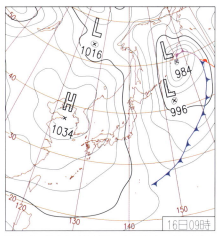

図 68-6　伊吹おろしが吹いた 2024 年 1 月 16 日 9 時の天気図［気象庁提供］

242 第Ⅴ章　中部地方中南部

図 68-7　伊吹おろしが吹いた 2024 年 1 月 16 日 15 時の気象衛星ひまわりの可視衛星画像［気象庁提供］

たい冬の季節風を「伊吹おろし」と呼んでいる．濃尾平野では伊吹山の風下の風である．したがって冬の濃尾平野は図 68-6, 図 68-7 のように晴天で日射があっても，体感温度は低く感じられる．一般的には伊吹おろしは冬の寒冷なボラ風を指す．等圧線が南北に立って並び，風向が北寄りになると風下の気温の低下が大きくなり，ボラ的特徴が強化される．

　ここで，関ヶ原の狭窄部からの吹き込み事例として，アメダス名古屋の 2014 年 12 月 17 日の気象は降水量 2.5 mm，最低気温・最高気温 −1.8℃，5.5℃，最小湿度 29%，平均風速 5.9 m/s，最大風速・最大瞬間風速（風向）9.9 m/s 西，17.5 m/s 西北西，降水量 7.0 h，積雪 7 cm であり，12 月 18 日の気象は 7 mm，−1.9℃，3.2℃，最小湿度 67%，3.4 m/s，7.5 m/s 西北西，12.2 m/s 西北西，4.5 h，最深積雪 23 cm の大雪であった．

　その 2014 年 12 月 17 日 9 時の天気図（図 68-8）を示す．根室付近に 948 hPa の低気圧と北海道西方に 976 hPa の低気圧とで，名古屋で大雪となった．これが関ヶ原の狭窄部からの吹き込みが原因である．翌 18 日 9 時には北海道南東方に 968 hPa の低気圧，中国の揚子江付近に 1036 hPa の高気圧で西高東低の気圧配置で全国的に風が強く，日本海側に加え東海や東北太平洋側も雪で名古屋は大雪だった．

　冬季 12〜2 月のアメダス名古屋の最大風速は 18.0 m/s 北西（1955 年 2 月 28 日），18.0 m/s 西北西（1949 年 12 月 14 日），17.9 m/s 北北西（1955 年 2 月 11 日），17.5 m/s 北西（1941 年 1 月 20 日），17.4 m/s 北西（1950 年 2 月 10 日）であり，最大瞬間風速は 27.8 m/s 北西（1941 年 1 月 20 日），26.3 m/s 北西（1966 年 2 月 22 日），25.4 m/s 北北西（1966 年 2 月 23 日），24.5 m/s 北西（1943 年 2 月 7 日），24.0 m/s 北西

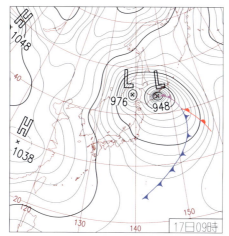

図 68-8　伊吹おろしが吹いた 2014 年 12 月 17 日 9 時の天気図［気象庁提供］

（1946 年 2 月 25 日）である．集約すると最大風速は 18 m/s，西北西から北北西，最大瞬間風速は 28 m/s，北西から北北西である．

　伊吹おろしは低温の指標になるが，最近の事例では発生が少なく高温化が感じられ，前橋や宇都宮の空っ風でもその傾向が見られる．

　なお，木曽川沿いの河川敷の砂丘形成や偏形樹形成との関連からも伊吹おろしの特徴が推測できる．伊吹おろしの有効利用の事例は愛知県刈谷市の切り干し大根であり，乾燥した風で短期間に干し上がるため，うま味と栄養が濃縮される．

第 VI 章　近 畿 地 方
滋賀県・三重県，京都府，奈良県，大阪府，和歌山県・兵庫県

　　近畿地方は日本海，瀬戸内海，太平洋に面し，北には中国山地・丹波高地，東には伊吹山脈と鈴鹿山脈，南には紀伊山地がある．これらの山地に囲まれて大阪平野や京都盆地，鈴鹿盆地，近江盆地，上野盆地，伊勢平野などが広がっている．近畿地方の気候は，日本海側では冬季を中心に北からの寒気の影響で降雨日数と降雪日数が増加し降水量が多くなる．太平洋側の紀伊山地付近では湿った南風で降雨が多くなり，日本有数の多雨地帯である．大阪平野は周囲の山地が季節風を和らげるため温暖で少雨である．

　　本章では近畿地方の局地風（鈴鹿おろし，平野風，風伝おろし，比良おろし，比叡おろし，三井寺おろし，北山おろし，生駒おろし，信貴おろし，葛城おろし，金剛おろし，由良川あらし，円山川あらし，六甲おろし）を解説する．

69. 鈴鹿おろし

　　鈴鹿おろしの吹く地域の色別標高地図は 68 節の図 68-1（p.239）を参照．三重県は中部地方，東海地方，近畿地方に区分される場合があるが，地理的要因からは近畿圏に入れる場合が多く，気象的にも好都合であるため本書では近畿圏とした．

　　鈴鹿山脈（図 69-1，図 69-2）は三重県と滋賀県境に南北約 50 km 続く山脈で，北は岐阜県に接し，南は東海道の国道 1 号線の鈴鹿峠までとされる．東の三重県側は急斜面で，その先は伊勢平野となっている．西の滋賀県側はやや緩やかに近江盆地まで山地が続いている．最高峰は御池岳（1247 m）で，雨乞岳（1238 m），藤原岳（1145 m），竜ヶ岳（1099 m），釈迦ヶ岳（1092 m），御在所岳（1212 m）等々，1200 m 級の山地が連なり，北部の御池岳付近は石灰岩で覆われカルスト地形である．中南部は花崗岩で形成されており，山容は鋭く，御在所岳は登山やロッククライミングの名所となっている（図 69-3）．付近一帯は鈴鹿国定公園に指定されている．

　　伊勢平野では秋季から春季に北西から西北西の強風が吹き，「鈴鹿おろし」と呼んでいる．まさしく鈴鹿山脈の方向から吹き降ろす風である．西高東低（冬型）や南岸低気圧通過後の気圧配置で吹き，冬季の空っ風（鈴鹿の空っ風）として知られている．

　　冬季，西高東低の気圧配置時には，鈴鹿山脈に直交するように日本海側から季節風

246　第Ⅵ章　近畿地方

図 69-1　四日市市から見た鈴鹿山脈（2020 年 2 月 1 日）
　　　　［多森成子氏提供］

図 69-2　鋭い山容を示す鈴鹿山脈中央部の御在所岳（2021 年 2 月
　　　　11 日）［多森成子氏提供］

が吹き付ける．そして日本海からの雪雲は若狭湾から滋賀県に流入し琵琶湖や近江盆地の上空を通って鈴鹿山脈に到達し，そこで雪や雨を降らせ，乾燥した低温の空っ風となって伊勢平野に吹き降ろす．鈴鹿山脈の東側では山頂部を覆うように風枕（図69-4）の雲が発生し，伊勢平野から見られることがある．四国のやまじ風でも発生する同様の雲である．

　一方，冬型の気圧配置でも，等圧線が南北に立ち並ぶ場合には風向が北寄りになるため，鈴鹿おろしは吹かない．このようなときには日本海からの雪雲は鈴鹿山脈と養老山地とのあいだに侵入し，伊勢平野に流入する．雪雲が直接平野に到達するため雪が降ることになる．風向の微妙な違いで変化し，四日市と津の風向が北西から北東のときには雪が降り，西から西北西のときは晴天となる（多森，2022）[1]．

69. 鈴鹿おろし　247

図 69-3　御在所ロープウェイからの御在所岳（1212 m）（1994 年 11 月 26 日）［筆者撮影］

図 69-4　鈴鹿山脈にできた風枕（2020 年 12 月 16 日）
　　　　［多森成子氏提供］

　アメダス津の冬季，北西寄りの最大風速は 20.8 m/s 西（1941 年 1 月 20 日），20.2 m/s 北北西（1999 年 2 月 27 日），20.1 m/s 北北西（1951 年 2 月 15 日），18.7 m/s 北西（2000 年 1 月 10 日），18.7 m/s 西北西（1952 年 1 月 25 日）であり，最大瞬間風速は 32.1 m/s 西（2007 年 1 月 7 日），31.1 m/s 西北西（2000 年 2 月 8 日），30.9 m/s 北北西（1999 年 2 月 27 日），30.7 m/s 西（2005 年 12 月 5 日），30.6 m/s 西（2005 年 12 月 22 日）である．最強風速と風向範囲を集約すると最大風速は 21 m/s，西から北北西であり，最大瞬間風速は 32 m/s，西から北北西，季節は冬季中心である．
　最大風速記録日 1941 年 1 月 20 日の気象は降水量 0.7 mm，最低気温・最高気温 −2.2℃，11.7℃である．最大瞬間風速記録日 2007 年 1 月 7 日の気象は降水量 0.5 mm，最低気温・最高気温 3.0℃，8.8℃，最小湿度 52％，平均風速 9.1 m/s，最大風

248　第Ⅵ章　近畿地方

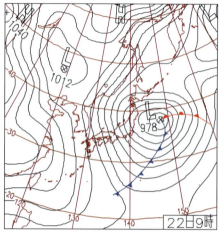

図69-5　鈴鹿おろしが吹いた2005年12月22日9時の天気図［気象庁提供］

速・最大瞬間風速（風向）17.3 m/s 西，32.1 m/s 西，日照時間 5.5 h であり，同日9時の天気図（11節・日高しも風の図11-4，p.36）は北海道釧路沖に964 hPa の低気圧があり，西高東低の気圧配置で，全国的に風が非常に強く，関東は晴れたが北海道から西日本まで雨や雪が降った．

　なお，最大瞬間風速4位（12月歴代1位）（2005年12月5日）の気象は上記の順に0 mm，2.0℃，7.9℃，最小湿度32%，9.2 m/s，17.3 m/s 西，30.7 m/s 西，9.4 h で同日9時の天気図（71節・風伝おろし，図71-4，p.254）に示す．日本海に986 hPa，三陸沖に980 hPa の低気圧，大陸に1060 hPa の高気圧の冬型気圧配置である．同5位（2005年12月22日）の気象は上記の順に1 mm，−1.7℃，3.8℃，44%，9.6 m/s，14.3 m/s 西，30.6 m/s 西，5.3 h であり，同日9時の天気図（図69-5）は三陸沖に978 hPa の低気圧の西高東低であり，鳥取県米子市上空5200 m 付近で−40℃以下，積雪が秋田市56 cm，鹿児島市11 cm で88年ぶりに12月最深積雪更新，八丈島町で最大瞬間風速北西38.2 m/s を観測した．

　産業として，四日市市大矢知町では鈴鹿おろしを利用して手延べ素麺を乾燥させており，「大矢知素麺」は有名である．鈴鹿山麓では茶の栽培が盛んで日本有数の産地である．

70. 平野風

　平野風，風伝おろしの吹く地域の色別標高地図を図70-1に示す．

70. 平野風

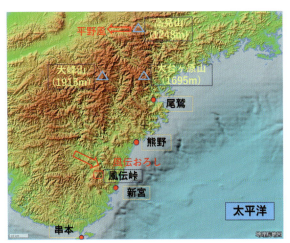

図70-1 奈良・三重県境付近の平野風，風伝おろしの吹く地域の色別標高地図［国土地理院の地図をもとに筆者作成］

奈良県と三重県の県境にある高見山地の最高峰は高見山（1248 m）である．その高見山近くの高見峠を吹き越える風と関連して，奈良県東吉野村の平野地区で吹く風は平野風と呼ばれている．吉野ら（1985）[1]によると「奈良県と三重県の県境に位置する高見山地の西側山麓に吹く局地風．東寄りの風で，他の局地風と同様，出現地域がきわめて限られており，土地の人びとはこの強風を貧乏風と称して風害の激しさを恐れている」とされている（図70-2，図70-3，図70-4）．

図70-2 平野川（国道166号線）沿いに見える高見山の遠望
［奈良県東吉野村役場地域振興課提供］

図70-3　霧氷の付いた12月初旬の高見山の近影
[奈良県東吉野村役場地域振興課提供]

図70-4　盛夏8月における高見山からの眺望
[奈良県東吉野村役場地域振興課提供]

東吉野村史（1992）[2)]には，台風や低気圧が本州南岸を通過，もしくは台風が九州付近を北上し，本州の南岸に前線が停滞し，三陸沖に高気圧が広がっているときに平野風は吹く．高見山付近から東寄り風として平野川（紀の川上流）に沿って吹き降りるが，平野地区北側の斜面地形によって北西から南西に直角に向きを変えて川筋に沿って平野地区に吹き寄せる．吹く範囲は局地的で狭く，いわゆる局地風である．平野風の発生頻度は年数回で高くないが吹き始めると2日間続くこともあり，地元の老人は

貧乏風と言う．建物北側にスギ等の防風林対策をした家屋や屋根を低くした中2階建ての家屋が多い（南，2022）[3]．

　平野風を直接評価できるデータはないため，風上側の風特性が評価可能なアメダス上野のデータを利用する．東寄りの最大風速は24.2 m/s 東（1959年9月26日），22.2 m/s 南東（1950年9月3日），20.2 m/s 東（1997年7月26日），19.2 m/s 北東（2018年7月29日），19.0 m/s 東（1956年10月30日）であり，最大瞬間風速は39.4 m/s 東北東（1990年9月19日），38.1 m/s 東北東（1997年7月26日），37.2 m/s 東（1994年9月29日），34.6 m/s 東（1959年9月26日），33.6 m/s 東北東（2018年7月29日）である．

　最強風速と風向範囲を仮に集約すると最大風速は24 m/s，北東から南東，最大瞬間風速は39 m/s，東北東から東，季節は夏季と秋季である．さて，高見山の風下域は山中のため，上野の値より15％小さいとして，最終的に最大風速は20 m/s，北東から南東，最大瞬間風速は33 m/s，東北東から東，季節は夏季と秋季と推定された．

　最大風速記録日1959年9月26日（近畿上陸台風15号）の気象は195.5 mm，20.8℃，25.9℃であり，最大瞬間風速記録日1990年9月19日（年間6個上陸，台風19号）の気象は降水量116.5 mm，最低気温・最高気温22.2℃，27.9℃，最小湿度70％，平均風速6.8 m/s，最大風速・最大瞬間風速（風向）18.3 m/s 東北東，39.4 m/s 東北東，日照時間0.5 h である．

　また，最大風速・最大瞬間風速4位，5位（歴代8位，7位）の2018年7月29日の気象は68.5 mm，23.7℃，29.5℃，最小湿度65％，6.6 m/s，19.2 m/s 北東，

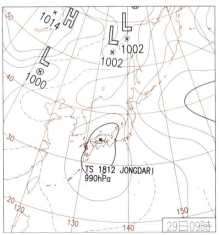

図70-5　平野風が吹いた2018年7月29日9時の天気図［気象庁提供］

33.6 m/s 東北東, 4.8 h であり, 同日9時の天気図（図70-5）は1時頃に三重県伊勢市付近に上陸後西進する異常コースを取り, 990 hPa の台風12号が広島付近にあり, 東海以西で大雨, 奈良県アメダス曽爾で 93.5 mm/h, 台風東側の南風で北陸中心にフェーンが吹いた. 台風によって平野風の特徴をあらわす気象となった.

71. 風伝おろし（尾呂志）

　風伝おろしの吹く地域の色別標高地図は70節の図70-1（p.249）を参照. 三重県南部域は熊野灘の暖流・黒潮の影響を受けて多雨で年中温暖な気候である. アメダス尾鷲の年降水量は 3969.6 mm で気象庁の観測地点の中ではアメダス屋久島, えびの高原, 魚梁瀬に次ぐ4位である. 風伝おろしは「尾呂志」とも呼ばれ三重県南牟婁郡御浜町尾呂志地区に発生する局地風である. 特に霧を伴うため朝霧として認識されており, 多く観光客に人気がある.

　風伝おろしの発生には地形と気象要因が関与する. 尾呂志地区は周辺を山に囲まれた集落であるが, 西側に僅かな切れ目の風伝峠（257 m, 図71-1）があり, 北東の鵯山（813 m）, 北の白倉山（736 m）と南の大瀬山（627 m）の狭い鞍部である. 夏には熊野灘から温暖で湿った海風を内陸に運び, 冬は大台山系の寒冷な風を御浜町内に送り込み, 年中, 風の通路となっているため, 風伝の名が付いた峠である. 一方, 山を隔てた西側には熊野市紀和町の入鹿盆地がある.

　気象的な要因には降雨と放射冷却があり, ときに夜間に入鹿盆地に霧が発生する. 特に雨上がりなどで空気中の湿度が高い場合である. 夜間に少しの気温低下でも霧が発生する. また晴天下でも放射冷却によって山の斜面が冷やされて冷気流が発生し, 斜面を滑降して盆地内に溜まる. さらに盆地内の空気は冷やされ, 空気中の水蒸気が水滴となり霧が発生する. 放射冷却で出た夜霧は放射霧と呼ばれる.

図71-1　風伝おろしが奥から手前に吹く風伝峠（2021年12月29日）[多森成子氏提供]

71. 風伝おろし（尾呂志） 253

図71-2　典型的な風伝おろし（2020年10月）［多森成子氏提供］

図71-3　御浜町尾呂志地区からの風伝おろし（2020年10月13日6時頃）［多森成子氏提供］

　以上の気象条件で入鹿盆地には霧が充満することになり風伝峠の高さを超えると霧が溢れ出して尾呂志地区に流れて行く．この霧の流出現象が風伝おろし（図71-2，図71-3）である．霧は明け方より溢れ出し，山の斜面を下る．日の出後1～2時間で気温の上昇や海風の流入で次第に消える．条件が整えば年中見られるが，寒候期と春季によく発生する．特に昼夜の気温差が大きい晴天下の晩秋には規模が大きくなり，秋の深まりを感じさせる風物詩である（多森，2022）[1]．なお，朝倉書店から刊行されている『図説 日本の風』の中で風伝おろしの動画が紹介されている．

　アメダス熊野新鹿（あたしか）では冬季（12～2月）の最大風速は10.0 m/s 西北西（2005年12月5日），9.0 m/s 西北西（2006年1月15日），9.0 m/s 西北西（2003年12月16日），8.6 m/s 北西（2008年12月25日），8.0 m/s 西北西（2007年2月18日），最大

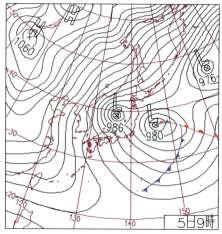

図71-4 風伝おろしが吹いた2005年12月5日9時の天気図［気象庁提供］

瞬間風速では18.5 m/s北北西（2010年12月3日），18.1 m/s西南西（2009年1月31日），17.2 m/s北北西（2016年1月20日），17.0 m/s北北西（2023年12月4日），17.0 m/s北北西（2023年1月24日）である．集約すると最大風速は10 m/s，西北西から北西であり，最大瞬間風速は19 m/s，西南西から北北西（西から北北西），季節は冬季である．

最大風速記録日2005年12月5日の気象は降水量0 mm，最低気温・最高気温1.7℃，8.0℃，平均風速5.7 m/s，最大風速・最大瞬間風速（風向）10.0 m/s西北西，最多風向西北西，日照時間7.7 hであり，同日9時の天気図（図71-4）は日本海に986 hPaと三陸沖に980 hPaの低気圧があり，西日本は強い冬型の気圧配置で，西日本，北陸などで風雪が強い．西日本各地で初雪や初氷，近畿地方で「木枯らし1号」が吹いた．

最大瞬間風速記録日2010年12月3日の気象は上記の順に31.5 mm，10.1℃，21.5℃，2.8 m/s，7.8 m/s北西，18.5 m/s北北西，最多風向北西，6.4 hである．同日9時の天気図は日本海の東西に996 hPaと1000 hPaの発達した低気圧の影響で東から北日本は大荒れ，太平洋側は大雨，強風や竜巻などの突風被害が多数発生した．

風伝峠の北西にあるツエノ峰（645 m）付近にはパラグライダーの離陸場があり，雲海の撮影場でもある．尾呂志地区にある観光施設「尾呂志さぎりの里」には風伝峠に向けたライブカメラがあり，インターネットで見られる．

さて，朝霧「風伝おろし」で有名な御浜町尾呂志地区のライブカメラでデータを収集した．2024年11月12日の発生に引き続き，11月14日の風伝おろしの画像（図

71-5）を示す．画面の中央部より左側に白い霧が鮮明に見える．また 2024 年 11 月 14 日 7 時 30 分のひまわりの可視衛星画像（図 71-6）を示す．三重県付近では薄い雲が見られる．そして 2024 年 11 月 14 日 6 時の天気図（図 71-7）を示す．日本全体が大きい移動性高気圧に覆われている．

なお，尾呂志地区では昼夜の温度差の大きい中山間地で，稲作が盛んであり，風伝峠からの昼間の風は夜露・霧を落とすため，高品質の米ができ酒米にもなっている．

図 71-5　御浜町尾呂志地区のライブカメラによる 2024 年 11 月 14 日 7 時 35 分の風伝おろし［東紀州 IT コミュニティ］[2)]

図 71-6　2024 年 11 月 14 日 7 時 30 分の可視衛星画像［気象庁提供］

256　第Ⅵ章　近畿地方

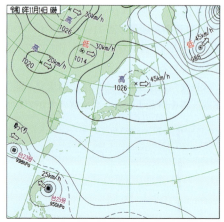

図 71-7　風伝おろしが吹いた 2024 年 11 月 14 日 6 時の天気図［気象庁提供］

72. 比良おろし（比良八荒）

　比良おろしの吹く地域の色別標高地図は 68 節の図 68-1（p.235）を参照．比良山地は滋賀県の琵琶湖西岸に連なる山地で，南北約 20 km，東西約 15 km で，北北東 – 南南西方向に走る 2 本の稜線からなる．最高峰の武奈ヶ岳（1214 m），蓬莱山（1174 m），釈迦岳（1063 m），比良岳（1051 m）等のピークが続き，南は比叡山へ繋がる（図 72-1，図 72-2）．琵琶湖西岸を区切る西岸断層が比良山地から比叡山に続く．琵琶湖西岸はこれによる断層崖が急激に湖に落ち込むため平地が少ない．
　比良地域は日本海側気候の影響を強く受け，冬季には多量の積雪がある．若狭湾や

図 72-1　琵琶湖の西方にある比良山地の蓬莱山（2023 年 12 月 8 日）［筆者撮影］

図72-2 比良山地に面する琵琶湖の今津港の観光船乗り場（2023年12月8日）［筆者撮影］

　丹波高地から吹く風は比良山地を越えて琵琶湖岸に向けて吹き降ろす．その強風を比良おろし，特に春先に吹く風は「比良八荒」と呼ばれ，時に交通や農業・漁業に被害を及ぼすことがある．強い比良おろしが吹くときには，比良山地の尾根の上に風枕の雲が見られる．

　冬季には日本海から押し寄せる雪雲のため降雪が多く，都市近郊のスキーリゾート地にもなっている．比良山地は彦根地方気象台から観測される初冠雪観測の対象山で，平年の初冠雪は11月19日である．

　比良おろしはアメダス南小松（武奈ヶ岳の東南東約6km）で観測される風向が西南西から北で平均風速8m/s以上として解析（南，2022）[1]され，日最大風速による10年平均（2011〜2020年）月別日数を図72-3に示した．寒候期を中心に1〜4月と9〜12月が多く，5〜8月が少ない．次に日最大風速8m/s以上の日の年間の風向頻度（ウインドローズ）を図72-4に示す．西から北西の風と東風，南風が多く，卓越風向は北西である．この西から北西風が比良おろしである．最も多い12月の日最大風速の風向頻度（図72-5）によると西から北西が60％程度と多く，主風向は西北西である．

　南小松の北寄りの最大風速は19.6m/s北西（2017年10月22日），18.8m/s北西（2017年10月23日），16.0m/s北西（2022年4月29日），15.9m/s北西（2022年9月20日），15.7m/s西北西（2018年9月30日）であり，最大瞬間風速は44.2m/s北北東（2017年10月23日），38.7m/s西北西（2017年10月22日），32.1m/s西北西（2013年9月16日），31.5m/s北（2019年10月12日），31.0m/s西北西（2022年4月29日）である．集約すると最大風速は20m/s，西北西から北西であり，最大

第VI章 近畿地方

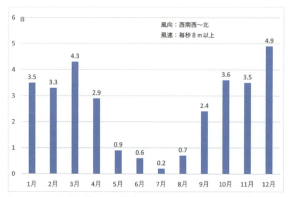

図72-3 日最大風速による比良おろしの月別日数（南小松）
[南, 2022][1]

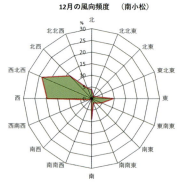

図72-4 年間の日最大風速の風向頻度（南小松）[南, 2022][1]

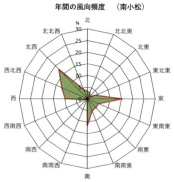

図72-5 12月の日最大風速の風向頻度（南小松）[南, 2022][1]

72. 比良おろし（比良八荒）　　259

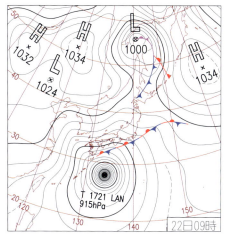

図72-6　比良おろしが吹いた2017年10月22日9時の天気図（南小松）［気象庁提供］

瞬間風速は44 m/s，西北西から北北東，季節は春季と秋季である．なお，最大風速3位（歴代4位）と最大瞬間風速5位（歴代6位）の2022年4月29日以外は台風による強風である．

　最大風速記録日2017年10月22日の気象は降水量107.5 mm，最低気温・最高気温16.7℃，19.6℃，平均風速7.2 m/s，最大風速・最大瞬間風速（風向）19.6 m/s 北西，38.7 m/s 西北西，最多風向北北西，日照時間0 hであり，同日9時の天気図（図72-6）では四国の南方に915 hPaの台風21号が本土上陸を伺う状況であり，台風の北上とともに秋雨前線活発化，西日本から東日本で歴代1位などの大雨，岡山県奈義の最大瞬間風速46.7 m/sは歴代1位を記録し，23日3時頃に大型で強い勢力のまま静岡県掛川市に上陸した．

　最大瞬間風速記録日2017年10月23日（最大風速観測翌日）の気象は上記の順に42.0 mm，13.1℃，17.0℃，5.9 m/s，18.8 m/s 北西，44.2 m/s 北北東，北東，3.1 hであり，同日9時の天気図では台風21号は超大型で強い勢力で上陸後，福島県沖で970 hPaの温帯低気圧になり，東京都三宅坪田で史上1位の最大風速35.5 m/sなど西日本から東日本で記録的な雨や風となった．JR湖西線の高架線で電柱倒壊の被害が出た．

　上述の台風以外の比良おろしとして，低気圧が東進する2022年4月29日の例があり，九州にある1002 hPaの低気圧が通過して16 m/sの強風が吹いた．比良八荒の風は，3月に比良八講の行事があり，それが終わる4月頃は「比良八講荒れじまい」と言われ，強風も収まり本格的な春が訪れるとされる．

260　第Ⅵ章　近畿地方

73. 比叡おろし

　比叡おろし，三井寺おろし，北山おろし，生駒おろし，信貴おろし，葛城おろし，金剛おろし，六甲おろしの吹く地域の色別標高地図を図73-1に示す．

　京都市街地の北東部にある比叡山（図73-2，図73-3）は，滋賀県大津市と京都府京都市に跨がり，大比叡（848 m）と四明岳（838 m）の双耳峰を総称した比叡山である．高野山と並び信仰対象の山で，大比叡の中腹に天台宗の総本山延暦寺がある．比叡山延暦寺の名で通り，世界遺産「古都京都の文化財」である．

　京都の観光名所は清水寺，元離宮二条城，東寺，京都タワー，金閣寺，銀閣寺，下鴨神社，三十三間堂，伏見稲荷大社，八坂神社，祇園，京都御所，嵐山，嵯峨野，宇治平等院等々がある．

　比叡おろしは「叡山おろし」，「ひえおろし」とも呼ばれる．比叡おろしは一般的には単に比叡山から吹き降ろす風である．この節の比叡おろしは対象地域が京都である．したがって比叡山による広域の季節風（京都，琵琶湖，大津など）の評価には不適当であり，広域の強風に対する比叡おろしはアメダス大津で示す三井寺おろしが適する．

　比叡おろしは，京都府滋賀県境の比叡山周辺域や京都市街地域に寒候期の西高東低時に広範囲に吹く風（巻末付録①73. 比叡おろし①）と移動性高気圧下の京都市街地域に吹く風（巻末付録①73. 比叡おろし②）の2種類がある．①比叡山周辺（京都市外も含む広範囲）で寒候期の西高東低時に吹く北西寄りの最大風速18 m/s程度の低

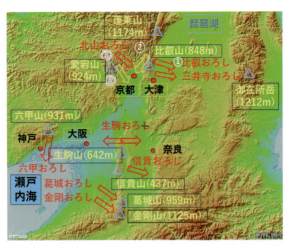

　図73-1　比叡おろし，三井寺おろし，北山おろし，生駒おろし，信貴おろし，葛城おろし，金剛おろし，六甲おろしの吹く地域の色別標高地図　[国土地理院の地図をもとに筆者作成]

図73-2　琵琶湖から見た比叡山 ［比叡山延暦寺提供］

図73-3　比叡山から見た琵琶湖 ［比叡山延暦寺提供］

温の乾燥した風（季節風），②冬季の晴天弱風時に京都盆地に溜まった冷気湖の中で，比叡山方面の北から東斜面上層部より京都市内に吹き降りる北から東の平均風速3～5m/s 程度（最大風速4 m/s，最大瞬間風速7 m/s）の低温の乾燥した風（斜面下降風，冷気流または山風）である（風速は75節・北山おろし，p.265を参照）．①は比良おろし，②は後述の北山おろしと同じ気象特性を有する．

　アメダス京都の寒候期，西から北寄りの最大風速は18.1 m/s 西（1914年1月7日），16.9 m/s 北北西（1957年10月17日），16.5 m/s 北西（1955年10月20日，台風26号上陸），16.2 m/s 西（1914年1月4日），16.1 m/s 西北西（1921年2月17日）であり，最大瞬間風速は32.1 m/s 西南西（1998年2月8日），31.0 m/s 北西（2004年10月20日，台風23号上陸），30.9 m/s 北西（2017年10月23日），29.0 m/s 北西（1979年10月19日，台風20号上陸），28.4 m/s 北西（1979年10月1日，台風16号上陸）である．最強風速と風向範囲を集約すると①最大風速は18 m/s，風向は西から北北西であり，最大瞬間風速は32 m/s，風向は西南西から北西，季節は秋

季と冬季である.最大瞬間風速では10月中心の多くは台風絡みの強風で,冬季は一例しかない.京都における冬季の強風は後述の北山おろしの節で解説する.

最大風速記録日1914年1月7日の気象は降水量0.1 mm,最低気温・最高気温 −1.3℃,10.0℃であり,最大瞬間風速記録日1998年2月8日の気象は降水量0.0 mm,最低気温・最高気温1.3℃,9.4℃,最小湿度28%,平均風速2.9 m/s,最大風速・最大瞬間風速(風向)9.4 m/s 西,32.1 m/s 西南西,日照時間3.4 h である.

近年の寒候期の北西寄りの最大瞬間風速2位(歴代6位)記録日2004年10月20日の気象は上記の順に94 mm,16.8℃,23.0℃,最小湿度61%,2.9 m/s,10.9 m/s 北北西,31.0 m/s 北西,0 h であり,同日9時の天気図は84節の広戸風(図84-6,p.295)を参照.950 hPa の台風23号が高知県に上陸直前であるが,それが当年10個目として高知県に上陸し,関東から九州の広い範囲で200 mm/日を超す大雨で徳島県上勝町では470 mm/日で,各地で物的・人的に甚大な被害が出た.

最大瞬間風速3位(歴代7位)の2017年10月23日の気象は上記の順に5 mm,12.4℃,18.3℃,48%,4.7 m/s,15.4 m/s 北北西,30.9 m/s 北西,3.7 h であり,同日9時の天気図(図73-4)では,台風21号は超大型で強い勢力で上陸後,福島県沖で970 hPa の温帯低気圧になり,東京都三宅坪田で史上1位の最大風速35.5 m/s など西から東日本で記録的な雨や風となった.

2004年の年間10個の台風上陸は統計史上初であった.筆者は九州大学在籍中,2004年10月15日にNHK福岡局で台風上陸・災害等の解説をした.当年9個目(それまでの上陸記録は6個)の台風上陸段階での解説であり,被害の話とともに,台風上陸

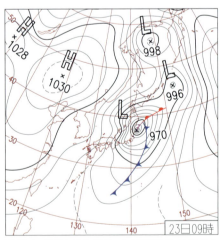

図73-4 比叡おろしが吹いた2017年10月23日9時の天気図[気象庁提供]

数の話題で，"じつは 1950 年には 11 個上陸"の話をした（気象ハンドブック：朝倉ら，1995)[1]．偶然にも統計開始前年のデータであるが台風上陸数は正確であろう．なお，台風 21 号（9 月 29 日上陸）が九州・四国・近畿と通過して大被害を出したその被害調査に出かける直前のことで，テレビで全国に放映された直後，タクシーで NHK - 福岡空港 - 松山空港 - 西条への時間に追われる中でのことであった．資料が整った 1951 年以降では 10 個上陸が初である．奇遇にも 11 個上陸の解説であった．

74. 三井寺おろし

　三井寺おろしの吹く地域の色別標高地図は 73 節の図 73-1（p.260）を参照．三井寺は滋賀県大津市の琵琶湖南西の長等山（354 m）の中腹にあり，正式名称は長等山園城寺で，1200 年以上の歴史をもつ天台寺門宗の総本山である．その名称を冠した三井寺おろしが対象である．大津市にある三井寺は琵琶湖の最南端にあり，そこは南西方向に東海道線が走るように，風は南西 - 北東方向に吹くこともある．三井寺おろしは琵琶湖を含む西岸域の冬季中心に吹く北西の季節風である．ここで，琵琶湖の写真を図 74-1，図 74-2 に示す．

　三井寺直近のアメダス大津の北西寄りの最大風速は 11.9 m/s 西（2019 年 12 月 27 日），11.8 m/s 西（2012 年 4 月 3 日），11.7 m/s 西（2010 年 12 月 3 日），11.6 m/s 西北西（2012 年 3 月 31 日），11.4 m/s 西（2021 年 12 月 17 日）であり，最大瞬間風速は 26.4 m/s 西（2010 年 12 月 3 日），25.4 m/s 西（2012 年 4 月 3 日），21.0 m/s 北西（2017 年 10 月 23 日），18.5 m/s 西（2019 年 12 月 27 日），18.4 m/s 西（2012 年 12 月 6 日）である．最強風速と風向範囲を集約すると最大風速は 12 m/s，西から西北西，最大瞬間風速は 26 m/s，西から北西，季節は秋季から春季である．

　最大風速記録日 2019 年 12 月 27 日の気象は 5.0 mm，3.9℃，11.1℃，4.3 m/s，

図 74-1　早朝の今津港からの琵琶湖の日の出の景色（2023 年 12 月 8 日）［筆者撮影］

図 74-2　坂本城址公園近くの湖岸まで樹木が迫る琵琶湖（2023年12月8日）［筆者撮影］

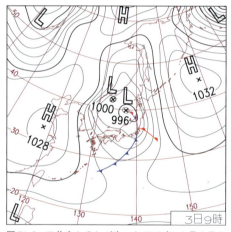

図 74-3　三井寺おろしが吹いた 2010年12月3日9時の天気図［気象庁提供］

11.9 m/s 西，18.5 m/s 西，最多風向西北西，5.4 h であり，同日9時の天気図（56節・八ヶ岳おろしの図 56-6，p.194）は福島沖に 988 hPa，青森に 996 hPa の低気圧があり，低気圧通過で西高東低である．前線を伴った低気圧が関東の東に進み，次第に冬型の気圧配置になり，西日本から東日本の日本海側は雨や雪，太平洋側は朝まで広く雨であった．

最大瞬間風速記録日 2010年12月3日の気象は降水量 29.0 mm，最低気温・最高気温 8.6℃，18.3℃，平均風速 3.8 m/s，最大風速・最大瞬間風速（風向）11.7 m/s 西，26.4 m/s 西，最多風向西南西，日照時間 3.0 h であり，同日9時の天気図（図 74-3）は 996 hPa の低気圧が秋田沖にあり，発達した低気圧の影響で東から北日本は大荒

れ，太平洋側は大雨で，強風や竜巻の突風被害が多数あり，西日本で黄砂を観測した．

　三井寺おろしとは冬季の乾燥した低温の季節風をあらわしている．逆に言えば，寒候期の冬季中心に吹く季節風の強風を「三井寺おろし」と呼ぶ．ただし比叡山があるため北北西から北西の風は西寄りに曲げられ，結果的には西風が多くなっている．

75. 北山おろし

　北山おろしの吹く地域の色別標高地図は73節の図73-1（p.260）を参照．北山は，京都市北区北西部の丹波高地に連なる山麓域から山間部を指す呼称で，平安京から見て北の方角に位置することに由来する．山地は左京区にも広がるが，北区の地域に限定されることが多い．京都市内の歴史的建造物等を図75-1, 図75-2, 図75-3, 図75-4,

図75-1　京都駅南東にある伏見稲荷大社（2022年12月5日）[筆者撮影]

図75-2　京都駅北東にある知恩院（2022年12月5日）[筆者撮影]

図75-3　京都駅北西の西本願寺・阿弥陀堂（2022年12月6日）
［筆者撮影］

図75-4　京都駅西北西にある風光明媚な嵐山（2022年12月6日）
［筆者撮影］

図75-5，図75-6に示す．

　北山おろしは「北おろし」，「愛宕おろし」とも呼ばれる．北山おろし（ピンク色の数字）は一般的に北山の辺りから吹き降ろす風と北方の山から吹き降ろす風の意味がある．気象的には（巻末付録①75. 北山おろし①）京都の北方の山・高山を越えて吹き降ろす風であり，ボラ風で乾燥した低温の風が多い．巻末付録①75. 北山おろし②京都盆地に溜まった空気が斜面中腹で山地の地面と接する接地面では放射冷却で冷やされ，空気密度が増大して重くなった空気は斜面を重力に従って下り始め，周辺の同

図 75-5　京都駅近くの南西方にある東寺（2022 年 12 月 6 日）[筆者撮影]

図 75-6　京都駅北北東の京都国際会館から見える北山方面（2022 年 12 月 7 日）[筆者撮影]

様な気流と合流して山を吹き降りる風の斜面下降風（冷気流）である．巻末付録①
73. 比叡おろし②と同じ原理で吹く．

　強風を想定した場合は，寒候期（西から北寄りの風）におけるアメダス京都の①の

268 第Ⅵ章 近畿地方

場合の最大風速1位（18.1 m/s 西）から5位（16.1 m/s 西北西），最大瞬間風速1位（32.1 m/s 西南西）から5位（28.4 m/s 北西）については73節の比叡おろし（p.260）で述べた．

そこで，風向を北から北西寄りに絞ると，多くは台風との関係で，最大風速は16.9 m/s 北北西（1957年10月17日），16.5 m/s 北西（1955年10月20日），16.1 m/s 西北西（1921年2月17日），15.5 m/s 西北西（1958年1月21日），15.4 m/s 北北西（2017年10月23日），最大瞬間風速では31.0 m/s 北西（2004年10月20日），30.9 m/s 北西（2017年10月13日），29.0 m/s 北西（1979年10月19日），28.4 m/s 北西（1979年10月1日），27.2 m/s 北（2004年10月21日）となり，最大瞬間風速は10月のみの台風絡みになった．最強風速と風向範囲を集約すると①最大風速は17 m/s，西北西から北北西，最大瞬間風速は31 m/s，北西から北である．強風の発生状況は頭巾山（871 m）−八ヶ峰（800 m）などの丹波高地を越えた風がボラ的な風となって，一度谷地に下り，再び上昇して複雑地形を越えて，さらには桟敷ヶ岳（896 m）や愛宕岳（924 m）などの山越え風として吹く強風が推測できる．

ただし，上記の最強からの5例の強風は10月の台風絡みが多く，冬季の季節風をあまり表現していない．したがって，冬期間を中心に月間の日最大風速の発生日数を評価すると，2023年の月間の北寄り（北西から北東）風は10月：13日間，11月：9日間，12月：11日間，1月：11日間，2月：13日間，3月：12日間，4月：17日間，5月：15日間もあり，相当の高頻度で吹いているため，北山おろしは十分評価できる．一方，西から北西風が11月：6日間，12月：4日間，1月：8日間，2月：6日間と多い．かつ北山には高山としての具体的名称がない（多くはシンボル的な有名な高山名が用いられる）ため，北山おろしよりも標高の高い愛宕山（924 m）の名称を冠した愛宕おろしが妥当だったと思われるが，古くから北山地域の山麓には有名な神社と寺院が多く，金閣寺，清水寺，八坂神社，安井金毘羅宮，平安神宮，下鴨神社，今宮神社等々で，これらの名称に惹かれて北山おろしが定着したと推測される．

一方，京都西山「愛宕山」から吹き降ろす通称「愛宕おろし」に，峰々の桜や楓が吹き散らされることから呼ばれるようになったとされる「嵐山」などのように，また愛宕おろしの名称は校歌などにも取り入れられ，結構古くから使われている．強いて区分すれば，北寄り風が北山おろし，西寄り風が愛宕おろしであり，使い分ければ別の風名になるが，京都内の局地風であり，ここでは同一範囲内の風として取り扱った．

次に②に相当する風は，強風でないため検索できず，弱風を個別に当たると，最近の2023年12月23日の気象は降水量0 mm，最低気温・最高気温−0.8℃，8.8℃，最小湿度37％，平均風速1.8 m/s，最大風速・最大瞬間風速4.6 m/s 西北西，9.4 m/s 北西，日照時間8.7 hであり，同日9時の天気図（図75-7）は上海付近に1040 hPaの移動性高気圧があり広く日本を覆っており，穏やかな晴天であり，北山おろしが吹い

76. 生駒おろし　　269

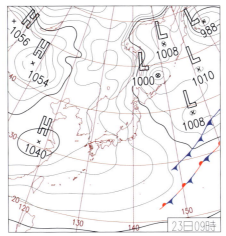

図 75-7　北山おろしが吹いたとされる 2023 年 12 月 23 日 9 時の天気図［気象庁提供］

たとされる．日変化の該当時間帯で示すと，23 日 4～7 時には晴天，風速 0.4～1.6 m/s，風向西から北，気温 −0.2～−0.7℃，湿度 64～69％であり，北寄りの②斜面下降風（冷気流）が吹いた状況が推測できる．

　直近の 2024 年 1 月 17 日の気象は上記の順に 0 mm，−0.4℃，11.4℃，30％，1.2 m/s，2.5 m/s 西北西，4.3 m/s 南南東，8.4 h であり，同日 9 時の天気図は高知付近に 1030 hPa の高気圧があり，広く日本を覆っており，北山おろしが吹いたとされる．吹走時間は 1 月 17 日 2～8 時で，晴天，0.9～1.4 m/s，北北西から北東，0.0～1.8℃，78～84％である．

　2024 年 2 月 9 日の気象は上記の順に 0 mm，1.4℃，12.1℃，36％，1.6 m/s，4.6 m/s 北北西，7.2 m/s 北西，9.9 h であり，同日 9 時の天気図は日本海に 1022 hPa の高気圧があり，日本付近はその高気圧に覆われている．吹走時間は 2 月 9 日 2～8 時で，晴天，0.9～1.3 m/s，北から北北東，1.6～3.4℃，73～82％である．上記 2 例は，北寄りの②斜面下降風が吹いたとされる．ここで上記 3 例や比叡おろし（73 節，p.260），西条あらせ（89 節，p.311）を参考にして総合的に集約すると最大風速 4 m/s，北西から北，最大瞬間風速 7 m/s，北西から北と推測した．

76. 生駒おろし

　生駒おろしの吹く地域の色別標高地図は 73 節の図 73-1（p.260）を参照．生駒山（642 m）は奈良県生駒市と大阪府東大阪市の県府境にあり，生駒山地の主峰で，生駒

山地 - 金剛山地の北端にある．また生駒山地には南に信貴山（437 m）があり，金剛山地の葛城山（960 m）- 金剛山（1125 m）へと続き，そこから西方に山脈は延びている．生駒山は金剛生駒紀泉国定公園の北部に位置する（図76-1，図76-2，図76-3）．

大阪平野が一望できる生駒山の山頂は生駒山上遊園地内にあり，夜景も見られ，多くの人に親しまれている．また京阪神・奈良県に向けた送信アンテナが図76-2のように多数設置されている．生駒山には，生駒断層帯（文部科学省，2024）[1]があり，大阪府側を縦走する逆断層である生駒断層の隆起により形成されたため，信貴山と同様に大阪側は急斜面，奈良側は比較的緩やかである．

アメダス生駒山（626 m）は山頂で観測され，高山の気象が得られる貴重な観測地点である．生駒山地域は内陸性気候であり，生駒おろしによって，生駒山から大阪側

図76-1　秋の生駒山（642 m）の眺望［生駒市観光振興室観光係提供］

図76-2　生駒山頂付近に林立する各種アンテナ・タワー
　　　　［生駒市観光振興室観光係提供］

76. 生駒おろし

図 76-3　生駒山方面の夜景［生駒市観光振興室観光係提供］

山麓の八尾や奈良市など奈良盆地に強風を吹き降ろす．したがって冬季の奈良県北西部では低温となる．また奈良市付近では盆地地形のため冬季に放射冷却を起こす．

　生駒おろしは冬期間に西寄りの乾燥した低温の風が生駒山地を越えて奈良盆地に吹き降りると考えられる．なお，アメダス奈良は生駒山の東方にあるが，冬季の季節風（北西風）に対しては生駒山の影響はほとんど受けない．一方，アメダス生駒山の気象は山頂のデータであり，生駒山の影響を観測できるアメダスがない．したがって，次善の策として金剛山よりさらに南のアメダス五條を参考にした．

　冬季（12～2月）のアメダス生駒山の最大風速は17.0 m/s 東（2002年1月26日），17.0 m/s 東（1998年1月15日），16.0 m/s 東（2002年1月27日），16.0 m/s 西（1998年2月8日），16.0 m/s 東（1993年2月17日），15.0 m/s 西（2004年2月14・22日），15.0 m/s 東（2001年1月7・17日），15.0 m/s 東南東（東）（1998年2月24日）であり，最大瞬間風速は25.0 m/s 西（2020年1月8日），24.3 m/s 西（2010年12月3日），22.0 m/s 西（2014年12月17日），22.0 m/s 西（2014年12月1日），21.8 m/s 西（2018年1月9日）である．集約すると最大風速は17 m/s，東・西，最大瞬間風速は25 m/s，西，季節は冬季である．なお，山頂に観測点があるため風向が激しく変化する特徴に注意が必要であり，最大風速の風向は東風と西風である．

　最大風速記録日2002年1月26日の気象は降水量5 mm，最低気温・最高気温−3.1℃，3.1℃，平均風速9.0 m/s，最大風速（風向）17.0 m/s 東，最多風向東，日照時間0 h であり，同日9時の天気図（図76-4）は九州南西にある1008 hPa の低気圧が発達しながら東北東進し九州は大雨，関東は雨や大雪であった．

　最大瞬間風速記録日2020年1月8日の気象は上記の順に16.5 mm，4.2℃，12.2℃，平均6.2 m/s，13.5 m/s 西，25.0 m/s 西，最多風向西，1.5 h であり，同日9時の天気図は日本海西方に986 hPa の低気圧があり，日本海で低気圧が発達し全国

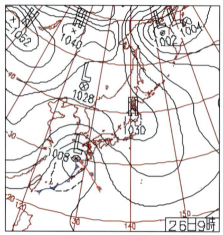

図76-4 生駒おろしが吹いた2002年1月26日9時の天気図［気象庁提供］

的に雨や雪であった.

　通年の日最大風速では東寄りが8日間, 西寄りが1日間, 日最大瞬間風速はすべて西寄りである. 冬季の各月10位までの強風は東寄り16日, 西寄り14日, しかし冬季の月報の最大風速では西寄り25～26日, 東寄り5～6日であり, 最大瞬間風速ではすべて西寄りである. これは単なる不安定な風速であるのか, 東西風の変化の意味が理解しがたい. 総合的に解釈して, 冬期間の大部分の時間帯では西寄りであるが, 山頂の特殊条件下では剝離流が発生して, 瞬間的に逆向きの強い東寄りの風が吹くためと考えられる.

77. 信貴おろし

　信貴おろしの吹く地域の色別標高地図は73節の図73-1 (p.260) を参照. 信貴山 (437 m) は奈良県生駒郡平群町に位置し (図77-1, 図77-2), 金剛生駒紀泉国定公園内にある. 山頂には昔, 山城の信貴山城があった. 生駒山地は西側の大阪府側が断層によって急傾斜しているが, 東側の奈良県側は比較的傾斜も緩く, 侵食の進んだ谷地が稜線近くまで侵入することで信貴山の東側は中腹まで住宅地や果樹園・水田が分布している. 生駒山と類似した土地条件・気象環境である.

　冬季, 信貴山西方のアメダス八尾の最大風速は15.3 m/s 西北西 (2023年1月24日), 15.2 m/s 西 (2020年12月30日), 15.0 m/s 西 (2020年1月8日), 15.0 m/s 西 (2007年1月7日), 15.0 m/s 西 (2005年2月1日) であり, 最大瞬間風速は24.2

77. 信貴おろし　273

図 77-1　信貴山朝護孫子寺本堂（2024 年 4 月 5 日）［信貴山観光協会提供］

図 77-2　信貴山の仁王門の満開のサクラ（2024 年 4 月 5 日）
　　　　［信貴山観光協会提供］

m/s 西（2020 年 12 月 30 日），24.2 m/s 西（2020 年 1 月 8 日），23.1 m/s 西（2010 年 12 月 28 日），22.6 m/s 西北西（2023 年 1 月 24 日），22.6 m/s 西（2015 年 12 月 4 日）である．最強風速と風向範囲を集約すると最大風速は 15 m/s，西から西北西，最大瞬間風速は 24 m/s，西から西北西，季節は冬季である．

　生駒山地と金剛山地の西，大阪側では主として風向は西寄りで，風上側の風であるが，ときに逆風の東寄りの風，山越え風が吹くことがある．

　最大風速記録日 2023 年 1 月 24 日の気象は降水量 0 mm，最低気温・最高気温

第Ⅵ章　近畿地方

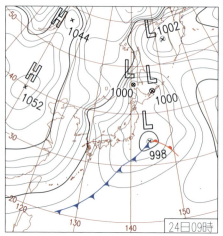

図77-3　信貴おろしが吹いた2023年1月24日9時の天気図［気象庁提供］

−1.5℃，9.0℃，平均風速6.3 m/s，最大風速・最大瞬間風速（風向）15.3 m/s西北西，22.6 m/s西北西，最多風向西であり，同日9時の天気図（図77-3）は北海道の北と東に1000 hPa，関東沖に998 hPaの低気圧があり，関東の東に進み西から冬型の気圧配置が強まり，日本海側は雪，太平洋側でも雪や雨であった．

最大瞬間風速記録日2020年12月30日の気象は上記の順に12.0 mm，2.6℃，12.1℃，5.7 m/s，15.2 m/s西，24.2 m/s西，最多風向西である．同日9時の天気図は三陸沖に996 hPa，関東に994 hPaの低気圧があり，低気圧が本州付近を通過して冬型の気圧配置になり，午前中は西日本から東北で雨や雪，午後は西から北日本の日本海側を中心に雪，大阪で初雪が降った．

78. 葛城おろし

葛城おろしの吹く地域の色別標高地図は73節の図73-1（p.260）を参照．葛城山（960 m）は大和葛城山とも呼ばれ，奈良県と大阪府に跨がり，金剛山地のほぼ中央に位置し，金剛生駒紀泉国定公園である（図78-1，図78-2，図78-3）．山頂一帯にあるヤマツツジの大群落は5月上旬から咲き始め中旬に見頃を迎える．山が赤く染まり「一目百万本」の眺めは素晴らしい．山腹には空海ゆかりと伝わる礎石や石垣などの史跡も残り，春の花から秋のススキや紅葉，冬の樹氷など1年を通して堪能できる山である．

御所市は，奈良県の中部の奈良盆地の西南端に位置し，西に大和葛城山と金剛山が

そびえ立つ．南は風の森峠（葛城古道，金剛山と葛城山が展望できる）を越えれば，五條市となる．

アメダス五條の冬春季の北西寄りの最大風速は 14.0 m/s 西北西（2006 年 4 月 2 日），12.8 m/s 西（2010 年 3 月 21 日），11.0 m/s 西北西（2008 年 2 月 23 日），11.0 m/s 西（2007 年 5 月 10 日），10.8 m/s 北（2009 年 10 月 8 日）であり，最大瞬間風速は 25.0 m/s 北西（2009 年 10 月 8 日），24.8 m/s 西北西（2010 年 3 月 21 日），22.2 m/s 北（2017 年 10 月 23 日），21.0 m/s 西（2018 年 3 月 1 日），20.9 m/s 西（2014 年

図 78-1　葛城山の葛城高原自然つつじ園［御所市観光振興課提供］

図 78-2　大和葛城山頂のモニュメントとポスト
　　　　［御所市観光振興課提供］

図78-3 国民宿舎葛城高原ロッジの山頂ライブカメラにて（2024年3月27日）[葛城高原ロッジ提供]

12月17日）である．最強風速と風向範囲を仮に集約すると最大風速は14 m/s，西から北であり，最大瞬間風速は25 m/s，西から北，季節は秋季から春季である．

　五條も冬季は概して西寄りであるが，ときに東寄りの風が吹く程度で，生駒山地と金剛山地の西側の八尾とほぼ同じ風向分布である．なお，五條は葛城山と金剛山の南にあり，冬季の季節風に対してはやや小さいと推測されるため，10％大きい風速とし

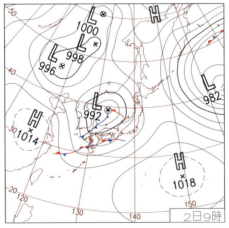

図78-4 葛城おろしが吹いた2006年4月2日9時の天気図[気象庁提供]

て生駒山地と金剛山地の風速を最大風速 15 m/s，最大瞬間風速 28 m/s と推測した．

　最大風速記録日 2006 年 4 月 2 日の気象は降水量 42 mm，最低気温・最高気温 7.0℃，18.9℃，平均風速 3.0 m/s，最大風速（風向）14.0 m/s 西北西，最多風向西南西，日照時間欠であり，同日 9 時の天気図（図 78-4）は日本海に 992 hPa の低気圧があり，低気圧と前線の影響で曇りや雨，寒冷前線の南下に伴い，東日本と西日本の所どころで雷雨，奈良市では直径 5 mm の雹を観測した．

　最大瞬間風速記録日 2009 年 10 月 8 日の気象は上記の順に 92 mm，14.7℃，21.1℃，4.1 m/s，10.8 m/s 北，25.0 m/s 北西，最多風向西南西，0.2 h であり，同日 9 時の天気図は台風 18 号が東海の知多半島に上陸して関東付近にあり，中心示度は 975 hPa で暴風が観測された．

79. 金剛おろし

　金剛おろしの吹く地域の色別標高地図は 73 節の図 73-1（p.260）を参照．金剛山（1125 m）は奈良県と大阪府に跨がる金剛山地の主峰で，大阪府の最高峰であり，金剛生駒紀泉国定公園の南部に位置する（図 79-1）．その山頂・葛木岳には，関西では珍しい大社造りの葛木神社が建つが，葛木岳は神域のため立ち入ることはできないので，国見城跡や転法輪寺付近の広場を山頂としている．

　アメダス五條の気象データと利用法は同じであるので，前節（p.274）を参照されたい．集約すると最大風速は 14 m/s，西から北であり，最大瞬間風速は 25 m/s，西から北，季節は秋から春季である．五條は葛城山と金剛山の南にあり，冬季の季節風に対してはやや小さいと推測される．また生駒山と信貴山より標高も高く，山のスケールも大きいため，金剛山地の風速は 15% 大きいとして最大風速 16 m/s，西から北，最大瞬間風速 29 m/s，西から北と推測した．

図 79-1　金剛山ライブカメラ（2024 年 4 月 10 日）[金剛錬成会提供][1]

278　第Ⅵ章　近畿地方

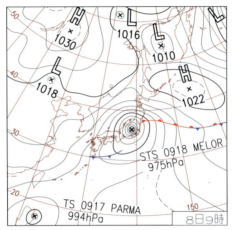

図 79-2　金剛おろしが吹いた 2009 年 10 月 8 日 9 時の天気図［気象庁提供］

　なお，前節の葛城おろしで，最大瞬間風速記録日 2009 年 10 月 8 日の気象はくり返すと降水量 92 mm，最低気温・最高気温 14.7℃，21.1℃，平均風速 4.1 m/s，最大風速・最大瞬間風速（風向）10.8 m/s 北，25.0 m/s 北西，最多風向西南西，日照時間 0.2 h であり，同日 9 時の天気図（図 79-2）は台風 18 号が東海の知多半島に上陸して関東付近にあり，中心示度は 975 hPa で強風が観測された．

80. 由良川あらし

　由良川あらし，円山川あらしの吹く地域の色別標高地図を図 80-1 に示す．
　由良川（国土地理院）は京都，滋賀，福井の府県境の三国岳（959 m）を源流として京都府内を西方に流れ，福知山盆地を越えて北東方に流れを変えて若狭湾に注ぐ全長 146 km の一級河川である．
　移動性高気圧に被われるような寒候期や初冬季の 10〜12 月や春季の 3〜5 月頃の晴天・弱風日（一般風が弱い日）の夜間に放射冷却でできた霧が福知山盆地に溜まり，さらに由良川に沿って南寄りの風に押されて北東方に流れる霧を含む気流を由良川あらしと呼ぶ．ただし，霧は河口まで達する事例は多くはないが，河口付近の風速は 5 m/s 程度が多い．気温差が大きいときには栗田湾の海上に出てから気あらしが発生することもある．その海は若狭湾から日本海へと続いている．アメダス観測点は由良川の上流部に美山が，中流部に福知山がある．下流部にはないが，その東西に舞鶴と宮津がある．

80. 由良川あらし　279

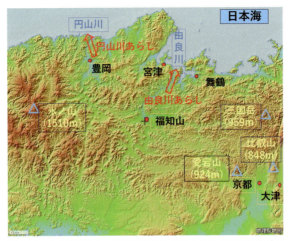

図 80-1　由良川あらし，円山川あらしの吹く地域の色別標高地図
[国土地理院の地図をもとに筆者作成]

なお，2023 年に霧が発生しそうな日数（実際の発生日数ではない）は宮津では 10 ～12 月は月あたり 5～8 日，3～5 月は 4～6 日程度，舞鶴では 11～12 月は 4 日，4～5 月は 2 日程度である．由良川では両地点の発生しそうな日数の平均の発生確率は 10 ～12 月が 5 日/月程度，3～5 月が 3 日/月程度と推測された．

　これまでの局地風はほとんどの事例では強風が対象であるが，由良川あらしはあまり強くない霧を伴った風であり，弱風ではあるが無風に近い風でもない．肱川あらしや川内川あらしでも強風の評価が主目的でないため，気象庁のデータからの抽出は難しい状況にある．ここでは風向と風速および日照時間で選定した．

　集約すると，由良川あらしは寒候期の夜間から早朝に，京都府の由良川，特に福知山市の盆地域で霧が発生し，その霧が由良川を通って若狭湾に流れ込む現象であり，若狭湾の海上で気あらしが発生することもある．風向と風速は南寄り約 5 m/s の弱風であり，移動性高気圧に覆われた晴天下で一般風が弱いときに，深夜から早朝にかけて発生しやすい．

　アメダス福知山，舞鶴，宮津の 2023 年 1 月 12 日の気象は順に，福知山：降水量 0 mm，最低気温・最高気温 −2.8℃，14.5℃，最小湿度 51%，平均風速 0.7 m/s，最大風速・最大瞬間風速（風向）1.9 m/s 北，3.0 m/s 西北西，最多風向北，日照時間 9.3 h．舞鶴：0 mm，−1.3℃，13.0℃，59%，1.3 m/s，4.3 m/s 南西，5.9 m/s 南南西，8.9 h．宮津：0 mm，0.2℃，15.1℃，2.1 m/s，3.5 m/s 西北西，7.2 m/s 南南西，西，9.0 h である．

　すなわち晴天下で氷点下の気温の低い時間があり，弱風状態で，最大瞬間風速の風

図80-2 由良川河口に霧が出た2023年2月6日の代表地点における霧の発生状況 ［福知山河川国道事務所提供］[1]

向は舞鶴と宮津では合致しており，ほぼ妥当と考えられる．同日9時の天気図は東海地方のはるか南方の太平洋に1028 hPaの移動性の高気圧があり，高気圧に覆われた地域ではおおむね晴れて気温も上昇し，最高気温は山口県萩の19.2℃など西日本を中心に1月の歴代1位を更新した．

由良川の河川流量測定用のライブカメラによる画像によると，2023年1月12日には由良川の中流部（河口より32 kmと37 km地点）で霧が発生したが河口には達しなかった．

次に由良川河口に霧が出た，すなわち由良川あらしが吹いた2023年2月6日の霧の状況を図80-2に示す．上図左は6時の京都市舞鶴市西神崎（河口付近，0 km）における由良川左岸での霧で，川の反対側に左から右への霧が見える．上図右側は河口より同市桑飼下で12.4 km地点の岡田下橋，下図左は福知山市の31.3 km地点の下天津水質観測所，下図右は綾部市味方町（市街地東部）の52.2 km地点（7時）の丹波大橋での霧である．なお，河口では5時50分には霧が観測されており，見事に全地点（10余点）で由良川あらしが確認できた．

福知山・舞鶴・宮津の2023年2月6日の気象は降水量0 mm，最低気温・最高気温−1.7℃，11.5℃，最小湿度40％，平均風速0.9 m/s，最大風速・最大瞬間風速（風向）2.9 m/s北北西，5.1 m/s北北西，最多風向北，日照時間3.3 h．0 mm，−1.8℃，11.2℃，47％，1.1 m/s，4.0 m/s西南西，5.6 m/s東北東，5.0 h．0 mm，−0.9℃，11.9℃，1.9 m/s，3.4 m/s東南東，5.9 m/s南，最多風向西，7.4 hである．気象は晴天下で氷点下の気温の低い時間があり，強風ではなく，風向は宮津が合致する状況であり，おおむね妥当と推測される．同日9時の天気図（図80-3）は中国地方に中心をもつ1024 hPaの高気圧に覆われ，晴天で中国地方の日本海側では南風が卓越する傾向があった．

81. 円山川あらし　281

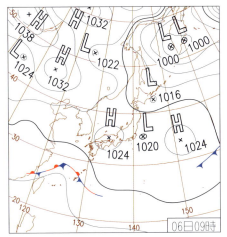

図 80-3　由良川あらしが吹いた 2023 年 2 月 6 日 9 時の天気図［気象庁提供］

　ここで，由良川河口の最終的な最大風速・最大瞬間風速として，2023 年 1 月 12 日と 2 月 6 日の舞鶴と宮津の平均値を 5 割増して 6 m/s，9 m/s（南南西）と推測された．

　アメダスには美山，福知山，宮津（敦賀），舞鶴がある．美山は由良川の最上流部，福知山は中間点で霧がよく発生する地点である．宮津と舞鶴は由良川の下流ではないため，由良川あらしを観測する適地ではない．しかし宮津は有名な天橋立の砂州のある宮津湾に面しており，川の有無だけの差で地形は類似している．一方舞鶴は舞鶴港から若狭湾に出る海峡で，由良川の広幅の川のように比較的地形が類似している．とはいえ気象的に直接比較は難しいが，由良川あらしの霧と舞鶴湾の霧の同時発生事例のように相当の類似点が見られる．

81. 円山川あらし

　円山川あらしの吹く地域の色別標高地図は 80 節の図 80-1（p.279）を参照．円山川の源流は兵庫県朝来市生野町「円山」付近の内尾谷（以前は円山）からで，円山川の長さは 68 km に及ぶ一級河川である．中流では観光地として有名な天空の城と呼ばれる竹田城（霧に浮かぶ城跡で有名）や下流のコウノトリの郷（餌場の加陽湿地），玄武洞（玄武岩柱状節理・洞窟），城崎温泉近くを流れて日本海に注ぐ．

　円山川あらし（図 81-1）（真木，2022）[1]は寒候期（10〜3 月）の移動性高気圧に覆われる晴天下で発生しやすく，愛媛県の肱川，鹿児島県の川内川と並んで「日本三大

川あらし」(一級河川)に数えられ,いずれも観光資源となっている.円山川上流のいくつもの谷筋で発生した霧が円山川に集まって流れ下り,豊岡盆地に溜まるとともに,そこから流れ出す霧は,下流の豊岡市の城崎付近で円山川あらし,今津あらしと呼ばれる.顕著なときは河口から日本海上に,蒸発霧(気あらし)が広がることがある.

円山川上流 40 km の朝来市の立雲峡(朝来山 756 m の中腹)からは雲海に浮かぶ見事な竹田城が見られることがあり,また下流の城崎温泉の西南西 3 km の来日岳(567 m)からは素晴らしい雲海が見られることがある.

また,海上に出てから,気あらしの発生も加わり,見事な海上での気あらし・霧の写真(図 81-2)を示す.竜宮城と呼ばれる建物のある島,海岸から約 1 km にある

図 81-1　2019 年 11 月 17 日に円山川に出現した川あらし,川面に接する霧(豊岡市)[新田 理氏提供]

図 81-2　海上から湧き立つ蒸発霧(けあらし)が混ざった光景
　　　　[日和山観光株式会社今津一也氏提供:濱 和宏氏紹介]

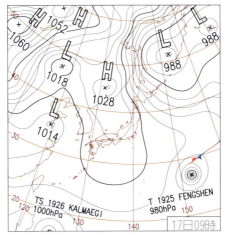

図 81-3　円山川あらしが吹いたとされる 2019 年 11 月 17 日 9 時の天気図［気象庁提供］

後ヶ島にかかる霧であり，円山川上空を移動して河口を遮る小高い山（津居山）を越えた霧と海から湧き立つ蒸発霧が混ざった光景で神秘的である．

　高気圧に覆われ，円山川あらしが吹いた 2019 年 11 月 17 日 7 時の代表的な気象は最上流付近のアメダス生野は気温 6.4℃，風速 0.0 m/s 風向静穏，中流の和田山では 7.8℃，0.4 m/s 南西，下流の豊岡では 9.0℃，1.1 m/s 南南東，湿度 100％，海岸の香住は 10.2℃，3.1 m/s 南東であった．上流では 1 m/s 以下の弱風であるが，香住で 3.1 m/s と強くなっている．香住は円山川の下流ではなく矢田川の下流に当たり，比較的類似した風が観測されそうだが，それでも小さく，この日は円山川河口付近で 6～7 m/s 程度と推測される．さて，同日 9 時の天気図（図 81-3）では沿海州付近の 1028 hPa の高気圧が広く日本を覆っている．西日本から東日本は移動性高気圧に覆われて太平洋側を中心に晴天である．

　2019 年 11 月 17 日のアメダス香住の気象は降水量 0 mm，最低気温・最高気温 10.0℃，17.5℃，平均風速 2.3 m/s，最大風速・最大瞬間風速（風向）4.4 m/s 北，9.4 m/s 北，最多風向南南東，日照時間 4.9 h である．最多風向は合致し，最大風速の風向は不一致であるが，0～10 時の南東から南南東の 0.8～3.5 m/s の風は合致している．なお，円山川河口の風速の推測として，香住の最大風速・最大瞬間風速（4.4 m/s, 9.4 m/s）の 1 割増しと考え，最大風速・最大瞬間風速を 5 m/s, 10 m/s（南南東）と算定された．

　そしてアメダス豊岡の気象は上記の順に 0 mm，8.8℃，18.1℃，最小湿度 46％，1.0 m/s，3.3 m/s 北東，5.7 m/s 北北東，2.4 h であるが，6～8 時には風向南南東で

風速 1.0〜1.3 m/s の霧が出ており，まさに円山川あらしの中継点（豊岡）の状況を示している．

　以上のように，由良川あらし，円山川あらし，肱川あらし，川内川あらし，比叡山おろし，北山おろし，西条あらせ等と同様に弱風時の風速推定は難しい．

82. 六甲おろし・摩耶おろし

　六甲おろしの吹く地域の色別標高地図は 73 節の図 73-1（p.260）を参照．六甲山（931 m）（図 82-1, 図 82-2, 図 82-3）は，兵庫県南東部にあり，北東 - 南西に連なる

図 82-1　神戸市庁舎よりの六甲山（三宮元町・市街地）[神戸市経済観光局観光企画係提供][1]

図 82-2　六甲山展望台よりの神戸市街地 [神戸市経済観光局観光企画係提供][1]

図 82-3　六甲山展望台（六甲山・摩耶山）よりの神戸市夜景
　　　　［神戸市経済観光局観光企画係提供］[1]]

山塊である．瀬戸内海国立公園に指定されている．六甲山は一般に六甲山系全域を指し，最高峰は特に六甲（山）最高峰と称される．六甲山系は南北 5 km，東西 30 km にわたる．全域が瀬戸内海式気候に含まれ，温暖少雨であるが，山上と北斜面は比較的冷涼で冬季には積雪がある．山頂付近は高原状で，六甲高山植物園がある．

　六甲山は風化花崗岩でできた地質であるため，地表から草木が除かれ土壌が流出すると雨により崩壊しやすく，以前に水害が発生した．1995 年の阪神・淡路大震災（兵庫県南部地震）では，六甲山も崩壊が多数発生したため，六甲山系を一連の樹林帯（グリーンベルト）として守り育て，土砂災害に対する安全性を高めるとともに，緑豊かな都市環境，景観などを造り出そうという「六甲山系グリーンベルト構想」（国交省近畿地方整備局）が進められている．

　冬季に神戸市の北側に位置する六甲山系から吹き降ろす風を「六甲おろし」と呼び，冬季の北西からの季節風が山を越えて太平洋側に吹き降りる際，乾燥した低温の強いボラ風となって吹き降ろす．なお，阪神タイガース球団の応援歌は「六甲颪」の俗称で呼ばれるが，シーズン中には六甲おろしは吹かない．最近は六甲山から吹き降ろす風を季節に関係なく六甲おろしと拡大して使う場合（南，2022）[2)]があるが，本来の意味に従った使用を望みたい．また，六甲山から見下ろす夜景は日本三大夜景の一つとされ「100 万ドルの夜景」の発祥地とされる．

　摩耶山（702 m）は六甲山地中央部に位置し，六甲山の南西 7～8km にある．摩耶山掬星台からの夜景は日本三大夜景の一つでナイトスポットとして人々に親しまれている．摩耶山は六甲山より 200 m 以上低いため，低温のおろし風に対してはかなりの差が出ると推測されるが，気象データは同じであるため，差は評価できない．

　冬季の北寄り風のアメダス神戸の最大風速は 19.7 m/s 北東（1956 年 1 月 4 日），

19.6 m/s 北北西（1943 年 12 月 4 日），19.4 m/s 北北西（1944 年 12 月 2 日），18.3 m/s 北北西（1946 年 2 月 21 日），17.9 m/s 北北西（1959 年 2 月 7 日）であり，最大瞬間風速は 31.0 m/s 北北東（1968 年 2 月 15 日），30.7 m/s 北北西（1951 年 2 月 14 日），28.6 m/s 北北西（1966 年 2 月 23 日），28.5 m/s 北北西（1983 年 1 月 30 日），26.9 m/s 北北西（1982 年 12 月 6 日）である．集約すると最大風速は 20 m/s，北北西から北東であり最大瞬間風速は 31 m/s，北北西から北北東，季節は冬季中心である．したがって，六甲おろしと摩耶おろしは冬季中心に六甲山地から吹き降ろす低温の乾燥した北寄りの風である．

　最大風速記録日 1956 年 1 月 4 日の気象は降水量 9.4 mm，最低気温・最高気温 5.2℃，11.6℃，最小湿度 55%，平均風速 10.4 m/s，最大風速・最大瞬間風速（風向）19.7 m/s 北東，25.0 m/s 北東であり，最大瞬間風速記録日 1968 年 2 月 15 日の気象は上記の順に 29.0 mm，1.1℃，7.0℃，58%，10.0 m/s，17.7 m/s 北北西，31.0 m/s 北北東，0 h である．

　直近 2024 年 1 月 1 日の六甲おろし吹走日の気象は上記の順に 0.0 mm，5.7℃，11.5℃，最小湿度 46%，3.9 m/s，10.3 m/s 北，13.7 m/s 北北西，4.8 h で，令和 6 年能登半島地震の発生日にあたる（アメダス輪島の最大風速・最大瞬間風速 13.9 m/s 北，20.1 m/s 北の強風，一部欠測）．同日 9 時の天気図（図 82-4）はロシアのウラジオストクと中国の上海北部付近に 1032 hPa の高気圧があり，寒気の影響で西から北日本の日本海側は曇りで雨や雪，太平洋側はおおむね晴れた．

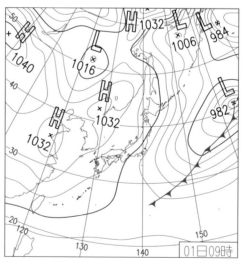

図 82-4　六甲おろしが吹いた 2024 年 1 月 1 日 9 時の天気図［気象庁提供］

コラム⑧　強風と鉄道事故

　強風による鉄道事故には直ぐ思い出される2例がある（永澤, 2021；2023）[1],[2].

　一つ目は1986年12月28日に山陰本線鎧駅‐餘部駅間の余部橋梁で発生した回送列車転落事故で, 死者6名, 重傷者6名が出た. 33 m/s の強風に煽られて高さ41 m の橋梁から機関車を残して客車7両が橋下に落下した. なお, 橋梁は2010年にコンクリート橋梁となる以前のものである. この事故は日本海側から吹き付けた北寄りの強風が原因である. 同日のアメダス香住の気象は降水量10 mm, 最低・最高気温2.3℃, 7.1℃, 日平均風速6.6 m/s, 日最大風速・風向17 m/s 北, 最多風向北, 日照時間2.8 h であり, 同日9時の天気図によると関東東方に1004 hPa の低気圧, 日本海の山陰沖に1008 hPa の低気圧があり, 強風はこの低気圧に起因するが, 詳しい解析（永澤, 2021）[1]では1004 hPa の雲渦が影響したとされる. 地形を見ただけでも, 谷間であるため当然地峡風が吹くことが推測され, また冬季には季節風が吹き, 当然強風化されることが推測される. しかしながら, これだけの強風に対しても, 普通, 一般的に付けられる局地風名がないことは不思議である. しかし付近には有名な高山がないため, もし風名を付けるとすれば, 余部風であろう.

　二つ目は2005年12月25日の山形県庄内町の羽越線の砂越駅‐北余目駅間で特急列車が100 km/h で走行中, 第二最上川橋梁を通過直後に2両目から脱線し, その後全車両が脱線して前3両が横転した. この事故で死者5名, 重軽傷33名が発生した（永澤, 2023）[2]. その頃, 数日間は連日の北西寄り風の吹雪が続き, 日最大瞬間風速は17〜30 m/s（事故直前では21.6 m/s）であり, かつ当日の事故時には雷雨であった. なお, 当日のアメダス酒田の気象は降水量16 mm, 最低気温・最高気温−0.6℃, 6.5℃, 最小湿度65%, 平均風速6.2 m/s, 最大風速・最大瞬間風速（風向）13.0 m/s 南西, 23.6 m/s 南南西, 日照時間0 h, 降雪5 cm, 最深積雪32 cm であり, 同日9時の天気図は, 秋田西方の日本海に1004 hPa の低気圧があった. このため北西の季節風ではなく, 低気圧に吹き込む南寄りの強風が吹き, かつ竜巻が発生したとされ, 事故時の風速は40 m/s 以上の突風であったと推測されている. なお, 事故発生時の天気図（18時）では994 hPa の低気圧が北海道南西部にあった.

　また, 夏季の東寄りの風に対して, 特に最上川が平野に出る付近での強風を「清川だし」と呼ぶが, 逆風である日本海側からの冬季の強風に対しては局地風の名称が付けられていない. 付近には有名な高山がないため, 風名を付けるとすれば, この風に対しては余目風であろう.

第Ⅶ章 中国地方
鳥取県・岡山県・島根県・広島県・山口県

　中国地方は，山陰と山陽の境に中国山地が連なり，脊梁山地を形成している．すなわち中国地方の脊梁山地で山陰側と山陽側に分かれる．

　山陰は日本海に面し日本海側気候を示す．冬季は内陸部や山間部を中心に低温であり，大雪が降ることがある．山陽は瀬戸内海に面し，瀬戸内海式気候を示し，島嶼と平野部で北部はおもに山地や盆地で構成され，比較的温和な気候を示す．降水量は山陰地域では梅雨季と冬季に多く，瀬戸内海の山陽地域では年間を通して少ない．

　本章では中国地方の局地風（大山おろし，広戸風，やまえだ，弥山おろし）を解説する．

83. 大山おろし

　大山おろし，広戸風，やまえだ（風）の吹く地域の色別標高地図を83節の図83-1に示す．

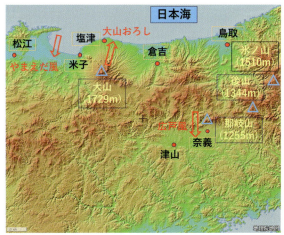

図83-1　大山おろし，広戸風，やまえだ（風）の吹く地域の色別標高地図［国土地理院の地図をもとに筆者作成］

図 83-2　北西側より見た大山（伯耆富士）の勇姿（1999 年 8 月 24 日）［筆者撮影］

図 83-3　南方（蒜山高原付近）からの伯耆富士らしからぬ大山の遠景（1999 年 8 月 24 日）［筆者撮影］

　大山（剣ヶ峰，1729 m）は伯耆大山とも呼ばれ，山陰地方の中央部に位置し，山頂は鳥取県内にある（図 83-2，図 83-3）．大山おろしは春季と秋季に大山から吹き降ろす南寄りの強風を指す．

　アメダス塩津の最大風速は 20.0 m/s 南（2004 年 9 月 7 日），19.3 m/s 南南東（2012 年 4 月 22 日），19.0 m/s 南南西（1998 年 3 月 19 日），18.0 m/s 南西（2016 年 10 月 5 日），18.0 m/s 南南西（1999 年 9 月 24 日）であり，最大瞬間風速は 32.7 m/s 南南東（2012 年 4 月 22 日），30.8 m/s 南南西（2016 年 4 月 17 日），30.3 m/s 南南東（2022 年 3 月 26 日），29.4 m/s 南南西（2013 年 10 月 9 日），28.8 m/s 南（2012 年 4 月 3 日）である．最強風速と風向範囲を集約すると最大風速は 20 m/s，南南東から南西，最大瞬間風速は 33 m/s，南南東から南南西，季節は春季と秋季である．

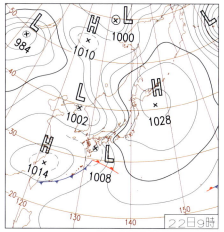

図83-4　大山おろしが吹いた2012年4月22日の天気図［気象庁提供］

　また，アメダス塩津（大山の北15km），倉吉（東北東30km），米子（西北西20km）の風速の日変化は類似しており，日最大瞬間風速は塩津が32.7m/s南南東，倉吉が32.1m/s南南東，米子が37.8m/s南西と，少し風速差と風向差がある．

　塩津の最大風速・最大瞬間風速記録日2012年4月22日の気象は降水量1.0mm，最低気温・最高気温17.0℃，21.7℃，平均風速8.3m/s，最大風速・最大瞬間風速（風向）19.3m/s南南東，32.7m/s南南東，最多風向南南東，日照時間0.3hである．同日9時の天気図（図83-4）は朝鮮半島北部に1002hPaと九州宮崎付近に1008hPaの低気圧があり，三陸地方東方に1028hPaの高気圧があり，日本海と四国沖の低気圧の影響で，西日本で大雨，暴風，高波など大荒れで，土佐清水市三崎で日降水量352mm，鳥取空港で最大瞬間風速38.1m/sであった．当日に大山IC付近等でトラックの横転事故が6台発生した．

　また，2016年4月17日の強風日の天気図では日本海に発達した978hPaの低気圧があり，最大瞬間風速は米子で21.3m/s，塩津で30.8m/s，倉吉で25.7m/sであり，琴浦東IC付近ではトラックが横転した．国土交通省倉吉河川国道事務所では吹き流しの設置やチラシを配って注意喚起をしている．また，鳥取地方気象台のアンケート調査によると，春先の南寄りの風を大山おろしと呼ぶ回答が多いが，風向や季節に関係なく大山おろしと呼んでいる事例もある（牧田ら，2001）[1]．

84. 広戸風（那岐おろし）

　広戸風の吹く地域の色別標高地図は83節の図83-1（p.289）を参照．広戸風は那岐おろし・横仙風・まつぼり風・ほところ風・北風・風の宮の風・山下風とも呼ばれ，風名が多い（大阪管区気象台，1956；吉ород，1986)[1),2)]．広戸風は清川だし，やまじ風とともに日本三大悪風と呼ばれている．広戸風は台風が紀伊半島から中部地方を通過する際に那岐山（1255 m）から南部の横仙地方（那岐町と勝北町：現在の津山市）に吹き降ろす北寄りの 50 m/s 程度の暴風である．なお，那岐山は氷ノ山後山那岐山国定公園に指定されている．

　さて，広戸風による吹き始めの頃に発生するとされる風枕を図84-1に示す．ただし最大風速・最大瞬間風速9.5 m/s 南西，16.7 m/s 南西風で発生した見事な風枕であったが，本来の広戸風でない逆風時にも出たため，この節で紹介する．そして広戸風による2004年10月20日発生の猛烈な被害状況を図84-2，図84-3，図84-4に示す．

　広戸風発生時の風況モデル（図84-5）によると，風上の鳥取県側の千代川に沿って侵入した下層の北風が中国山地の那岐山を越えて標高400 m程度の那岐山直下の横仙地方に流れ下り，那岐町と旧勝北町を過ぎて山地域に来るとハイドロリックジャンプ（跳ね水）現象を起こして強風が上層に移動して，横仙地方の上空によどみ層が形成される．なお，図84-5から臨界層の上空には逆向きの南風が吹く風況がよく理解できる．

　アメダス奈義の北寄りの最大風速は34.0 m/s 北（2004年10月20日），31.2 m/s 北北東（2017年10月22日），29.3 m/s 北北東（2017年10月23日），27.1 m/s 北北

図84-1　那岐山方面に懸かる風枕（2024年5月16日）
　　　　［津山市勝北支所地域振興課提供］

84. 広戸風（那岐おろし）　293

図84-2　2004年10月20日の広戸風による暴風で倒伏し葉がほとんど吹き飛んだダイズ（2004年10月21日）[津山市勝北支所地域振興課提供]

図84-3　広戸風による50m/s以上の暴風で倒れた尾根筋のスギ（2004年10月25日）[津山市勝北支所地域振興課提供]

東（2011年5月29日），27.0m/s北（2014年10月13日）であり，最大瞬間風速は46.7m/s北北東（2017年10月22日），46.0m/s北北東（2017年10月23日），40.1m/s北（2011年5月29日），39.7m/s北（2014年10月13日），36.7m/s北（2013年10月16日）である．最強風速と風向範囲を仮に集約すると最大風速は34m/s，北から北北東，最大瞬間風速は47m/s，北から北北東，季節は春季と秋季である．

　アメダス津山の北寄りの最大風速は30.6m/s北北西（1959年9月26日），

図 84-4　広戸風による暴風で倒壊した多数の電柱（2004 年 10 月 28 日）［津山市勝北支所地域振興課提供］

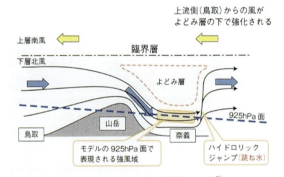

図 84-5　広戸風発生時の風況モデル［廣幡，2019］[3]

27.1 m/s 北北西（1953 年 9 月 25 日），27.0 m/s 北（1944 年 10 月 7 日），24.7 m/s 西北西（1944 年 9 月 17 日），22.7 m/s 北北西（1965 年 9 月 17 日）であり，最大瞬間風速は 50.4 m/s 北（2004 年 10 月 20 日），41.9 m/s 北北西（1953 年 9 月 25 日），41.5 m/s 北北西（1959 年 9 月 26 日），35.9 m/s 北西（1961 年 9 月 16 日），31.7 m/s 北西（1971 年 1 月 5 日）である．最強風速と風向範囲を仮に集約すると最大風速は 31 m/s，西北西から北，最大瞬間風速は 50 m/s，北北西から北，季節は秋季と冬季である．

　奈義では風速は概して大きいが，最大瞬間風速ではときに津山が大きく出ている．したがって総合的には平均化して，最大風速は 33 m/s，北北西から北北東，最大瞬間風速は 49 m/s，北北西から北北東，季節は秋季から春季（おもに秋季）である．

84. 広戸風（那岐おろし）　295

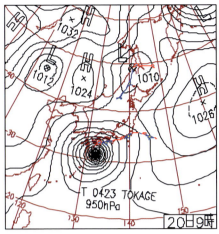

図84-6　広戸風が吹いた2004年10月20日9時の天気図 ［気象庁提供］

　最大風速記録日2004年10月20日の奈義の気象は降水量45 mm，最低気温・最高気温14.9℃，17.5℃，平均風速14.7 m/s，最大風速・最大瞬間風速（風向）34.0 m/s北，最多風向北，日照時間0 hであり，同日9時の天気図（図84-6）は950 hPaの台風23号が当年10個目の台風として高知県に上陸し，関東から九州の広い範囲で200 mm超え，徳島県上勝町で470 mmの大雨など，各地で物的・人的に甚大な被害が出た．また最大瞬間風速記録日2004年10月20日の津山の気象は上記の順に78.5 mm，14.8℃，18.8℃，最小湿度64％，平均風速6.6 m/s，18.2 m/s北北西，50.4 m/s北，0 hであり，同日9時の天気図は図84-6の通りである．

　最大瞬間風速記録日2017年10月22日の奈義の気象は上記の順に63.5 mm，13.4℃，17.8℃，10.8 m/s，31.2 m/s北北東，46.7 m/s北北東，最多風向北北東，0 hであり，同日9時の天気図（72節・比良おろしの図72-6，p.259）は915 hPaの台風21号が四国南方にあり，北上とともに秋雨前線が活発化し，西日本から東日本で記録更新などの大雨で，三重県尾鷲90.5 mm/h，日降水量は10月1位の586.5 mm，岡山県奈義の最大瞬間風速46.7 m/sは記録更新であり，津山市勝北支所では51.5 m/sを記録した．翌2017年10月23日3時に「超大型」で強い勢力のまま静岡県御前崎市に上陸し関東地方を通過した．最大瞬間風速2位である同日9時の天気図は前日から台風の影響が顕著に出ており，福島沖で970 hPaの温帯低気圧に変わった．

　奈義町役場では風害が50年間で約60回発生している．奈義町，津山市勝北町では暴風対策として屋敷防風林「戸背（こせまたはこぜ）」を北西から北東に設置しており，奈義町内に風神社が祀られている．2019年10月11日の台風19号では国の天然

296   第Ⅶ章　中国地方

図 84-7　九州山地でマッチ棒を倒したようなスギ林の倒伏状況
（2005 年 11 月）［筆者撮影］

記念物の 900 年生のイチョウの大枝が折損した．アメダス奈義では 33.5 m/s，奈義町役場で 40.0 m/s を観測しており，那岐連山に風枕が懸かった（山本ら，2022）[4]．

なお，広戸風の暴風雨による森林の倒伏記事が読売新聞（2020 年 8 月 20 日）に出たが，台風 23 号で倒伏したスギ林（2004 年 10 月 20 日）が掲載されている．これは，2005 年秋の台風によって九州山地でマッチ棒を倒したようなスギ林の倒伏（図 84-7）に極似している．

85. やまえだ（やまえだ風）

　やまえだ（風）の吹く地域の色別標高地図は 83 節の図 83-1（p.289）を参照．境港といえば，弓ヶ浜や美保関灯台が思い出される．ここでは弓ヶ浜の関連写真を示す（図 85-1，図 85-2，図 85-3，図 85-4）．

　鳥取県の弓ヶ浜海岸から境水道にかけて 5～9 月上旬に高気圧圏内で吹く北東寄りの 2～9 m/s の局地風を図表で説明している（吉野，1978；吉野，1986；真木，1987）[1),2),3)]．また境港市（1986）[4)] の『境港市史（上）』には気象と天候に関する俚諺の「ヤマエダ」の項で「夏の午後，日本海から吹く冷たい北風，境水道に面した海岸通り家は特に涼しい」と記されており，『気候雑稿』（遠藤，1980）[5)] でも，漁師が北寄りの寒風を「ヤマイダ」と呼称していると記している．夏季の日中に太陽放射によって地表面が熱せられ上昇気流が生じると地面付近の気圧が低下し，気圧の低い陸地に向かって海からの風，海風が吹く．この地方では日本海から境港弓ヶ浜や境水道に吹く北東寄りの冷たい海風を「やまえだ」と呼んでいる．また大山の真北の海沿いの大山町御来屋では，「やまえだ　5～6 月に吹く　トビウオ漁やハマチ漁の始まりを告げ

図 85-1　弓ヶ浜の砂浜とマツの防風林［境港観光協会事務局提供］

図 85-2　弓ヶ浜のマツの防風林内の生育旺盛な更新樹［境港観光協会事務局提供］

る風で，温かい強風だが夜になると凪ぐ」．ヤマエダが吹くとあご（トビウオ）が灘に入って来るようになるので，あご風とも言う．しかし，最近の境港市内の数か所の漁業関係者はヤマエダを知らないという（山本ら，2022）[6]．果たしてどうなのか．

　筆者の電話での質問に対して市の担当者は文献を教えてくれたので，知っていると理解した．しかし，最近のクーラーの普及により，人工風に頼った生活に慣れてしまい，自然エネルギー（自然の風）の有効利用には意識が行かなくなったと推測される．また漁業関係者が使用していた風名は忘れられつつある（関口，1985）[7]．多分夏

図85-3　弓ヶ浜のサイクリングロードと伯耆富士・大山の遠望
　　　　［境港観光協会事務局提供］

図85-4　ハマヒルガオの咲く砂浜と夢みなとタワー（弓ヶ浜北東
　　　　部，高さ43 mのタワーなどイベント施設）のある弓ヶ浜
　　　　［境港観光協会事務局提供］

であれば海風の涼しさを実感できたのかも知れない．筆者は四国の瀬戸内側で育ったため，瀬戸内の朝凪と夕凪には悩まされたが，昼間に海を前にしての海風の涼しさは実感として認識している．自然エネルギーの有効利用を計りたいものである．

　これまでの強風の評価法では海風の特性は十分に評価できないため，次の方法で調べた．アメダス境の2023年7月の風向分布は北寄り15例で，西寄り8例，南寄り6例，東寄り2例であり，8月の風向分布は北寄り15例，東寄り9例，南寄り5例，西寄り2例であり，北寄りが圧倒的に多い．すなわち2か月とも，海風に起因した風が

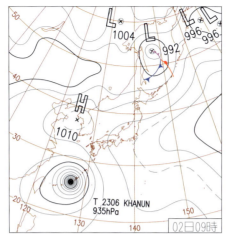

図 85-5　やまえだ風が吹いた 2023 年 8 月 2 日 9 時の天気図　[気象庁提供]

多い特徴がある.

　たとえば，2023 年 8 月 2 日の気象では降水量 0 mm，最低気温・最高気温 26.5℃，37.5℃，最小湿度 43%，平均風速 1.6 m/s，最大風速・最大瞬間風速（風向）4.4 m/s 北北西，7.0 m/s 北北西，日照時間 9.6 h である．同日 9 時の天気図（図 85-5）は沖縄に 935 hPa の台風 6 号があり，本州は広く小笠原高気圧に覆われており，さらに朝鮮半島まで 1010 hPa の高気圧が張り出し，高温の発生状況がよくわかる．

　もう一例，2023 年 8 月 22 日の気象では上記の順に 0.0 mm，26.7℃，36.0℃，53%，1.9 m/s，4.1 m/s 北東，8.3 m/s 東，11.4 h であり，同日の天気図は九州の南に 1006 hPa の低気圧，本州の東方に 1018 hPa の高気圧があり気圧傾度が小さい日である．西から東日本は湿った空気の影響で雨や雷雨が多い．西から東日本は湿った空気が流入し大気の状態が不安定，所どころで雨や雷雨．風が弱く，蒸し暑さがわかる．なお，最終的風速推定として，2 例の平均風速を 2 割増して最大風速・最大瞬間風速は 5 m/s，北北西から北東，9 m/s，北北西から東と推定された．

86. 弥山おろし

　弥山おろし，石鎚おろしの吹く地域の色別標高地図を図 86-1 に示す．
　厳島（宮島）（図 86-2，図 86-3，図 86-4）は広島湾の最西端に位置し，広島市中心部からは 20 km の南西海上にあり，北東 9 km，南西 4 km の長方形に近い．島の面積は 30.2 km^2 で，山塊では花崗岩が大きく露出して荒々しい景観を呈している．弥山

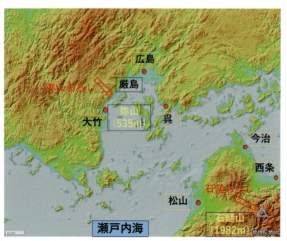

図 86-1　弥山おろし，石鎚おろしの吹く地域の色別標高地図
　　　　［国土地理院の地図をもとに筆者作成］

図 86-2　瀬戸内海からの厳島（宮島）の鳥居と後方の弥山（2014年 3 月 7 日）［筆者撮影］

は広島県廿日市市宮島町の厳島（宮島）の最高峰（535 m）で古くから信仰の対象の山であり，瀬戸内海国立公園内に位置する．弥山の山麓は，ユネスコの世界遺産「厳島神社」の登録区域に入る．
　弥山おろしには種々の風がある．『宮島物知り図鑑』（廿日市市，2024）[1]の宮島の地理として，気候は瀬戸内海気候に区分され温暖だが，冬季には内陸の冷え込んだ風が太田川の谷を通って広島湾に吹き込む．「弥山おろし」はこうした冷たい風のことを

図86-3　厳島（宮島）の弥山（535m）（2014年3月7日）
　　　　［筆者撮影］

図86-4　花崗岩の弥山頂上と瀬戸内海（2014年3月7日）
　　　　［筆者撮影］

言い，市街地が北西に向かって形成されている町の人には厳しい風となる．逆に夏季には高温となり8月の平均気温が30℃を超すことも多く，夕凪の無風時には強烈な西日と相まって夏の暑さを一層強める．梅雨期に集中豪雨が発生しやすい地域でもある．

　中国新聞（2006）[2)]には，「八朔（新暦8月下旬〜9月下旬）の夜に島の人々は農作物への感謝を込めて手製のたのも船を厳島神社の大鳥居の方向に薙がす伝統行事が行われ，いくつの船が対岸に着くのだろう．引き潮に乗り，「弥山おろし」の風を受けて少

しずつ遠ざかる」とある．弥山から吹き降ろす南風（陸風，山風，斜面下降風（冷気流））により大鳥居へとたのも船が流れていく様子が読み取れる．

弥山おろしは，前者は冷たい季節風，後者は夏季の弥山から吹き降ろす南風である．また『厳島新絵図』（舩附，2011)[3]には 1991 年台風 19 号の暴風を「弥山おろし」と記しており，海洋気象学会（2013)[4]でも同様に使用されているなど，風名の使用範囲が拡大している．

ここでは，学術的な意味として，寒候期に吹く北西の季節風の局地風とする．偶々の猛烈な台風による暴風は局地風ではなく，冷気流，陸風，山風の風とは別の強風として扱った．なお，冬の季節風に対しての名称は，赤城おろしや筑波おろしの名称と同様に，その地方の一般的な季節風に付近の有名な山の名称を冠する弥山おろしとした．

冬季のアメダス広島の最大風速は 19.3 m/s 西（1953 年 12 月 26 日），18.0 m/s 北西（1956 年 1 月 28 日），17.7 m/s 北北西（1950 年 2 月 10 日），17.3 m/s 西北西（1955 年 1 月 20 日），17.2 m/s 北（1989 年 2 月 26 日）であり，最大瞬間風速は 27.0 m/s 北西（1991 年 1 月 17 日），26.3 m/s 西（1981 年 12 月 20 日），26.0 m/s 西（2004 年 2 月 14 日），25.8 m/s 西（2010 年 12 月 3 日），25.8 m/s 北西（1958 年 12 月 16 日）である．集約すると最大風速は 19 m/s，西から北，最大瞬間風速は 27 m/s，西から北西，季節は冬季中心である．

最大風速記録日 1953 年 12 月 26 日の気象は 2.9 mm，3.8℃，10.7℃であり，最大瞬間風速記録日 1991 年 1 月 17 日の気象は降水量 0 mm，最低気温・最高気温 4.1℃，

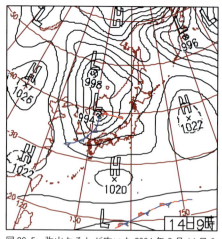

図 86-5　弥山おろしが吹いた 2004 年 2 月 14 日 9 時の天気図［気象庁提供］

14.0℃，最小湿度 23%，平均風速 4.3 m/s，最大風速・最大瞬間風速（風向）16.5 m/s 北西，27.0 m/s 北西，日照時間 6.3 h である．

　なお，最大瞬間風速 3 位の 2004 年 2 月 14 日の気象は上記の順に 0 mm，0.9℃，15.9℃，最小湿度 11%，6.2 m/s，17.1 m/s 西，26.0 m/s 西，7.3 h であり，同日 9 時の天気図（図 86-5）は日本海に 994 hPa の低気圧があり，急発達している．全国的に南よりの強い風が吹き込み，気温は平年より 5〜9℃ 高い．3 月下旬〜4 月上旬並に上昇し，午後には寒冷前線が通過して気温も下がり強風が吹いた．その強風が対象の弥山おろしである．

第Ⅷ章　四国地方
香川県・徳島県・愛媛県・高知県

　四国地方は，四国山脈によって南北に分けられ，気候も北部は瀬戸内海気候区，南部は太平洋側気候区に区分される．四国の北部は降水量が少なく比較的温暖である．南部は降水量が多く気温も高い．降水量は梅雨期および秋雨期と台風期に多いが，高松の1150 mmに対して高知は2666 m，室戸岬は2465 mmである．年平均風速・風向は高松2.5 m/s西北西，高知1.8 m/s西で小さいが，室戸岬では6.8 m/s東北東で大差であるなど，風雨の違いが大きい地域を含んでいる．

　本章では四国地方の局地風（剣おろし，やまじ風，西条あらせ，石鎚おろし，肱川あらし，わたくし風）を解説する．

87. 剣おろし（剣山おろし）

　剣おろし，やまじ風，西条あらせ，石鎚おろしの吹く地域の色別標高地図を図87-1に示す．

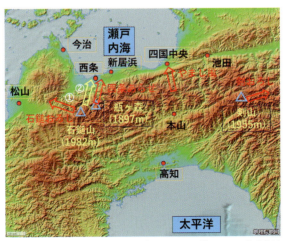

図87-1　剣おろし，やまじ風，西条あらせ，石鎚おろしの吹く地域の色別標高地図［国土地理院の地図をもとに筆者作成］

図 87-2　剣山山頂の三角点（1955 m）を取り巻く太い注連縄（2019年10月24日）［筆者撮影］

図 87-3　悪天候下の剣山とよく整備された木道（2019年10月24日）［筆者撮影］

　剣山（1955 m）は日本百名山である．暴風雨の中での登頂写真を図 87-2，図 87-3 に示す．剣おろしは一般的には山から吹き降ろす冷たい北風であるが，実際に使用する場合には方角に関係なく使う場合があり，よって南風に対しても使うため，徳島県北東部地域でも使用される．
　NHK テレビ番組（2016 年 1 月 31 日放送）[1]に，「ソラは風に包まれて～徳島県つるぎ町～」がある．「徳島県西部のつるぎ町では，山の急斜面にへばり付くように家々が点在しています．人々はこの急斜面に畑を切り開いて暮らしています．まるで空の

中で生活しているかのような空間を，人々は古くから『ソラ』と呼びました．冬，山から吹き降ろす風『剣山おろし』が暮らしを彩ります．農家は大根を干す作業に大忙し，そうめん職人は麺を山からの風にさらして仕上げます．つるぎ町の冬の営みを見つめる旅です」と紹介されている．また，『祖谷のかずら橋』の歌詞に剣おろしが出てくる，などの使用事例がある．

　冬季間の剣おろしを評価できるアメダス徳島では，最大風速は 18.7 m/s 西南西（1950 年 12 月 17 日），18.4 m/s 南（1957 年 12 月 13 日），18.3 m/s 西（1970 年 12 月 13 日），18.3 m/s 西（1948 年 1 月 6 日），18.3 m/s 西北西（1936 年 2 月 4 日）であり，最大瞬間風速は 30.0 m/s 南（2004 年 12 月 4 日），29.6 m/s 西北西（1990 年 12 月 11 日），28.9 m/s 西（1968 年 1 月 14 日），28.2 m/s 西（1970 年 12 月 13 日），27.8 m/s 西（1971 年 1 月 5 日）である．仮に集約すると最大風速は 19 m/s，南から西北西（南西から西），最大瞬間風速は 30 m/s，南から西北西（南西から西），季節は冬季中心である．

　もう一つは剣山の北方で吉野川の北側に当たるアメダス穴吹を選定した．最大風速は 9.0 m/s 西南西（2008 年 12 月 21 日）（2 位以下省略）であり，最大瞬間風速は 22.6 m/s 南西（2017 年 1 月 14 日）である．集約すると 9 m/s，南西から西南西，最大瞬間風速は 23 m/s，南西から西南西，季節は冬季中心である．穴吹の風向は良いが谷地で風が非常に弱いため徳島の気象を採用した．

　徳島の最大風速記録日 1950 年 12 月 17 日の気象は降水量 1.4 mm，最低気温・最高気温 4.4℃，10.2℃である．最大瞬間風速記録日 2004 年 12 月 4 日の気象は降水量

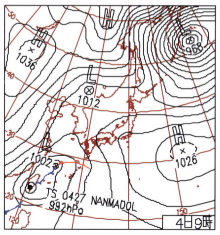

図 87-4　剣おろしが吹いた 2004 年 12 月 4 日 9 時の天気図［気象庁提供］

308　第Ⅷ章　四　国　地　方

79 mm，最低気温・最高気温 11.7℃，23.5℃，最小湿度 74％，平均風速 3.5 m/s，最大風速・最大瞬間風速（風向）12.9 m/s 南，30.0 m/s 南，日照時間 0 h であり，同日 9 時の天気図（図 87-4）は東シナ海に 1002 hPa の低気圧，本州はるか東方に 1026 hPa の高気圧がある．東シナ海の低気圧が発達しながら北東進し，九州から雨が降り出し，雨量は太平洋側で多く徳島県宍喰町で 216 mm/日であった．このような日に剣おろしが吹く．

88. や ま じ 風
<ruby>風<rt>かぜ</rt></ruby>

　やまじ風の吹く地域の色別標高地図は 87 節の図 87-1（p.305）を参照．やまじ風は愛媛県東部の瀬戸内海に面した旧宇摩平野（現 新居浜平野東部域，四国中央市）に吹くフェーン現象を伴った南寄りのおろし風である．風害を発生させることが多いため，清川だし，広戸風とともに日本三大悪風とされている．風向は南東から南西，風速は風向変化で増大し，気温は風向・風速変化で上昇するなどの特徴がある．発生時期は暖候期で，春季と秋季に低気圧や台風が日本海を北東進する場合に顕著になる．

　やまじ風の発生メカニズムは，安定気層をなす気流が高知県の太平洋側から複雑地形を越え，四国脊梁山地（石鎚山脈東部）の鞍部を越えるとき，地形による収束作用を受け，法皇山地の北斜面を下る際に一層強風となって麓に吹き降りたあとに，ハイドロリックジャンプ（跳ね水）現象を起こして上空に上昇し，再度海上で吹き降ろす特性がある．なお，四国山地から瀬戸内海に下る斜面の勾配は約 25％で均一であり（図 88-1），その斜面を風が吹き降りる，あるいは逆風で吹き上げることになる．

　くり返すと高知方面から流れてきた風（気流）は四国脊梁山地の南斜面を上昇したあと，一度，銅山川の谷地に下降し，法皇山地の南斜面で再び上昇して新居浜平野に向けて下降する．この上下方向の大気の運動は山岳波の風下波動であり，上下に振幅をもった強風の波が定常波となる．この定常波が大気の接地層に達した地点が新居浜平野の強風域に当たる．なお，法皇山地を越える際，南風が強いときには尾根筋の風下直下で剝離流を起こすことがある．

　また，やまじ風は石鎚山脈（山地）からの吹き降ろしであるため，広い意味では後述の石鎚おろし，あるいはその一種であると言える．

　やまじ風が吹き始める前に四国脊梁山地の北側の法皇山地の<ruby>赤星山<rt>あかぼし</rt></ruby>（1453 m），豊受山（1247 m）に風枕（桁雲）と呼ばれる笠雲（図 88-2）が懸かることが多い．上空で南寄りの風が強まり，法皇山地に当たって波動を発生させ，山地の北側で渦流が生じることに起因する「誘い風」の北寄りの風が発生する．これに呼応して山鳴りが起こることがある．やがて法皇山地の北斜面を気流が流れ下り，やまじ風が吹き始めると気流の先端は跳ね水現象により上昇する．この先に当たる瀬戸内海の海岸より数キ

図 88-1　四国山地から瀬戸内海に下る勾配約 25％（強風域）の一定傾斜（1996 年 3 月 10 日）［筆者撮影］

図 88-2　やまじ風の吹き始めに四国山地に懸かる風枕（1986 年秋季）［筆者撮影］

ロメートル沖合では「どまい」と呼ばれる北から北東寄りの風が吹いており，おろし風とのあいだに不連続線が形成されている．これがやまじ風前線である．やまじ風前線付近の法皇山地の山麓部では風向と風速が激しく変動している．この風は舞々風，迷い風と呼ばれている．舞々風のあとに海岸平野の南寄りの風は強くなる．これは「本やまじ」と呼ばれ風向により，こちやまじ（こちは東風），辰巳やまじ（辰巳は南東風），西やまじ（西は西風）に分けられる．最盛期は南東から南寄りで，これが南から南西寄りに変化して終息期には南西から西へ，さらに北西寄りになる．この終息期の風を返し風（かわし風）と呼ぶ．東風やまじから西風やまじに変化する風の頃が最も強いとされている（斉藤，1994：一，2022)[1],[2].

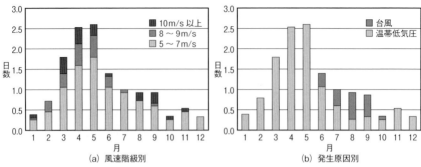

図88-3 やまじ風の月別平均発生数（1999〜2007年），(a) 風速階級別，(b) 発生原因別
［紀井ら，2019］[3]

やまじ風の統計的特徴（図88-3，紀井ら，2019）[3]から，発生数は3〜6月（年間の半数）と台風期に多く，発生時刻は10〜21時が多い．やまじ風は南寄りの強風が急に吹き始め，気温は1.5〜4℃急上昇する．

アメダス四国中央の南東から南西風の年間の最大風速は14.0 m/s 南南東（2007年5月17日），14.0 m/s 南（1987年4月21日），13.1 m/s 南（2016年4月17日），13.0 m/s 南南東（2007年5月16日），13.0 m/s 南南東（2007年3月5日），13.0 m/s 南南東（2004年4月26日）であり，最大瞬間風速は30.8 m/s 南西（2013年3月18日），30.2 m/s 南南西（2011年5月1日），28.2 m/s 南西（2012年4月3日），26.8 m/s 南西（2017年4月17日），26.5 m/s 南西（2010年3月20日）である．

最強風速と風向範囲を仮に集約すると最大風速は14 m/s，南南東から南，最大瞬間風速は31 m/s，南南西から南西である．しかし，アメダス四国中央はやまじ風観測には適地でなく，風は相当弱いため，やまじ風による被害状況や多くの文献（最大瞬間風速が50 m/s 以上）等々を考慮して，数値的には6割増の補正を加える．すると最終的には，最大風速は22 m/s，南南東から南，最大瞬間風速は50 m/s，南南西から南西，季節は春季と秋季と推定した．

四国中央の最大風速記録日2007年5月17日の気象は降水量0 mm，最低気温・最高気温16.9℃，24.6℃，平均風速4.1 m/s，最大風速・最大瞬間風速（風向）14.0 m/s 南南東，最多風向西南西，日照時間8.8 h であり，同日9時の天気図（図88-4）は日本海に984 hPa，東海沖に996 hPa の低気圧があり，本州南岸を低気圧が東進し日本海の寒気を伴った低気圧が本州に接近して全国的に雨や曇りとなった．

最大瞬間風速記録日2013年3月18日の気象は上記の順に13.0 mm，14.1℃，21.9℃，3.9 m/s，11.9 m/s 南，30.8 m/s 南西，最多風向南，0.7 h であり，同日9時の天気図は日本海南西に998 hPa の低気圧，本州東方には1028 hPa の高気圧があり，低気圧や前線の通過に伴う強い南風が吹き，前線通過時に強雨があった．以上の

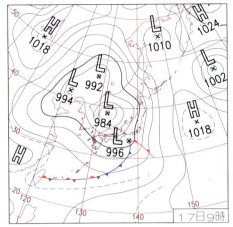

図88-4 やまじ風が吹いた2007年5月17日9時の
天気図［気象庁提供］

ような気圧配置のときにやまじ風は吹くが，四国中央では数値的に小さいので，風速補正を行った．

89. 西条あらせ

　西条あらせの吹く地域の色別標高地図は87節の図87-1（p.305）を参照．西条市は愛媛県東部に位置し，南に西日本最高峰の石鎚山（天狗岳，1982 m）があり，北は瀬戸内海に面する．気候は温暖で，良質な自噴水うちぬきに代表される自然環境と，由緒ある寺や名湯といった魅力的な観光地がある．生産量日本一の「はだか麦」や「あたご柿」など，多種多様な農作物の一大産地であり，海苔，魚介類も多い．飲料，電気や機械などの工場が立地し，四国最大規模の工業地帯でもある．一方，「水の都」と呼ばれ，環境省「昭和の名水百選」や国土交通省「水の郷」に認定され，1995～1996年の全国利き水大会で日本一のおいしい水に選ばれた．

　1636年に一柳家が西条・小松藩主に，1670年に松平家が西条藩主になり，明治維新まで約200年間，西条藩は松平三万石，小松藩は一柳一万石の陣屋町で栄え，絢爛豪華な屋台（だんじり），御輿，太鼓台が練り歩く「西条まつり」が挙行されてきた．四国八十八カ所の六十一～六十四番札所（横峰寺から前神寺），伊曽乃神社，石鎚神社，西山興隆寺，保安寺，本谷温泉，石鎚スキー場等，観光名所が多い．

　西条市で吹く斜面下降風（冷気流）の局地風である西条あらせは，農作物に有利な風である．局地風は，多くは強風で被害を起こす風であるが，西条あらせは逆であ

図 89-1　西条あらせの吹くホウレンソウ栽培地域の状況（1987 年 1 月 28 日）［筆者撮影］

図 89-2　前山の山麓域がホウレンソウ栽培適地（1987 年 1 月 28 日）［筆者撮影］

る．この種の風は国内にかなりあるが，強風でなく晴天下の弱風のためあまり知られていない．以前，農協関係の友人からホウレンソウが阪神市場で評価が高く産地指定されていると知らされた．疑問をもち推測・観測した結果，気象特性差であることが解明された（真木・黒瀬，1988；真木，2007）[1),2)]．図 89-1，図 89-2 に西条あらせが吹くホウレンソウ栽培農地を示す．

　図 89-2 で顕著な西条あらせが吹くときは，後方の石鎚山脈中腹から吹き，前山の高峠山を越えて山麓域に吹き降ろす．その付近がホウレンソウの栽培適地であり，手前の低平地の農地は低温になるためホウレンソウには栽培不適地である．

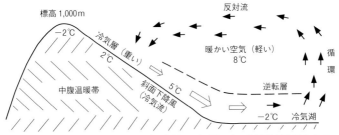

図 89-3 斜面温暖帯と逆転層の風速・気温モデル図．太い矢印は局地風あらせ．モデル図では山域を 1000 m，高地の気温と低平地の気温を－2℃に設定［真木・黒瀬，1988；真木，2007］[1),2)]

　西条あらせは，石鎚山の北側山麓（瀬戸内海側域）に寒候期，晴天の夜間に吹く南風で相対的に気温は高く湿度は低い風である．弱い風とはいえ，冬季夜間の風に当たると人には寒い体感気温であるが，冬作物は暖かい風と感じる．もし，この風がなければ低温になり霜が降り凍霜害が発生するが，保温されるため作物に有利である．これは筑波山の冷気流（筑波風）で斜面の中腹から山麓が低温化しない現象と同じで，ミカン栽培に活用されている．

　西条あらせは，専門用語では斜面下降風，冷気流と呼ばれる気流，風である．冷気流は冷たいのではと，疑問を抱かれるかと思うが，じつはモデル図（図89-3）のように斜面での地表面は放射冷却によって熱が天空に逃げ，地表面は冷やされ，地面に接した空気は冷えることから冷気流と呼ばれる．冷却面は斜面であり，冷えた空気は周辺の空気より密度が高く重いため，重力に従って斜面を下り，次第に周辺の同様な空気が集合して速くなり斜面を下っていく．一方，低平地では重い空気は行き場がなくなり，ほぼ停滞するが，広範囲にはモデル図のような循環風となる．冷気流は，流れる斜面の作物への影響や効果が重要である．

　図89-4に現地観測に基づいた1987年1月28，29日5～6時平均の風速・風向・気温・相対湿度を示す．風向は山地の方から吹く南寄りの風で，風速は低平地で1 m/s以下，山麓域の冷気流（暖風）で4 m/s以上である．低平地では気温が1℃程度であるのに対して山麓域では5℃以上の地域もあり約5℃高い．湿度は50％以下が山麓域にあり無霜であったが，低平地では70％以上で霜が降りた．

　アメダス西条の1987年1月28日の気象は降水量 0 mm，最低気温・最高気温 1.9℃，11.3℃，平均風速3.4 m/s，最大風速・最大瞬間風速（風向）6.0 m/s 南南西，最多風向南西，日照時間 9.0 h，29日は上記の順に 0 mm，4.7℃，14.0℃，4.0 m/s，7.0 m/s 西南西，最多風向南西，9.1 h である．ただし，アメダス西条は西条あらせが吹いた地域（現地）の北西約 10 km に位置し，影響範囲外であり，西条あらせ

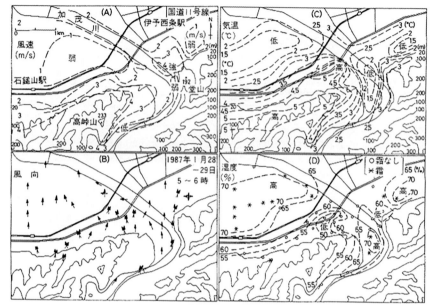

図89-4 西条市のホウレンソウ栽培農地に吹く冷気流・西条あらせ．(A) 風速，(B) 風向，(C) 気温，(D) 湿度 [真木・黒瀬，1988；真木，2007][1),2)]

の特徴をある程度示すが，参考値である．

なお，図89-5に赤外線放射温度計による表面温度分布（1986年12月17日3時）を示す．1月29日6時の冷気流の吹く斜面温暖帯と低平地の低温域の温度分布から低地の低温と山地中腹の高温がわかる．

また，直近2024年1月29日の気象は上記の順に0 mm，1.2℃（降霜），10.7℃，最小湿度49%，2.3 m/s，3.7 m/s 南南西，5.4 m/s 南南西，最多風向南南西，9.5 hであり，同日9時の天気図（図89-6）は黄海の1034 hPaの移動性高気圧に覆われ，一般風の弱い晴天日で，西条あらせは確実に吹いた．しかし，くり返すが気象データは本来の西条あらせではない参考値である．

以上，観測・文献等より集約すると，最終的には最大風速は6 m/s，南南東から南西，最大瞬間風速は10 m/s，南南東から南西，季節は冬季中心である．

ホウレンソウに関しては，冷気流が吹くために生育が早く，乾燥しているため病害虫が少なく，収穫回数と収量が多い．かつ早朝の収穫時に霜と露がなく濡れていないため収穫調整が楽で，市場で有利など，気象資源としての西条あらせの利点が理解できる（真木，2022a；2022b）[3),4)]．

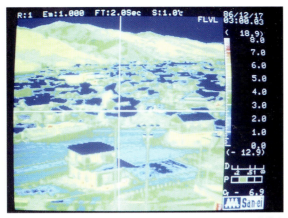

図 89-5　赤外線放射温度計による山地斜面とホウレンソウ栽培山麓域の表面温度差（0〜8℃，斜面温暖帯の高温と低平地の低温，1986年12月17日3時）[真木，2022][3]

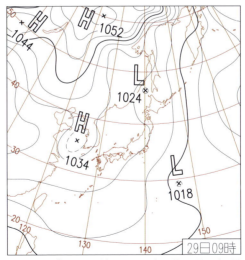

図 89-6　西条あらせが吹いた 2024 年 1 月 29 日 9 時の天気図 [気象庁提供]

90. 石鎚おろし

　石鎚おろしの吹く地域の色別標高地図は87節の図87-1（p.305）を参照．石鎚山（天狗岳，1982 m）は愛媛県西条市と久万高原町の境界に位置する西日本最高峰であり，石鎚山系の中心の山で，石鎚国定公園に指定されている．頂上からは，瀬戸内海，中国・九州地方の山々が遠望でき，特に石鎚山（弥山，1972 m）からの天狗岳の景色は正に絶景（図90-1，図90-2）である．また，成就社からの石鎚山北面を図90-3に示すように，古くから山岳信仰（修験道）の山として知られ，日本百名山，日本百景，日本七霊山の一つであり，霊峰石鎚山とも呼ばれている．

　愛媛県障害学習センター（2024）[1]の記事に「川上では，風が吹くと，季節に関わりなく『石鎚おろし』（石鎚山系の山々から麓に向かって風が吹くこと）があって，土埃が巻き上がります．しかも，冬場などは，松山から来た人が，『ここら（川上辺り）に来たら，毎日が台風じゃの』というくらい強い風が吹きます．特に，土砂の周辺は風が強くて，川上小学校の運動場も，その場に居続けられないほどの風が吹いて土埃が舞いあがります」とある．

　その石鎚山の西から西北西約20 km，道後平野の松山東方に当たる東温市の人々は，夏でも夜になると石鎚山から吹いてくる冷たい東風を「石鎚おろし」と呼んでいる．この風は冬季の風でもなく北風でもない．東温市の特に北方（川上）付近は重信川の上流に当たり，地峡風の影響も加わり相当の強風が推定できる．したがって，高山から吹き降ろす定常的な冷たい風のことを，季節，方向に関わらず「おろし」と呼んでいる地域がある．

図90-1　石鎚山（天狗岳，1982 m）の紅葉（2023年10月12日）
［筆者撮影］

90. 石鎚おろし　317

図 90-2　天狗岳（1982 m）の頂上近くの石鎚山の
　　　　紅葉（2023 年 10 月 12 日）［筆者撮影］

図 90-3　成就社からの石鎚山北面の絶壁（2023 年 10 月 13 日）
　　　　［筆者撮影］

アメダス松山の東南東から南東風（石鎚山の風下）の最大風速は21.0 m/s 南東（1914年6月3日），20.5 m/s 東南東（1954年9月13日），20.2 m/s 南東（1900年8月19日），17.7 m/s 南東（1942年8月28日），14.9 m/s 南東（1905年5月6日）であり，最大瞬間風速は34.8 m/s 南東（1951年10月14日），32.8 m/s 東南東（1954年9月13日），27.7 m/s 南東（1999年9月24日），27.0 m/s 南東（1971年8月5日），25.1 m/s 南東（1993年8月10日）である．最強風速と風向範囲を仮に集約すると最大風速は21 m/s，東南東から南東，最大瞬間風速は35 m/s，東南東から南東である．

山間地，アメダス久万での東から南東風の最大風速は12.5 m/s 南東（2022年9月19日），11.1 m/s 南東（2022年9月18日），11.0 m/s 南東（1993年8月10日），11.0 m/s 南東（1980年9月11日），10.0 m/s 南東（2004年8月30日）であり，最大瞬間風速は28.4 m/s 東南東（2022年9月18日），25.1 m/s 東南東（2022年9月19日），24.0 m/s 東南東（2020年9月7日），19.8 m/s 東（2020年9月6日），19.2 m/s 東南東（2016年4月17日），19.2 m/s 東南東（2016年4月16日）である．最強風速と風向範囲を仮に集約すると最大風速は13 m/s，南東，最大瞬間風速は28 m/s，東から東南東である．

久万の最大風速記録日2022年9月19日の気象は降水量79 mm，最低気温・最高気温19.3℃，25.5℃，平均風速5.2 m/s，最大風速・最大瞬間風速（風向）12.5 m/s 南東，25.1 m/s 東南東，最多風向南東，日照時間0hであり，同日9時の天気図（図90-4）は台風14号が九州縦断後，975 hPa で北九州にあり，本州の日本海沿岸を東北

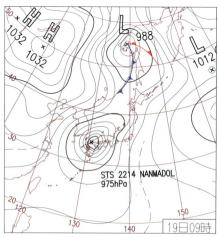

図90-4　石鎚おろしが吹いた2022年9月19日9時の天気図［気象庁提供］

東進し，日降水量は広島県内黒山 304.5 mm など 3 地点で，最大瞬間風速は愛媛県四国中央 47.4 m/s など 8 地点で観測史上 1 位だった．

松山市での台風の暴風を含む強風，久万（久万高原町）での山間地の弱風，東温市での地峡風等々を考慮して松山と久万の平均として算定すると，東温での石鎚おろしは最終的に最大風速 17 m/s，東南東から南東，最大瞬間風速は 32 m/s，東から南東，季節は春季から秋季と推測された．

石鎚山の直下の西条市および新居浜市では石鎚おろしの名称はよく知られ，使われている．アメダス西条の南寄り風の最大風速は 16.0 m/s 南（2004 年 9 月 7 日），16.0 m/s 南西（2004 年 8 月 30 日），16.0 m/s 南西（1979 年 3 月 30 日），15.0 m/s 南南西（1991 年 9 月 27 日），13.8 m/s 西南西（2021 年 12 月 8 日）であり，最大瞬間風速は 29.2 m/s 西南西（2012 年 4 月 3 日），26.2 m/s 南東（2022 年 9 月 19 日），24.8 m/s 南西（2010 年 3 月 20 日），24.6 m/s 南南西（2020 年 1 月 8 日），24.2 m/s 南南西（2021 年 8 月 9 日）である．最強風速と風向範囲を仮に集約すると，最大風速は 16 m/s，南から西南西（南南西から南西），最大瞬間風速は 29 m/s，南東から西南西（南南西）である．なおアメダス新居浜では最大風速は 15 m/s，南から西南西（南西），最大瞬間風速は 30 m/s，南から西南西（南南西）である．

したがって，①松山・久万平均の最大風速は 17 m/s（東南東から南東），最大瞬間風速は 32 m/s（東から南東）で大きいため，まず東温市の風速（風向）を採用した．そして，②西条市・新居浜市地域の最大風速は 16 m/s（南南西から南西），最大瞬間風速は 30 m/s（南南西）を加えた 2 種類の風速（風向）を示した．

ここで四国地方の広域の風を考えると，高知県の足摺岬 - 室戸岬間に南寄りの風が侵入すると，両岬の地形から風はいくぶん収束する．高知市を中心に東西 50〜60 km 程度の範囲を対象にすると，その風は四国山地西部の石鎚山脈（山地）（東西：黒滝山 1210 m - 石鎚山 1982 m - 皿ヶ嶺 1271 m）を北に越えると，今度は西の高縄半島と東の愛媛県と香川県境北部域から続く香川県西部の荘内半島に広がる前の段階では，高知からの南寄りの風は幅広い石鎚山地を越える石鎚おろしであり，西部では高縄半島の影響で風が収束してアメダス西条では南西寄りの風が多くなり，ある程度の強さの風が吹く一方，東部では特に四国中央市付近で南風のやまじ風の暴風がときに吹くことがあり，極端な差である．なお，やまじ風も広い意味では石鎚山脈からの吹き降ろしの石鎚おろしである．

その四国中央市の西方に西条市，新居浜市があり，前述した通り西条では石鎚おろしの用語が使われ，かなり強風が吹くが，西条と新居浜域では異なり，南寄りの暴風は吹かない．また石鎚山地からの吹き降ろしは加茂川上流から西条の平野部に出る開口部で北に向きを変え，風の吹く範囲は加茂川の幅程度に限定されて燧 灘の瀬戸内海へと直進する．

以上のように，石鎚おろしに関しては四国中央市の暴風のやまじ風，西条市と新居浜市の相当強風の石鎚おろし，東温市の定常的な強風の石鎚おろしとそれぞれ特徴別に区分される．

91. 肱川あらし

肱川あらし，わたくし風の吹く地域の色別標高地図を図 91-1 に示す．

肱川（図 91-2）は愛媛県西部を流れる一級河川で標高 460 m の源流から河口まで 18 km であるが蛇行が多く流路は 103 km に及ぶ．支流は肱川にまとまって瀬戸内海の伊予灘に流れ出す．肱川の中心都市大洲市は伊予の小京都とも呼ばれ古い町並みが残る観光都市である．

肱川あらし（嵐），おろし，あらせ，あらす（長浜あらし，あらす）（吉野，1999；真木，2022a；2022b）[1),2),3)] は多くの呼び名があるが，大洲市長浜で吹く局地風である．霧は周辺が山に囲まれた大洲盆地からゆっくり流れ出し，肱川河口域で風速が最強となる．大洲からの下流域はほぼ直線状に流れ，V字の谷川地形で両岸は 300〜400 m の山並みが続く急傾斜地である．河口部では，特に川面上で強く，寒候期の 10〜3 月に吹き霧を伴うことが多い．霧が溜まりやすい大洲盆地（図 91-3）は，地表面が放射冷却で冷やされ水蒸気が飽和に達しやすいためである．

図 91-3，図 91-4，図 91-5，図 91-6 に示すように，肱川あらしは霧に覆われ，川面上を霧の筋となって下る 10 m/s 程度のやや強い風で，陸風と山風が関与する．風の

図 91-1　肱川あらし，わたくし風の吹く地域の色別標高地図
　　　　［国土地理院の地図をもとに筆者作成］

図 91-2 肱川と肱川あらしを示す大洲市周辺の地形［国土地理院の地図をもとに筆者作成］

息が小さく層流に近い安定的な風であるが，河口近くではゴォーと唸りを立てて流れる．瀬戸内海上空から映した肱川の河口から上流域の霧の状況を図 91-7 に示す．このような河口域の同様な光景を，偶々飛行機から見る機会があり，感動したことがあった．

図 91-3 大洲盆地に溜まった霧・層雲（2001 年 3 月 3 日早朝）
　　　　［筆者撮影］

図91-4　肱川河口域を流れる肱川あらし（2013年11月）．右側の海面近くには扇型の霧・けあらしが出ている［大洲市観光協会（大洲市役所長浜支所地域振興係）提供］

図91-5　可動橋で知られる長浜大橋を吹き越す肱川あらし（2015年12月9日）．下流に新長浜大橋がある［大洲市観光協会（大洲市役所長浜支所地域振興係）提供］

　肱川下流東岸の小高い標高160mの肱川あらし展望公園に霧を観察できる展望台があり，適度の霧では長浜大橋が霧を堰き止めるかのように見える．顕著な場合は河口から数kmにわたり扇型に瀬戸内海に流れ出す．肱川あらしは嵐の字，読みのため強風の印象があるが，天気は良く一般風が弱いときに発生する風で決して悪天候ではない．なお，肱川を流れる霧が河口の長浜にまで達しない場合，たとえば筆者が観測した次の事例では霧が10 kmあまりも流れてきて河口の手前200 mで消えた場合は肱川あらしと呼べるのかは程度の差であろう．

91. 肱川あらし　323

図 91-6　肱川河口付近での霧の流れと海上のけあらし（2019 年 11 月 16 日）［大洲市観光協会（大洲市役所長浜支所地域振興係）提供］

図 91-7　上空からの肱川あらし（2015 年 12 月 1 日）．奥から谷間に押し寄せて盛り上がった霧が河口に向けて流れ下り，海に出ると薄く広がる［大洲市観光協会（大洲市役所長浜支所地域振興係）提供］

2001年3月3日早朝，大洲盆地に霧が溜まり冷気湖（図91-2，図91-3）（真木，2007）[4]が形成され，盆地内では風速1m/s以下，気温2.0℃，相対湿度83%で，雲海が標高500m以下の逆転層に懸かり，盆地底の地上では霧はなかったが，盆地内の富士山（とみすやま）の中腹は霧に隠れ頂上は出ていた（図91-3）．

　盆地の出口のボトムネックで気流が絞られ1～2m/s，3.0℃，83%となり，川沿いに北に直線的に流れる河口より6kmの中央部では1m/s，3.0℃，84%，河口より3kmの標高500m以上の山地が両岸に迫る地峡風の発生地点では7m/s，河口の橋上で6.7～7.4m/s，3.3℃，82%で風向は南東であった．河口では霧は消えたが1km上流では100～300m高に霧が確認できた．6時の展望台では逆向きの北東風が吹き，霧の流れを止めていた．川面上の風速分布は一般風の対数分布（風速の鉛直分布が対数的に減少する）とは異なり，高さ5m付近に極大風速域がある興味深い現象・特徴があった．

　さて，弱風の検索は難しいため，肱川あらし出現日のアメダス大洲と長浜（流れの東側）の気象を個別に調べると，2020年2月24日は，それぞれ最低気温0.0℃，1.0℃，平均風速1.0m/s，3.4m/s，最大風速2.9m/s南西，5.3m/s南，最大瞬間風速5.1m/s南西，10.0m/s南，最多風向西南西，南，日照時間7.4h，9.6hが観測され，大洲盆地の弱風に対して長浜河口の強風が顕著であり，気温や日照時間の差も理解できる．同日9時の天気図（図91-8）は九州・四国付近は1028hPaの高気圧に覆われ，その後高気圧が九州の西から日本の南へ移動した．西・東日本はおだやかに晴れた．

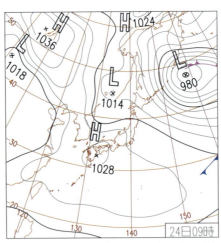

図91-8　肱川あらしが吹いた2020年2月24日9時の天気図［気象庁提供］

なおまた，2月28日9時には鳥取付近に1026 hPaの移動性高気圧があり，広くおだやかに晴れたところが多い．このような気象条件下で肱川あらしは発生する．
　これまでの文献や観測値，河川方向等を考慮し，2月24日の長浜の風速の3割増しと考え，最終的には最大風速は7 m/s，南南東，最大瞬間風速は13 m/s，南南東，季節は秋季から春季と推測された．
　なお，最近では地球温暖化で発生頻度と発生強度が小さく，以前は15 m/s 程度の風も観測されていた．近年肱川あらしと逆向きの強風が多い傾向があるが，台風や温帯低気圧で北から北東の強風が川筋に沿って吹く地峡風が多いためと推測される．

92. わたくし風

　わたくし風の吹く地域の色別標高地図は91節の図91-1（p.320）を参照．わたくし風は愛媛県宇和島市の平野部（市街地）で観測される東寄りの強風で，南東の鬼ヶ城山系（高月山と三本杭）からの吹き降ろし風である（図92-1，図92-2，図92-3）．わたくし風は"私の地方にだけ吹く風"（江戸期の『晦巌日記』，『金剛山住職記』）に由来し出現範囲がきわめて局地的であることを言いあらわしている．
　五十嵐（1993）[1]の天気図によると，九州の南から四国の南西沖に発達中の低気圧が進み，三陸沖から北海道の南東海上に高気圧があり，関東から四国地方は気圧傾度が大きい事例が多く，台風が四国の西に接近し北上することで気圧傾度が大きい場合や，日本列島の南岸に停滞する前線，温暖前線の前面，高気圧の縁辺流での発生が3～4月に多い．

図92-1　宇和島市にある高月山（1229 m）とアケボノツツジ
［宇和島市役所商工観光課提供］

図 92-2　宇和島市松野町目黒烏屋から見た三本杭（1226 m）
[宇和島市役所商工観光課提供]

図 92-3　宇和島市の八面山から見た三本杭 [宇和島市役所商工観光課提供]

　わたくし風の顕著な事例（図 92-4，図 92-5）として，2013 年 4 月 6 日にアメダス宇和島では 9 時頃より南東風が強まり最大瞬間風速は 10 時～12 時 30 分に 15 m/s を，10 時 30 分～12 時 10 分には 20 m/s を超えている．宇和島市街の東北東方向で，三本杭山の北東に位置するアメダス近永でも東寄りの風が卓越するが，10 分間平均風速は最大で 5 m/s 程度，最大瞬間風速で南南東 10.7 m/s に止まっている．宇和島の東南東風のピークは 12 時 10 分に東南東 28.4 m/s であり，その後は急減している．愛媛県南端のアメダス御荘の最大瞬間風速は 16.8 m/s，御荘近くの高知県アメダス

92. わたくし風   327

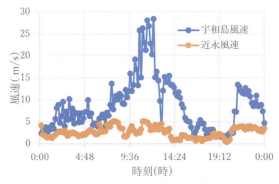

図92-4　2013年4月6日のアメダス宇和島・近永の風速の日変化
　　　　［筆者作成］

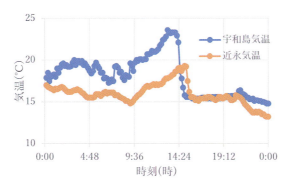

図92-5　2013年4月6日のアメダス宇和島・近永の気温の日変化
　　　　［筆者作成］

宿毛では17.4 m/sであり，この強風時にもさらに宇和島の27 m/sの強風化は際立つ．これは後述の三本杭山域の影響であろう．

　気温の変化では，わたくし風発現時と終息後約2時間後の宇和島の気温は近永より3～5℃高い特徴がある．しかし宇和島の気温も14時20分～14時30分に急激に3.4℃低下し，近永との差は解消している．そして，わたくし風の強風時には宇和島の相対湿度が高知や清水より20％以上も低く乾燥し，気温は4℃以上高いフェーン風が確認できた．

　また，12時の地上天気図では，宇和島の気圧が極小域で低下している（一，2022)[2]．これは低気圧の中心が宇和島を通過したことに起因するが，宇和島付近の地形，たとえば三本杭山域が影響した可能性はあり得る．

　さて，強風当日2013年4月6日の宇和島の気象は降水量8.0 mm，最低気温・最高

第Ⅷ章 四国地方

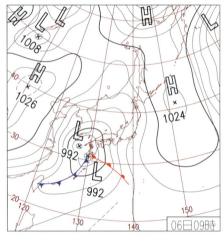

図92-6 わたくし風が吹いた2013年4月6日9時の天気図［気象庁提供］

気温14.7℃，23.8℃，最小湿度54％，平均風速4.4 m/s，最大風速・最大瞬間風速（風向）10.9 m/s 南東，28.4 m/s 東南東，日照時間0.1 h であり，近永の気象は上記の順に32.5 mm，13.1℃，19.5℃，2.6 m/s，5.4 m/s 南東，10.9 m/s 西，最多風向東南東，0 h である．同日9時の天気図（図92-6）は長崎西方と南九州に992 hPa の低気圧があり，発達する低気圧により各地で暴風，西から東日本太平洋側で猛烈な雨，徳島県阿南市蒲生田で最大瞬間風速34.1 m/s だった．なお，そもそも宇和島では南東風は少ないが，最近では2023年8月9～10日の迷走台風6号が九州西方を北上したときの宇和島での最大風速（風向）24.7 m/s 東南東と23.1 m/s 南南東風が挙げられる．

　文献，観測値（4月6日），台風データ等々を考慮して宇和島の最終的な最大風速は11 m/s，南東，最大瞬間風速は28 m/s，南東から東南東，季節は春季と夏季と推測した．

　以上を総合すると，わたくし風は高月山（1229 m），三本杭（1226 m），鬼ヶ城山（1151 m），八面山（1166 m）の山域の南東側から，一つは①高知県の四万十川に合流する目黒川の谷筋が南東に開いているため南東風の収斂後，高月山と三本杭間の滑床
なめとこ
渓谷（景勝地）で強化され梅ヶ成峠（980 m）を越えて吹き降ろす風，もう一つは②目黒川とほぼ平行に南側を流れ，同じく四万十川に合流する黒尊川の黒尊渓谷（景勝
くろそん
地）による地峡風に強化されて吹き降ろす風（主風），多くは両おろしの合併風として宇和島に吹き降ろす局地風と推測される．この希少な局地風はわたくし風であると考えられるが，強風の発生原因，方向性など風の特性を十分表現していないため，よ

り適確な名称を付ける必要がある．付けるとすると，風上側の三本杭（滑床山）を冠した三本杭おろしか，風下側で宇和島からよく見える高月山を冠した高月おろしであろうが，市内からは見えにくい前者よりも後者が適当であろう．

▶▶▶ コラム⑨ 愛媛県西条市上空での液体炭酸散布による人工降雨

　2013年12月27日に西条市上空（海上および市街地）で11時23分から11時48分に液体炭酸を散布すると，消えかけていた自然雲は散布による上昇流で刺激され，11時40分から11時50分にやや強めの人工降雨が市街地に降った．液体炭酸散布条件は雲頂高度2740 m，雲底高度1070 m，散布高度1370 m，散布高度の気温 -5 ℃，風向西から西北西，散布率5.5 g/sであった．

　降雨は散布直下の西条市消防本部0.5 mm，新居浜消防本部（大生院0.5 mm，別子山4 mm）で観測された．また，西条市と新居浜市上空でできた雨脚（雲の下方にできる雨筋）は西風に乗って移動して香川県と徳島県（特に祖谷渓）に達し，対流による2次的効果によって，降雨が香川県と徳島県のアメダス池田（3.5 mm），穴吹（3 mm），半田（2 mm），京上（4.5 mm）で16～17時（降

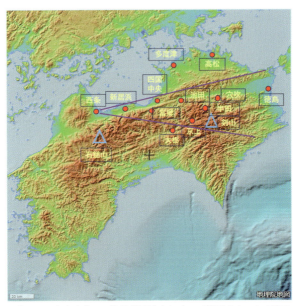

図⑨-1　西条市上空での液体炭酸散布によって降雨のあった主要な降雨域（紫色の線間），赤丸はアメダス観測点
　　　　［国土地理院の地図をもとに筆者作成］

330 第Ⅷ章 四 国 地 方

り始め 15〜16 時）に観測された．図⑨-1 に紫色の降雨域を示す．その他，愛媛・徳島・高知県のアメダスを含めた観測地点 20 か所の降雨は散布時間，降水地点，西から西北西の風向，アメダス新居浜と四国中央の風速 6〜8m/s から人工降雨と推測された．人工降雨の主域は西条 – 菅生（剣山の西側直近）間の距離 90 km に達した．総降水量は 130 万トンと推定された（真木ら，2015）[1]．

　なお，筆者が翌 12 月 28 日朝，新居浜市中萩（国道 11 号）で聞き取り調査をした際に，付近の山奥からコンビニに買い物に来た人の車の屋根に 10 cm の積雪を見て，"雪国から来たのですか" と聞いてしまうほどの雪で，笑ったことを思い出した．人工降雪が影響したのだろうか．

　これまでの実験結果から，散布量は 5 g/s，対流雲か層雲が有効であり，散布雲の気温は − 5 ℃程度，雲の厚さは 1000〜3000 m 以上が適する．地形効果，対流気層，上昇気流，風速が重要である（Maki *et al.*, 2015; 2024）[2,3]．

▶▶▶ コラム⑩　高知空っ風（高知の空っ風）

　高知県の気候として，冬型の気圧配置のとき，北西の季節風が関門海峡から周防灘を経て来ると愛媛県西部と高知県西部の山間部では雪の日が多くなり，積雪も相当量になる．一方，その季節風が北寄りから中国山地を越え四国山地に達すると雪は少なくなる．春季は寒暖の差が大きく，年間で最も天気変化が激しい．3 月の初春には冬の名残で寒い季節風が吹くこともあり，3〜4 月は空気が非常に乾燥し年間の最小湿度があらわれ，黄砂が飛来する．4〜5 月は移動性高気圧に覆われ，地面付近の空気が放射冷却で冷やされ，霜が下りることがあり，農作物の晩霜害が懸念される．また帯状の高気圧に覆われ一週間晴天が続くこともある．

　さて，アメダス高知では冬季には氷点下の低温になり，最小湿度が 20〜30% になることも多く，かつ相当の強風が吹く．1 月の降水量 0.0 mm 以下の割合は 13%，氷点下の割合は 16%，最小湿度は 12%，最大風速 10 m/s 以上 2 割，最大瞬間風速 15 m/s 以上 2 割，北西寄り風は 6 割，日照時間 8 h 以上は 5 割である．ここでは，冬季間と 1 月の気象を見てみる．

　2023 年 12 月〜2024 年 2 月の冬季間と 2024 年 1 月のみの気象は，それぞれ降水量 0.5 mm 以下の割合：75%，87%，最低気温 2 ℃以下の割合：24%，39%，氷点下の割合：1 %，16%，最小湿度 40%の割合：56%，68%，相対湿度 30%以下の割合：14%，19%，最小湿度：20%，12%，最大風速 10 m/s 以上：11%，19%，最大瞬間風速 10 m/s 以上：43%，58%，同 15 m/s 以上：

12%，19%，最大風速：11.7 m/s，11.1 m/s，西から北風：59%，61%，日照時間 8 h 以上：48%，55%である．

この気象データを見て意外に，降水日数が少なく，低温で，乾燥し，北西寄りの風が多く強く，日照時間が長く，晴天が多いのに驚かされる．すなわち高知付近ではおろし風，空っ風が相当の期間吹くことをあらわしており，これを高知空っ風（高知の空っ風）と呼ぶこととする．

空っ風の吹く代表的な日を選定する．2023 年 12 月の気象では 12 月 22 日には降水量 0 mm，最低気温・最高気温 −1.6℃，7.1℃，最小湿度 30%，平均風速 3.2 m/s，最大風速・最大瞬間風速（風向）9.0 m/s 西，12.4 m/s 西，日照時間 8.0 h であり，2024 年 1 月 25 日には 0 mm，−2.9℃，8.9℃，33%，2.2 m/s，7.0 m/s 北北西，10.6 m/s 北，8.0 h であり，1 月 26 日では 0 mm，−0.9℃，11.6℃，31%，2.8 m/s，7.0 m/s 北北西，13.8 m/s 北北東，9.7 h である．2 月 11 日には 0.0 mm，1.1℃，12.9℃，22%，3.6 m/s，11.8 m/s 西，16.4 m/s 西，8.1 h である．

したがって 2023 年 12 月 16〜22 日，2024 年 1 月 4〜16 日，22〜28 日，2 月 8〜12 日などに空っ風が吹いたと推測される．

第 IX 章 　九州・沖縄地方
福岡県・佐賀県・長崎県・宮崎県・熊本県・鹿児島県・沖縄県

　九州地方は，九州中央部を 1500 m 以上の山々が南北に連なる九州山地があり，東西で気候が変わる．九州山地の東側と南部域で降水量が多く北部と北東部で少ない．平野域は山地より降水量が少ない．冬季の東部は日照時間が長いが，北九州では冬季は曇雨（雪）天が多い．気温は 8 月が最高，1 月が最低である．降水量は梅雨期と初秋季に多い．年平均風速・最多風向は福岡 3.0 m/s 北，大分 2.6 m/s 南，宮崎 3.2 m/s 西北西，鹿児島 3.3 m/s 北北西，熊本 2.1 m/s 北北西，佐賀 3.1 m/s 北北西，長崎 2.3 m/s 北北東，那覇 5.3 m/s 北北東である．

　沖縄地方は黒潮暖流が流れ亜熱帯海洋性気候に属し，高温・多湿である．気温は 7〜8 月が最高で 1 月が最低であり，年気温較差が小さく，年中温暖である．海からの風のため猛暑日（日最高気温 35℃以上）は少ない．降水量は 5〜6 月と台風期の 8〜9 月に多い．梅雨明け直後の 7 月と冬季は少ない．冬季 1 月は季節風が強く雲天が多く寒い体感気温日が多い．年間を通して海風が強い．

　本章では九州・沖縄地方の局地風（みのう山おろし，大根風，まつぼり風，白川だし，霧島おろし，川内川あらし，開聞おろし，ニンガチ・カジマーイ）を解説する．

93. みのう山おろし（みのうおろし）

　みのう山おろし，大根風，まつぼり風，白川だしの吹く色別標高地図を図 93-1 に示す．

　耳納山地（耳納連山）は東西約 30 km にわたり，西から高良山（312 m），耳納山（368 m），桝形山（606 m），グライダー山（640 m），発心山（698 m），最高峰の鷹取山（802 m）があり，さらに東に連なっている．尾根沿いには観光スカイラインがあり，頂上付近からは背振山，宝満山，雲仙岳，有明海も一望できる．耳納山は水縄山とも呼ばれる．300〜800 m と列状に連なる耳納連山の南側は 400〜800 m の山々が多数ある山地地形（図 93-2，図 93-3，図 93-4）で，耳納連山の南からの風に対しては防波堤のような形態を示す一方，北側は均一な勾配約 28％で一気に下り，筑紫平野東部に繋がる．筑紫平野の福岡側を筑後平野と呼び，その東部は耳納山地と北部の三郡山地とで扇状地を呈し，中央部を筑後川が流れ，川の北部は朝倉市である．耳納山北

第Ⅸ章　九州・沖縄地方

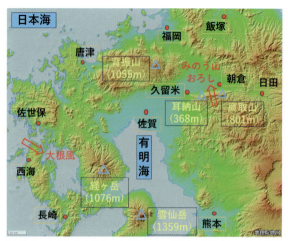

図93-1　みのう山おろし，大根風，まつぼり，白川だしの吹く色別標高地図［国土地理院の地図をもとに筆者作成］

部・西部に久留米市が位置し，強風地帯は久留米市の草野と田主丸から朝倉市付近である．耳納連山の北部は水田地帯であり，南部は茶産地の八女市，東部は果樹産地のうきは市である．

　みのう（山）おろし（真木・奥島，2022：真木，2022）[1),2)]は耳納山地から北部の斜面を吹き降ろす南寄りの強風で，風速は15〜20 m/sであり，吹く期間は暖候期を中心に初春から秋季に及ぶ．みのう山おろしが吹いた2020年11月19日の日最大風速・日最大瞬間風速は熊本県のアメダス鹿北（山鹿市），福岡県のアメダス黒木（八女市），久留米，朝倉の順に南3.6 m/s・南南東8.5 m/s，南6.9 m/s・南13.0 m/s，南9.5 m/s・南17.0 m/s，南南西10.1 m/s・南西15.7 m/sで，強風化が見られた．図93-5（日本気象協会，2024）[3)]に同日12時の風向・風速を示した．次に鷹取山付近の南北の断面モデル図を図93-6，図93-7に示す．

　2020年11月19日のように，おろし風が顕著なときは斜面直下の草野と田主丸付近では剥離流の逆風（北風）が吹くことが多い．

　2018年，2019年，2020年のアメダス朝倉で南寄り（南東−南西）の最大瞬間風速10 m/s，15 m/s以上を拾うと，22日，26日，27日，7日，8日，10日，黒木では27日，20日，33日，2日，2日，6日，鹿北では14日，13日，14日，4日，2日，3日であり，3年平均では順に25.0日，8.3日，26.7日，3.3日，13.7日，3.0日であり，風上の鹿北・黒木よりも風下の標高の低い朝倉で多く，みのう山おろしが原因と考えられる多発化が見られる．

　朝倉の最大風速は20.0 m/s南（2019年9月22日），16.1 m/s南（2018年10月6

93. みのう山おろし（みのうおろし）　335

図 93-2　上：朝倉（水車の里あさくら）より見た耳納連山，下：西方に続く耳納連山に吹き寄せる北東風と雲（2019 年 10 月 20 日）［筆者撮影］

図 93-3　JR 草野駅から見たみのう山おろしによって耳納連山の上に発生した笠雲状の雲．耳納連山直下の草野付近では剥離流による逆風（北風）が吹いている状況が草木のなびきから確認できた．（2020 年 11 月 19 日）［奥島里美氏提供］

日），15.0 m/s 南南西（2022 年 9 月 6 日），14.9 m/s 南（2021 年 9 月 17 日），14.5 m/s 南（2020 年 9 月 3 日）であり，最大瞬間風速は 33.4 m/s 南（2020 年 9 月 3 日），32.5 m/s 南（2020 年 9 月 7 日），31.4 m/s 南西（2019 年 9 月 22 日），28.5 m/s 南南西（2022 年 9 月 6 日），28.4 m/s 南南西（2018 年 7 月 3 日）である．集約すると最大

336　第Ⅸ章　九州・沖縄地方

図 93-4　耳納連山の西端を西から見た高良山 - 耳納山（左：北東）上に発生した東西に連なる笠雲状の雲（2020 年 11 月 19 日）[奥島里美氏提供]

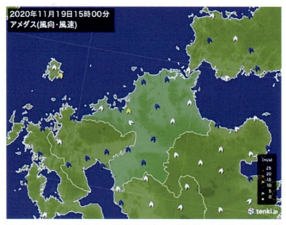

図 93-5　みのう山おろしの南風の吹く 2020 年 11 月 19 日 15 時の平均風速 [日本気象協会, 2024][2]．福岡県内のアメダス朝倉は南のアメダス黒木より強風である

風速は 20 m/s，南から南南西，最大瞬間風速は 33 m/s，南から南西，季節は夏季と秋季である．

　朝倉での強風は 2018 年 7 月 3 日の五島列島を 965 hPa で通過の台風 7 号，2019 年 9 月 22 日の壱岐島付近を 970〜980 hPa で通過の台風 17 号，2020 年 9 月 3 日の 950 hPa で五島列島西部通過の台風 9 号，2020 年 9 月 7 日の台風 10 号，2021 年 9 月 17 日の台風 14 号，2022 年 9 月 6 日の台風 11 号による台風関連である．

　みのう山おろしは，耳納山南方の黒木や鹿北の風速よりも耳納山を吹き降りた朝倉の風速が大きく，耳納山からの吹き降ろしによって上空の強風（気流）が吹き降りる

93. みのう山おろし（みのうおろし）　　337

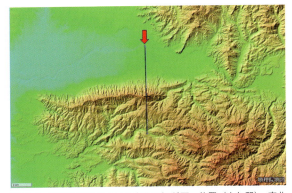

図93-6　鷹取山付近における南北の切断面の位置（赤矢印）．南北線はアメダス鹿北－アメダス黒木－耳納連山（鷹取山，図93-1）－アメダス朝倉の方向に相当［国土地理院の地図をもとに筆者作成］

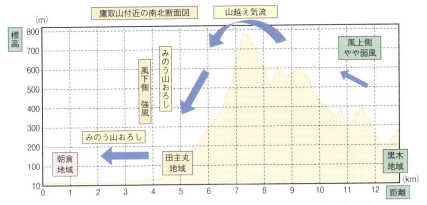

図93-7　鷹取山付近の南北断面図でのみのう山おろしのモデル［国土地理院の断面図をもとに筆者作成］

ことと力学的エネルギー保存則で加速されるためと推測され，かつ暖候期でありフェーン的昇温が多い．朝倉は耳納山直下ではないが，強風であることをよくあらわしている．台風による吹き降ろし風が多いが，2020年1月7，8日の最大瞬間風速・最大瞬間風向，南20.8 m/s，22.4 m/sのように，冬季に986 hPaの日本海低気圧に吹き込む南風のフェーンが吹くこともあるが，強風は冬季に少なく暖候期，特に東シナ海から九州北方付近を通過する台風と関連する場合に多い．

　なお，朝倉の最近の顕著な事例として2022年4月26日の気象は降水量35.5 mm，最低気温・最高気温20.0℃，25.4℃，平均風速4.3 m/s，最大風速・最大瞬間風速

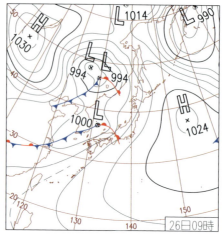

図93-8　みのう山おろしが吹いた2022年4月26日9時の天気図［気象庁提供］

（風向）10.9 m/s 南南西，20.8 m/s 南南西，最多風向南南西，日照時間0hであり，同日9時の天気図（図93-8）は日本海西部に1000 hPaの低気圧，三陸はるか東方に1024 hPaの高気圧があり，東高西低である．中国大陸と日本海の前線を伴った低気圧が発達しながら東進し日本の東の高気圧の縁に沿う南からの湿った空気の影響で全国的に雨や曇である．このような気象条件下での強風に特徴がある．

94. 大根風

　大根風の吹く地域の色別標高地図は93節の図93-1（p.334）を参照．長崎県の西彼杵半島の北端に位置する西海市面高地区は「茹で干し大根」の産地である．冬の季節風を茹でた千切り大根の乾燥に利用している．茹で干し大根作りの時期に吹く冷たい季節風を地元では「大根風」と呼んでいる．ここで，付近の有名な地名を付けると西海大根風である．

　茹でた千切り大根の乾燥は，五島灘に面した櫓で行う．図94-1（黒瀬，2022）[1]は高さ50 mの断崖上に連なる櫓である．北西の季節風が断崖に当たると吹き上げの風となる．櫓は吹き上げの風を最大限利用できるように断崖から突き出ている．櫓の底は金網が敷かれ，その上にポリエチレンラッセル網が張られている．12～2月に大根風を利用して茹でた千切り大根の乾燥作業が行われる．風が強いときには大根が飛ばされるため，櫓の裾を開閉して風量を調節する．乾燥作業は天候に左右されるため，西高東低の冬型の気圧配置になり大根風が強まると作業が進む．

94. 大　根　風　　339

図94-1　長崎県佐世保市面高地区の断崖に連なる櫓［黒瀬義孝氏提供］

図94-2　茹でた千切り大根を櫓に敷き詰める作業［黒瀬義孝氏提供］

　茹で干し大根は茹でても煮崩れしにくい品種が使われる．収穫された大根は水洗いされ，皮を剝いたあと，機械で短冊状にカットされる．千切りされた大根は釜で7〜10分間茹でられる．茹でることで甘い食感が増し商品価値が高まる．茹でられた千切り大根は10m四方の櫓に敷き詰められる（図94-2）．このときの大根は白色であり，湯気が立ち上がっている．天日と乾燥風のもと一昼夜干すと，白かった大根は飴色に変色する．乾燥した物は集荷場に集められ，選別作業のあと，袋詰めされ，全国に出荷される．面高地区のように断崖に櫓を組んで風を有効利用している事例はほかに類を見ない．断崖に連なる櫓は先人の知恵と努力の結晶である（黒瀬，2022）[1]．

第Ⅸ章　九州・沖縄地方

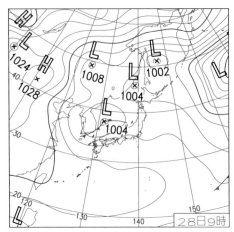

図 94-3　大根風が吹いた 2010 年 12 月 28 日 9 時の天気図［気象庁提供］

　冬季の北から西風向のアメダス佐世保の最大風速は 21.1 m/s 北北西（1951 年 1 月 21 日），18.9 m/s 西（2010 年 12 月 28 日），18.0 m/s 西北西（1951 年 12 月 14 日），18.0 m/s 西（1951 年 12 月 8 日），17.7 m/s 西（1957 年 12 月 13 日）であり，最大瞬間風速は 31.0 m/s 西北西（1971 年 1 月 4 日），28.5 m/s 北西（2007 年 1 月 6 日），28.1 m/s 西北西（2005 年 2 月 1 日），26.5 m/s 北（2005 年 12 月 22 日），26.4 m/s 西（2010 年 12 月 28 日）である．最強風速と風向範囲を集約すると最大風速は 21 m/s，西から北北西，最大瞬間風速は 31 m/s，西から北，季節は冬季である．

　ただし，最強風速では，強過ぎて利用できなく，次の風速でも難しいかもしれないが，上記の最大風速 2 位（1 月の歴代 1 位）で最大瞬間風速 5 位（1 月の歴代 2 位）の 2010 年 12 月 28 日の気象は降水量 0.5 mm，最低気温・最高気温 6.7℃，15.6℃，最小湿度 38%，平均風速 8.4 m/s，最大風速・最大瞬間風速（風向）18.9 m/s 西，26.4 m/s 西，日照時間 2.2 h であり，同日 9 時の天気図（図 94-3）は日本海に 1004 hPa の低気圧があり，低気圧が日本海を東進し湿った空気の流入で不安定となったが晴天が多かった．

　茹で干し大根の乾燥に適する最近 2024 年 1 月 13 日の気象は上記の順に 0 mm，4.3℃，12.6℃，最小湿度 34%，2.7 m/s，7.3 m/s 北北西，12.4 m/s 北，9.6 h である．同日 9 時の天気図は黄海に 1026 hPa の移動性高気圧が東方に移動中であり，晴天，乾燥，風，気温が揃った日である．

95. まつぼり風（阿蘇おろし）

　まつぼり風，白川だしの吹く阿蘇山地域の色別標高地図を 95 節の図 95-1 に示す．
　阿蘇山は 1934 年に阿蘇くじゅう国立公園に指定されている（図 95-2，図 95-3）．阿蘇山付近の阿蘇外輪山を含む，まつぼり風吹走地帯の地形を図 95-4（黒瀬，2022)[1]）に示す．まつぼり風は阿蘇外輪山の切れ目で吹く局地風である．阿蘇山を挟んで北（阿蘇谷）と南（南郷谷）に盆地があり，標高約 900 m の外輪山に囲まれてい

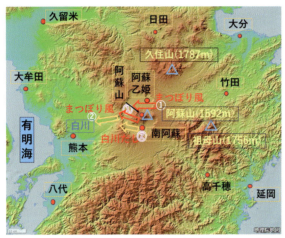

図 95-1　まつぼり風，白川だしの吹く阿蘇山地域の色別標高地図 [国土地理院の地図をもとに筆者作成]

図 95-2　阿蘇山の大噴火口からの穏やかな噴煙（2004 年 4 月 25 日）[筆者撮影]

図 95-3　阿蘇大観峰からの阿蘇山の眺望（2011 年 8 月 26 日）
[筆者撮影]

る．阿蘇山の西に外輪山の切れ目があり，その付近がまつぼり風の吹走地帯である．まつぼり風には「冷気流のまつぼり風（阿蘇おろし）」と「山越え気流のまつぼり風」がある．以前は阿蘇山盆地に溜まった冷気が外輪山の切れ目から流下する気流を吉野（1986）[2]等によってまつぼり風と定義されていたが，これは（巻末付録① 95．まつぼり風〔阿蘇おろし〕①）冷気流のまつぼり風である．

一方，山越え気流のまつぼり風が提示されている（黒瀬ら，2002a；2002b）[3],[4]．大気が安定気層で，かつ上空に 10 m/s 以上の南東寄りの風が吹くと外輪山で山越え気流が発生する．これは外輪山の切れ目で収束し，東寄りの強風となる．②これが山越え気流のまつぼり風である．気圧配置との関係では，前線を伴う低気圧が九州南岸を通過するときなどに発生する．最大風速は 20 m/s に達し，風害を起こす強風となる．まつぼり風が最も多いのは 4～5 月である．オオムギの出穂期に当たるとムギの芒（のぎ）を落とし光合成が低下して結実が悪くなる．

2001 年 5 月 20～22 日の観測データを使ってまつぼり風を紹介する．図 95-5 はまつぼり風が吹く場所（図 95-4 の地点 A）に設置した風向風速計を示し，そこで風向・風速を観測した．外輪山の切れ目の先に阿蘇山が見える．図 95-6 に風速の時間変化を示す．図 95-4 の地点 A の最大風速は 15.3 m/s，最大瞬間風速は 24.3 m/s であり，阿蘇山測候所（地点 C）の風速より大きい．図 95-7 はまつぼり風吹走時の風向と風速である．超音波風速計と GPS を車上に登載し，超音波風速計で測定した車上のベクトルから GPS で測定した車の移動ベクトルを差し引いて，移動経路上の風向・風速を 1 秒毎に算出している．その結果，東経 130°53′～54′の区間では逆風の西寄りの風が吹いた．図 95-8 は地点 B から撮影した阿蘇方向の写真である．外輪山に

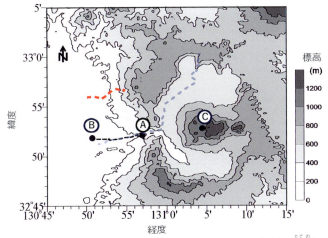

図95-4　定点観測点と移動観測のルートA：まつぼり風の吹走地点（立野），B：まつぼり風が到達しない地点（Aの西10 km），C：阿蘇山測候所，黒色破線は風向・風速の移動観測を実施したルート，青色および赤色破線は気温の移動観測を実施したルート［黒瀬，2022］[1)]

図95-5　まつぼり風が吹く場所（図95-4の地点A）に設置した風向風速計［黒瀬，2022］[1)]

　笠雲（風枕），その手前にローター雲が懸かり外輪山にほぼ平行に連なっている．笠雲とローター雲はまつぼり風吹走時にあらわれる雲である．地点A付近の圃場では約7割のサトイモが茎だけになったが，その風下2.3 km地点ではサトイモ被害は皆無で，顕著な局地域差であった．

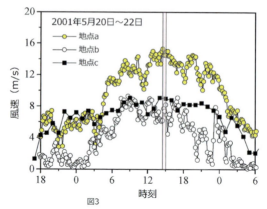

図95-6 まつぼり風（山越え気流）吹走時の風速の時間変化．風速を観測した地点（図95-6の地点a〜cは図95-4の地点A〜C）を参照．ピンク色の網掛けは移動観測を行った時間帯［黒瀬, 2022］[1]

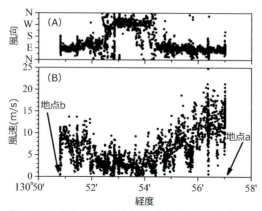

図95-7 まつぼり風（山越え気流）吹走地帯の風向・風速の分布．車に超音波風向風速計とGPSを設定して測定，図95-4の地点Bを出発し，地点Aで折り返し，地点Bに戻る往復21kmのルートで，2001年5月21日14時31分〜15時04分に測定［黒瀬, 2022］[1]

　図95-9はまつぼり風吹走時の風の流れを再現・モデル化した図である．山越え気流が外輪山を越えるときに水蒸気を含んだ空気が凝結高度に達すると，外輪山の尾根上に笠雲が形成される．尾根と山を越えた気流は外輪山の切れ目で収束し，立野（地点A）付近で強風を起こす．これが②山越え気流のまつぼり風であり，しばしば風害を発生させる．その風下で気流は上下に振動（風下波，山岳波）またはハイドロリッ

図 95-8　まつぼり風（山越え気流）吹走時にあらわれた雲（笠雲とローター雲）（2001 年 5 月 21 日）[黒瀬, 2022][1]

クジャンプ（跳ね水）現象を起こす．風下波はローター（渦）を形成し，このローターの波頭にローター雲が形成される．風下波のローターが地上に達すると，山越気流とは逆方向の風が吹く．移動観測で観測されたまつぼり風とは逆向きの風で，ローターが地上に達した風である．また，地点Bで風が強まったのは風下波が地上に降りてきたためである（黒瀬, 2022）[1]．なお，強風域の立野からの谷地は地峡風で強風化されるため，付近（切れ目の西側 4 km の範囲）には防風林が多く配置されている（吉野, 1986）[2]．

車に温度センサーと GPS を設定して測定．1998 年 11 月 11 日 4 時 5 分～6 時 3 分に測定．青丸はまつぼり風吹走地帯を通るルートでの測定値，赤丸はまつぼり風が吹かない地帯を通るルートでの測定値．実線は高層気象観測データから求めた気温の鉛直プロフィル，移動観測のルートは図 95-4 を参照．

次は①冷気流のまつぼり風（黒瀬ら, 2002b；2002c）[4],[5]である．静穏で放射冷却が強い夜，外輪山の斜面の地表面で冷やされた空気は重いため，斜面に沿って流下する．これは斜面下降風と呼ばれる冷気流である．冷気は盆地底に集積する．周囲を外輪山で囲まれた阿蘇盆地では，集積冷気の逃げ場は外輪山の切れ目しかなく，冷気はその谷に沿って流下する．この気流が冷気流のまつぼり風である．すなわち阿蘇盆地に冷気が溜まるほど強くなるが，この風は東寄り（北東から南東）で，①最大風速 7 m/s，最大瞬間風速 9 m/s 以下であり，山越えのまつぼり風とは異なり，風害を起こす強風にはならない．

なお，まつぼり風に対して南盆地の南郷谷より広い阿蘇谷のアメダス阿蘇乙姫の東寄りの最大風速は 16.1 m/s 北東（2019 年 8 月 6 日），15.2 m/s 東南東（2022 年 9 月

346　第Ⅸ章　九州・沖縄地方

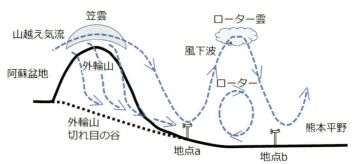

図 95-9　まつぼり風（山越え気流）吹走時の風の流れ［黒瀬, 2022］[1]

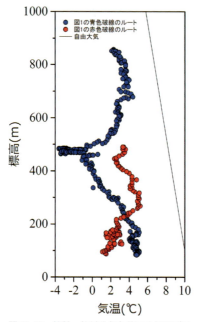

図 95-10　静穏・放射冷却条件下の気温プロフィル［黒瀬, 2022］[1]

19日），14.9 m/s 東北東（2022年9月18日），13.0 m/s 東北東（1996年7月18日），10.2 m/s 東北東（2014年10月12日）であり，最大瞬間風速は 32.3 m/s 東南東（2020年9月7日），26.8 m/s 東（2022年9月18日），26.4 m/s 東北東（2019年8月6日），23.2 m/s 東（2012年9月17日），22.6 m/s 東南東（2020年9月2日）である．最強風速と風向範囲を集約すると（巻末付録① 95. まつぼり風［阿蘇おろし］②）最大風速は 16 m/s，北東から東南東，最大瞬間風速は 32 m/s，東北東から東南

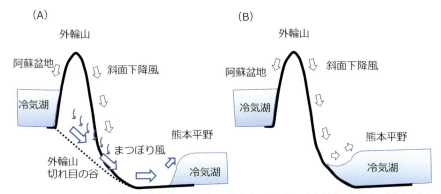

図 95-11 まつぼり風（冷気流）吹走時の風の流れ．(A) まつぼり風の吹走地帯，(B) まつぼり風が吹かない地帯 [黒瀬，2022][1]

東，季節は夏季と秋季である．

　まつぼり風の駆動力である冷気の堆積状況を，晩秋期の1998年11月11日の移動観測データで見てみる．図95-4に移動観測ルートを青色破線と赤色破線で示す．青は外輪山（中央上方）を出て阿蘇盆地を経由してまつぼり風吹走地帯を通るルートである．赤は外輪山が熊本平野に接するルートでまつぼり風が吹かない地帯である．

　図95-10は移動観測結果の気温プロファイルである．静穏で放射冷却が強い夜は低温の空気ほど標高の低い場所に溜まる．冷気が堆積した気層では通常の気層とは逆で，逆転層と呼ばれ，冷気湖を形成する．阿蘇盆地では標高700 m以下に冷気湖が形成され，この冷気がまつぼり風の原動力となる．

　図95-11 (A) はまつぼり風吹走地帯の風の流れである．盆地から流出した冷気は上空の相対的に暖かい大気を巻き込みながら谷を流下する．これで谷を流下するあいだに自由大気の気温減率（図95-10 右上の細線）以上の割合で気温が上昇する．外輪山の切れ目から平野に出たまつぼり風は，平野上に形成された冷気湖を押し退けつつ，地点Bにいたる前に消滅する．図95-11 (B) はまつぼり風でない外輪山斜面の風の流れである．まつぼり風が吹かない地帯では，熊本平野に形成された冷気湖が外輪山山麓まで広がり低温となる．さらに冷気湖内は無風に近いため冷気湖内では放射冷却の影響を強く受け，作物の葉温は気温よりも低温となり寒害を受けやすい．

　両ルートの気温プロファイルを比較すると，標高200 m以下の外輪山の切れ目では，まつぼり風が吹くことで気温低下が緩和される．この気象特性を利用して茶園が造成されている．凍霜害が発生する気象条件下でまつぼり風が吹くと気温低下が緩和されるため，防霜ファンと同様の効果を果たす．茶畑では防霜ファンで数メートル上空の暖かい空気を茶面に当てて放射冷却による葉温を気温に近づけ，温度低下を防止している．まつぼり風は凍霜害回避用の気象資源ともなっている（黒瀬，2022）[1]．

348　第IX章　九州・沖縄地方

図95-12　まつぼり風が吹いた1998年11月11日9時の天気図
［国立情報学研究所提供］

　なお，1998年11月11日のアメダス阿蘇山の気象は降水量0 mm，最低気温・最高気温1.9℃，10.4℃，最小湿度23%，平均風速3.2 m/s，最大風速・最大瞬間風速（風向）6.5 m/s西北西，9.3 m/s西北西，日照時間9.5 hであり，アメダス阿蘇乙姫の気象は上記の順に0 mm，−1.3℃，14.4℃，平均風速1.5 m/s，最大風速5.0 m/s西南西，最多風向南西，9.6 hであり，同日9時の天気図（図95-12）は大陸内部から1028 hPaの高気圧が張り出し西日本は晴天域にあった．

96. 白川だし（阿蘇おろし）

　白川だしの吹く地域の色別標高地図は95節の図95-1（p.341）を参照．まつぼり風（白色の数字）では（巻末付録①96. 白川だし〔阿蘇おろし〕①）冬季中心に吹く東寄りの風としての風と②夏秋季に吹く東北東から東の風に区分した．白川だし（ピンク色の数字）では①冬季中心に吹く東から東南東の風と②夏秋季に吹く同じく東から東南東の風に区分している．

　阿蘇山地域（図96-1，図96-2，図96-3，図96-4）は阿蘇くじゅう国立公園に指定されている．阿蘇山は活発な火山活動をする活火山で，世界最大級のスケールを誇るカルデラ（南北25 km，東西18 km）の中心部に中央火口丘の中岳，高岳（1592 m，日本百名山），根子岳，烏帽子岳，杵島岳の阿蘇五岳があり，カルデラ底は北部の阿蘇谷，南部の南郷谷に区分されている．

　国土交通省の「水管理・国土保全　白川」（2024）[1)]によると「白川は阿蘇中央火口丘

の一つの根子岳を源流として阿蘇カルデラの南の谷（南郷谷）を流下し，同じく阿蘇カルデラの北の谷（阿蘇谷）を流れる黒川と立野で合流したあと，溶岩台地を西に流下し，熊本平野を貫流して有明海に注ぐ．流域面積 480 km^2，流路長 74 km の一級河川である．流域はジョーロ型で，流域の約 80％を占める上流域の阿蘇カルデラは外輪山と火口原と中央火口丘群を形成し，草原と田畑が多い．中流域は河岸段丘と洪積台地上に田畑が多く，下流域は扇状地と沖積平野で熊本市街地が広がり，河口域は水田地帯である」．

自然景勝地の大観峰（936 m）展望台（北の外輪山）からは眼下に阿蘇谷，遠くに阿蘇五岳が見え，晩秋の早朝には盆地霧の雲海が見られることもある．白川水源地，高森湧水トンネル公園，草千里ヶ浜などの景勝地がある．

図 96-1　阿蘇山最高峰の高岳（1592 m）（2006 年 5 月 4 日）［筆者撮影］

図 96-2　阿蘇山の平常時の噴煙（2004 年 4 月 25 日）［筆者撮影］

図96-3　滑らかな牧草地とゴツゴツした根子岳（1408 m）（2011年8月29日）［筆者撮影］

図96-4　阿蘇中岳（1506 m）からの高岳（1592 m）（2018年10月8日）［筆者撮影］

　まつぼり風（95節の図95-1〔p.341〕の白丸数字）に対して，白川だし（図中のピンク丸数字）である．この風は白川の名称を使った川に重きを置いた名称であるため，上述のまつぼり風とは異なり，強調するポイントが白川であり，また阿蘇谷の黒川と区別して示した．阿蘇盆地の南側盆地（南郷谷）に溜まった冷気が外輪山の切れ目から谷地を通って熊本平野に流れ出す意味でだし風の名称が付いており，盆地から冷気を押し出す意味が込められているが，基本的には冷気流のまつぼり風（黒瀬ら，2002a）[2]や阿蘇おろし（黒瀬ら，2002b）[3]と同様の特性を示す．

ここで白川だしの強風の特徴が評価できると思われるアメダス南阿蘇の気象を示す．通年の東寄りの最大風速は 16.7 m/s 東南東（2020 年 9 月 6 日），15.1 m/s 東（2022 年 9 月 18 日），14.6 m/s 東南東（2015 年 8 月 25 日），13.6 m/s 東南東（2022 年 9 月 19 日），12.7 m/s 東南東（2020 年 9 月 7 日）であり，最大瞬間風速は 29.3 m/s 東（2020 年 9 月 6 日），27.8 m/s 東南東（2015 年 8 月 25 日），27.0 m/s 東（2022 年 9 月 18 日），23.0 m/s 南東（2017 年 10 月 29 日），22.5 m/s 東北東（2019 年 8 月 6 日）である．最強風速と風向範囲を集約すると②最大風速は 17 m/s，東から東南東，最大瞬間風速は 29 m/s，東北東から南東，季節は夏季と秋季である．

一方，阿蘇谷のアメダス阿蘇乙姫の夏秋季の気象データは前節（p.335）の通りであり，最強風速と風向範囲を仮に集約すると最大風速は 16 m/s，北東から東南東，最大瞬間風速は 32 m/s，東北東から東南東であり，阿蘇乙姫ではいくぶん北成分，南阿蘇では南成分が大きいことは外輪山の切れ目・出口の立野に向かって風が収斂する状況を示している．また，最大瞬間風速/最大風速の比は南阿蘇の方が小さいことはスムーズに風が集中しやすいことを意味し，理解できる．ただし，全般的には大きい違いはないと判断される．

さて，冬季の気象に関して，阿蘇谷と南郷谷の広さの違い，標高，風向等で冷気に含まれる霧の状況や風速が変わるかもしれないが，それらの状況を見てみよう．アメダス南阿蘇（394 m）の最近の事例である 2023 年 2 月 16 日には，南郷谷に冷気が溜まり，東方の高森より西方に冷気流が流れ，0～11 時には弱風の東風が観測されており，低温と高湿で霧が出たと推測された．

アメダス南阿蘇の 2 月 16 日の気象は降水量 0 mm，最低気温・最高気温 −4.1℃，10.0℃，平均湿度 65%，最低湿度 33%，平均風速 1.7 m/s，最大風速・最大瞬間風速（風向）4.2 m/s 東南東，7.4 m/s 西北西，最多風向南東，日照時間 10.0 h であり，一方アメダス阿蘇乙姫（487 m）の気象は上記の順に 0 mm，−3.6℃，9.4℃，平均湿度 67%，最小湿度 34%，2.7 m/s，5.3 m/s 北北東，7.9 m/s 北北東，最多風向東北東，10.3 h である．阿蘇乙姫（北盆地，阿蘇谷）と南阿蘇（南盆地，南郷谷）での違いは，主として最大風速の風向差であり，阿蘇乙姫は北寄り，南阿蘇は南東寄りの違いであり，これは上述の最大風速・最大瞬間風速の風向差と同様，まさに霧・気流の集合方向の違いをあらわしている．

なお，2023 年 2 月 16 日 9 時の天気図（図 96-5）は中国の上海付近に 1034 hPa，日本海に 1032 hPa の高気圧に日本は広く覆われており，穏やかな天候であった．

次に，最大瞬間風速/最大風速の比は南阿蘇では夏季と冬季とも 1.75 程度で安定しているが，阿蘇乙姫では冬季は 1.5，夏季は 2.0 であり，風向の変化によって地形や植生の影響が変わるためと推測される．たとえば，夏季は植物の繁茂で抵抗が増大し風の乱れが大きくなるなどである．

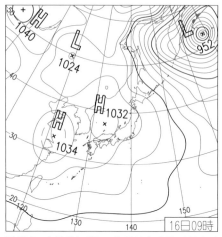

図96-5 白川だしが吹いた2023年2月16日9時の天気図 [気象庁提供]

 さて，外輪山の切れ目付近の風速は南阿蘇より大きい（2割増）として推定すると，最大風速は5 m/s，東南東，最大瞬間風速は9 m/s，東から南東と推測した（巻末付録① 96. 白川だし〔阿蘇おろし〕①）．一方，外輪山の切れ目の立野以西の地峡風は黒瀬ら（2002b)[2]により最大風速・最大瞬間風速（前節図95-6，図95-7）は15 m/s，24 m/sとされ，また白川沿いの強風域は外輪山切れ目より約10 km下流の肥後大津付近まで吹くことが多いが，阿蘇盆地内の蓄積冷気流によって変わり，吹き出し風の特徴が評価できる．

 白川の立野から下流域の両側には風の流れに対抗するように防風林（常緑広葉と針葉樹）が南北に整備されていて，有効な機能を果たしている．

 なお，南阿蘇で2023年1月10日の10〜15時に風速の減少に連れて気温が低下する状況が見事に出ており，相関係数の2乗（r^2）が0.994を示し興味深かった．また，南阿蘇では北風に対して東風，特に南風になると気温の上昇が顕著に見られる．

 まつぼり風と白川だしを比較考察して，最終的な結論としては，実測に基づいたまつぼり風については異論を挟む余地はなく，また阿蘇乙姫のデータからの考察についても妥当と推測される．一方，白川だしについては南阿蘇のデータを使うと，風速が小さく補正が必要となり，かつ風向についてはいくぶん南寄り成分（東南東）の影響が出るため，盆地内では問題ないが，立野の下流域への白川の風特性の援用は注意が必要である．また，白川だしをまつぼり風の中で解説する方法も考えられる．

 まつぼり風（阿蘇おろし）と白川だし（阿蘇おろし）について，まつぼり風は阿蘇盆地に冷気が溜まって流れ出す風（たとえば，盆地霧の溢れ出し），阿蘇おろしは本

来の山越え気流（たとえば，関東の冬春季の空っ風）とする．すなわち，黒瀬ら(2002a, b)[2),3)]が観測し定義した風名を，理解しやすい元来の風名に変えることを提案する．したがって，「まつぼり風（阿蘇おろし）」，「白川だし（阿蘇おろし）」の二つを「まつぼり風」と「阿蘇おろし」の二つに整理することである．

97. 霧島おろし

霧島おろし，川内川あらし，開聞おろしの吹く地域の色別標高地図を97節の図97-1に示す．

霧島山（韓国岳，1700 m）は宮崎・鹿児島県境に広がる火山群の総称であり，霧島連峰の最高峰である．霧島錦江湾国立公園に指定されており，日本百名山，日本ジオパークでもある．高千穂河原，えびの高原，霧島温泉郷などの観光地が多い．また鹿児島茶栽培や畜産も盛んである．

日本有数の多雨地域であり，年降水量は4500 mm以上に達する．約半分は6～8月に集中して降る．

霧島おろし（真木，2022a；2022b）[1),2)]は，鹿児島県と宮崎県を跨ぐ霧島山（図97-2，図97-3，図97-4）周辺域で11～3月頃に吹き，風向は西から北西，最大風速は15～20 m/sである．気圧配置は冬型の西高東低で，大陸からの吹き出し風による発生が多い．

冬季2年間（2018年12月～2019年2月，2019年12月～2020年2月）のアメダス観測点では霧島山北部の大口，主風向に対して山の横側で北部の加久藤と北東部の小

図97-1 霧島おろし，川内川あらし，開聞おろしの吹く地域の色別標高地図［国土地理院の地図をもとに筆者作成］

図97-2　霧島山（韓国岳，1700 m）より見た高千穂峰と新燃岳（2015年9月11日）[筆者撮影]

図97-3　霧島山より見た火口に水を湛える大浪池（2015年9月11日）[筆者撮影]

林，東部の宮崎と田野，山の横側で西部の溝辺，南部の都城と牧之原の8点の風速・風向を表97-1，図97-5に示す．風向は西から北西で，おもに西北西であるが，山を迂回する地点である溝辺の北寄り，都城の北北東が目立つ．なお，牧之原では最多風向は西北西であるが，最大風速・最大瞬間風速が吹いたときの風向は東であり，霧島山を迂回して都城廻りの風となっている．

　最大風速の強風域は溝辺，宮崎，牧之原であり，弱風域は大口，都城，加久藤である．最大瞬間風速の強風域は溝辺，宮崎，田野，小林であり，弱風域は大口，加久藤，

97. 霧島おろし　355

図 97-4　高千穂峰（1574 m）より見た後方の霧島山と中央の新燃岳（2015 年 9 月 11 日）［筆者撮影］

都城である．すなわち風速は霧島山の風上側（北西）の大口では小さく，溝辺，牧之原が大きく，小林，田野がやや大きく，風下側（東）の宮崎は海岸に近いこともあり大きく，盆地の都城では小さい．

霧島山は主風向の西北西に対して障害物となり，風上の大口から北横の小林，西横の溝辺，南横の牧之原で強風化するが，風下の都城では山を北から廻り込む風と山越え風とで，北北東の最多風向と西北西の第 2 風向に別れ，かつ盆地で風が弱い．霧島おろしは関東の空っ風（三国山脈は東西距離が長く風下は急斜面）と比べて，二冬平均の月最低気温（日平均気温：人吉 2.3℃，大口 1.9℃，都城 3.9℃，日最低気温：人吉 −3.3℃，大口 −5.0℃，都城 −2.5℃）が都城で下がらないため，ボラの特徴は弱い．

相対湿度は観測点が少ないが，2019 年と 2020 年の風上側人吉の日平均湿度と日最小湿度はそれぞれ冬 82.7%，26.5%，春 73.5%，15.9%，夏 84.4%，36.2%，秋 83.0%，28.0%，風下側の都城は冬 75.3%，25.3%，春 71.0%，16.4%，夏 83.1%，

表 97-1　2018 年 12 月～2019 年 2 月，2019 年 12 月～2020 年 2 月の二冬期間における霧島山周辺のアメダス観測点の最大風速・最大瞬間風速と最大風速・最大瞬間風速観測時の風向および最多風向

項目＼地点	大口	加久藤	小林	宮崎	田野	溝辺	都城	牧之原
最大風速（m/s）	6.8	7.6	8.8	12.4	9.4	13	7.6	11.1
同上風向	西北西	北西	北西	西	西南西	北	西北西	東
最大瞬間風速（m/s）	14.1	14.5	17.6	19.1	18	19.2	14.6	18.8
同上風向	西北西	北西	西北西	西	西南西	北	西北西	東
最多風向	西北西	西北西	西北西	西北西	西	北北西	北北東	西北西

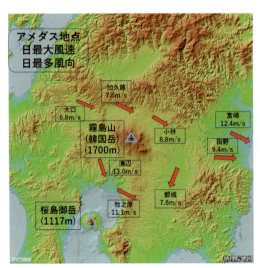

図97-5 霧島山周辺のアメダス8地点の風向・風速分布
［国土地理院の地図をもとに筆者作成］

42.8％，秋 79.5％，31.8％である．春季が最も乾燥し，次が冬季で夏季が最も多湿である．冬季と春季は霧島おろしで人吉よりも都城が乾燥しており，ボラ的特徴は弱く，単に西北西の乾燥した低温の強風の特徴を示す傾向が強い．

　霧島周辺の観測点で，最大とされるアメダス溝辺の最大風速は 17.0 m/s 北西（2005年2月1日），15.0 m/s 北西（2011年1月15日），15.0 m/s 北西（2006年2月8日），14.8 m/s 北西（2020年12月30日），14.7 m/s 北西（2023年1月24日）であり，最大瞬間風速は 21.6 m/s 北西（2023年1月24日），20.6 m/s 北西（2020年12月30日），19.5 m/s 北西（2022年2月20日），19.5 m/s 北西（2021年12月17日），19.5 m/s 北西（2021年2月2日）である．集約すると最大風速は 17 m/s，北西，最大瞬間風速は 22 m/s，北北西から北西，季節は冬季中心である．

　最大風速記録日 2005 年 2 月 1 日の気象は 2 mm，最低気温・最高気温 −2.3℃，3.1℃，平均風速 9.4 m/s，最大風速 17.0 m/s 北西，最多風向北西であり，同日 9 時の天気図（図 97-6）は北海道西方に 986 hPa と三陸沖に 984 hPa の低気圧があり，上空約 5000 m に −40℃ 以下の寒気が入り日本列島は寒波に見舞われ，西日本の太平洋側も風雪が強まり，高知市は降雪量 6 cm/日で 18 年振りの大雪，種子島は 6 年振りの雪となった．

　最大瞬間風速記録日 2023 年 1 月 24 日の気象は降水量 1.5 mm，最低気温・最高気温 −5.0℃，7.2℃，平均風速 8.4 m/s，最大風速・最大瞬間風速（風向）14.7 m/s 北西，21.6 m/s 北西，最多風向北北西であり，同日 9 時の天気図は北海道の東西に

98. 川内川あらし　357

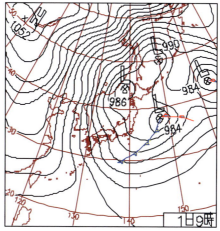

図 97-6　霧島おろしが吹いた 2005 年 2 月 1 日 9 時の天気図 ［気象庁提供］

1000 hPa の低気圧，大陸に 1052 hPa の高気圧が張り出している．低気圧が関東の東に進み西から冬型の気圧配置が強まり，日本海側は雪，太平洋側でも雪や雨となる気圧配置であった．

　なお，鹿児島県や宮崎県の綾町でも霧島おろしの名称が使われるため，冬季の低温乾燥風に対して，関東の赤城おろしや筑波おろしなどと同様，付近の有名な山名を冠した名称である．山越え気流（吉野，1986；斉藤，1994）[3),4)]に関しては，霧島山は山脈ではなく，かつ風下の傾斜角が小さいため，剥離流（逆風）の発生はほとんどなく，発生しても高山の一部の局地的現象であり，おろし風の特徴は小さいと推測される．

　霧島おろしを利用した産業には，切り干し大根や干し芋がある．1～3 日で白い大根が飴色に色づき，高品質の保存食になる．特に宮崎県で盛んであり，『刈干切唄』というススキなどを茅葺屋根の材料にする際の刈り干すときの仕事唄がある．乾燥した低温の強風，霧島おろしが有用である．

98. 川内川（せんだいがわ）あらし

　川内川あらしの吹く地域の色別標高地図は 97 節の図 97-1（p.353）を参照．まず川内川あらし発生地域の地図を図 98-1 に示す．次に川内川の下流域と甑島（こしきしま）行き川内港ターミナルの連絡船の写真を図 98-2，図 98-3 に示す．

　さて，川内川は熊本県あさぎり町の白髪岳（1417 m）の源流から多数の支流と合流して川内平野を通って東シナ海に流れる 137 km の一級河川である．下流域の鹿児島

第Ⅸ章　九州・沖縄地方

図98-1　川内川あらしの吹く地域の色別標高地図（アメダス大口・さつま柏原・川内・阿久根）
［国土地理院の地図をもとに筆者作成］

図98-2　川内川下流域と川内河口大橋の遠景（2023年5月22日）
［筆者撮影］

98. 川内川あらし　　359

図98-3　川内川河口での川内港ターミナルの甑島行き高速フェリー（2023年5月22日）[筆者撮影]

県薩摩川内市中心街から上流の宮之城の盆地や平野域には寒候期に霧が溜まりやすく，これが川内川河口に流れ下り，川内川あらし（真木，2022a；2022b）[1,2]となる（図98-4，図98-5，図98-6，図98-7）．市街地の下流域は霧の流下幅が狭くなり，特に高江柳山（389 m）と北岸の200 mあまりの山地が狭窄部のため強風化する．霧を伴う嵐のような風となることで「川内川あらし」と呼ばれる．また霧は冷気を伴っているため，暖かい海水に接すると蒸発霧（けあらし）が発生し海上に出ると扇状に河口から数 kmに広がることもある．なお，河口域では5～10 m/sの風が吹くが，市街地より上流域では1 m/s程度の風速が多い．月屋山（160 m）に霧の流れが見られる展望台があるが，特定の気象条件が重ならないと発生しないため，珍しい現象である．それは寒候期に高気圧に覆われた晴天下で風が弱く放射冷却が強い夜間から早朝に発生する．

図98-4　川内川の上流方向の川内川あらしの霧の流れ（2016年2月19日）[「世界自然遺産を目指す川内川あらし協議会」提供]

図98-5 川内川下流の月屋山展望台から見た川内川あらし（2016年2月19日）[「世界自然遺産を目指す川内川あらし協議会」提供]

図98-6 川内川下流の送電鉄塔と川内河口大橋を通過する川内川あらし（2016年2月19日）[「世界自然遺産を目指す川内川あらし協議会」提供]

図98-7 川内川下流の川内河口大橋を通過する川内川あらし（2016年2月19日）[「世界自然遺産を目指す川内川あらし協議会」提供]

98. 川内川あらし　361

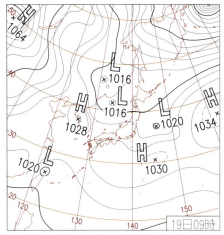

図 98-8　川内川あらしが吹いた 2016 年 2 月 19 日 9 時の天気図［気象庁提供］

　アメダス大口（河川上流平野域），さつま柏原（中流平野域），川内（霧が溜まる下流平野域），阿久根（川内川河口域に観測点がないため代わりの北方の海岸域）で見ると（図 98-1），川内川あらしが吹いた撮影日 2016 年 2 月 19 日 6 時は大口の風速・風向は 0.2 m/s 静穏，さつま柏原 0.6 m/s 東，川内 1.4 m/s 北北東，阿久根 3.4 m/s 東南東，日最低気温は −1.3℃，−0.9℃，1.5℃，5.7℃であり，霧の流れと気温・風速の関係が川の上流（風上）から下流（風下）への風速増加・気温上昇が明確である．同日 9 時の天気図（図 98-8）は朝鮮半島に 1028 hPa と本州南に 1030 hPa の移動性高気圧があり，南高北低の気圧配置で九州地方は晴天域であった．

　最近の気象，2019 年 1 月 19 日 1〜9 時には，大口 0.0〜0.1 m/s 静穏，さつま柏原 0.0〜1.0 m/s 静穏・北東寄り，川内 0.4〜1.7 m/s 北寄り，阿久根 0.7〜3.5 m/s 東寄り，1 月 23 日は順に 0.0〜0.3 m/s おもに静穏，0.1〜0.9 m/s 静穏・北寄り，1.2〜2.3 m/s 北北東，2.7〜3.4 m/s おもに東，3 月 20 日は 0.0〜0.8 m/s おもに静穏，0.2〜1.0 m/s 静穏・北寄り，0.4〜2.0 m/s おもに北北東，0.7〜3.6 m/s 東寄りであり，川内川河口では 5〜10 m/s と推測される．

　1 月 19 日 9 時の天気図（図 98-9）では西日本の高気圧は日本の南へ移動し 1026 hPa の高気圧が広く日本を覆い，穏やかな晴天で川内川あらしが吹いたと推測される．

　また，1 月 23 日 9 時の天気図では西日本は上海付近の 1026 hPa の高気圧に覆われ，さらに 3 月 20 日 9 時の天気図では広く九州は 1020 hPa の移動性高気圧に覆われ，穏やかな晴天で，川内川あらしが吹いたと推測される．

362　第Ⅸ章　九州・沖縄地方

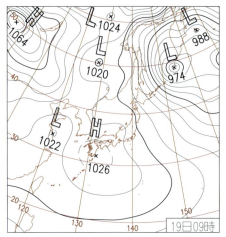

図98-9　川内川あらしが吹いたとされる2019年1月19日9時の天気図［気象庁提供］

　さて，風向はいずれも北から東で，風速は大口で静穏が多く，さつま柏原で0〜1 m/sで若干の気流があり，川内で1〜2 m/s，阿久根で2〜4 m/sと強くなり，川内川河口ではさらに強いと推測され，発生時・場所の特徴をよくあらわしている．河口の強風化は絞られた川内川下流域で起こる．川内川あらしは広域盆地に無風に近い状態で溜まった霧（川霧）が川内市の市街地の直ぐ西で溢れ出すように川を下り，川筋に沿って流れる霧として，狭くなった川沿いで強風化する．最終的に集約すると，川内川下流域では最大風速は7 m/s，東南東，最大瞬間風速は12 m/sの東南東から南東で秋気季から春季の高気圧圏内で吹くと推測される．

　なお，川内川あらしはある程度の強風が対象であること，また適当なアメダス観測点がないため，上述のような解析を行った．同様な局地風には前出の愛媛県の肱川あらしや兵庫県の円山川あらし，京都府の由良川あらしがあり，いずれも一級河川の気象で，観光資源になっている．

99. 開聞おろし

　開聞おろしの吹く地域の色別標高地図は97節の図97-1（p.353）を参照．開聞岳（924 m）は鹿児島県の薩摩半島の最南端に位置し，日本百名山の一つで筑波山（877 m）に次いで2番目に低い1000 m以下の山である．霧島屋久国立公園に指定されており，2015年9月12日に登った（図99-1，図99-2，図99-3）．いぶすき観光ネット（2024）[1]によると「薩摩富士とも呼ばれ，まさに指宿のシンボルと言うにふさわしい

美しい山である．開聞岳の登山道は 4668 m のらせん状で道幅が狭く，特に頂上付近は岩場・階段・はしごなどがありタフなものになっているが，険しい道のりを乗り越えた先の頂上から望む大パノラマは圧巻で，霧島・屋久島・鹿児島の観光名所を一度に味わえる」とある．

　開聞岳おろしは，開聞岳周辺域で使われる風名であり，多くは山の方から吹き降ろす風としての意味であり，いわゆる気象学的なおろし風には相当しない．なお，形の似た山には，香川県に飯野山（讃岐富士，422 m）があり，シンプルな富士山型の山

図 99-1　飛行機からの開聞岳（924 m）（2017 年 9 月 6 日）［筆者撮影］

図 99-2　桜島と池田湖が見える開聞岳（924 m）からの景色（2015 年 9 月 12 日）［筆者撮影］

364　第Ⅸ章　九州・沖縄地方

図99-3　ゴルフ場からの均整の取れた日本百名山・開聞岳（2015年9月12日）[筆者撮影]

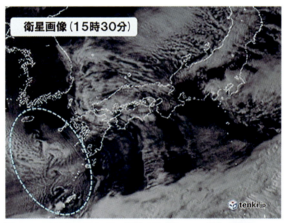

図99-4　2023年2月25日に渦状の雲「カルマン渦」が出現
[日本気象協会・気象庁提供]

で，赤外線放射温度計などを使って気象観測を行ったことを思い出した．富士山型の山で風下側では上空から見た場合，左右対称な風が吹くが，たとえばカルマン渦（図99-4）の例では時間的には非対称となるなどの特性があり，上下でも不規則・不安定な風となると言える．

　カシオワールドオープン2000（2024）のホームページ[2)]によると，「1998年開催のいぶすきゴルフクラブ開聞コースでは，『このコースの美しさには感動している．開聞岳も，海も，息を飲む美しさで，本当に素晴らしいコースだと思う』とタイガー・

99. 開聞おろし　365

ウッズに言わしめた，いぶすきゴルフクラブ開聞コースは，また，世界のトッププレーヤーを苦しめたモンスターコースでもある．ひとたび，『開聞おろし』と呼ばれる風が吹き出すと，優勝スコアがオーバーパーになってしまうことさえある．（中略）開聞岳の裾野に広がるこの美しいモンスターを制するのは誰か―．グリーンは山からの目があるといわれる．コース攻略のカギを握る開聞岳」．

　このように開聞おろしはゴルフ関係者でよく使われ，一般にも使われている．さて，いぶすきゴルフクラブ開聞コースは開聞岳山頂の東南東側の山麓にあり，南西から西風の吹くときの風下ではまさに乱流の突風が吹くことになり，ゴルフプレイヤーにとっては乱調の元になりそうである．

　しかしながら，ゴルフは 2000 年 11 月 23～26 日に開催され，アメダス指宿の期間中の降水量 1 mm，最低気温 10.4～15.5℃，最高気温 18.9～21.8℃，平均風速 0.6～1.1 m/s，日々の最大風速 2 m/s，風向北北西から北北東，日照時間 0.1～8.5 h の非常に安定した気象で，開聞おろしは吹かず，開聞岳の影響はほとんど受けなかった．年間でも 11 月は安定した気候月である．ちなみに鈴木 亭が尾崎将司を 1 打差で振り切って優勝した．

　なお，アメダス指宿の年間と 11 月の風況を示す．最大風速は 26.4 m/s 北西（2016 年 9 月 20 日），26.0 m/s 風向不明（1985 年 8 月 31 日），22.1 m/s 東北東（2016 年 9 月 19 日），19.0 m/s 南東（2005 年 9 月 6 日），19.0 m/s 南南東（1992 年 8 月 8 日）であり，最大瞬間風速は 43.6 m/s 北西（2016 年 9 月 20 日），40.3 m/s 東北東（2016 年 9 月 19 日），35.2 m/s 北北西（2018 年 9 月 30 日），34.1 m/s 南東（2020 年 9 月 6 日），33.2 m/s 南南東（2015 年 8 月 25 日）である．

　集約すると最大風速は 26 m/s，北西から南南東（北東から南南東），最大瞬間風速は 44 m/s，北西から南南東（北東から南南東），季節は夏季と秋季である．なおここで，開聞岳の影響か風向変化が激しいことは注目に値する．穏やかな 11 月はほかの月との差が顕著である．すなわち，11 月の最大風速は 8.1 m/s 北西（2023 年 11 月 18 日），7.8 m/s 南西（2013 年 11 月 10 日），最大瞬間風速は 20.5 m/s 南西（2015 年 11 月 18 日），16.4 m/s 南南西（2011 年 11 月 19 日）であり，風速とその変化が小さく安定している．

　最大風速・最大瞬間風速記録日 2016 年 9 月 20 日の気象は降水量 49.5 mm，最低気温・最高気温 21.8℃，28.9℃，平均風速 5.1 m/s，最大風速・最大瞬間風速（風向）26.4 m/s 北西，43.6 m/s 北西，最多風向北北西，日照時間 9.2 h であり，同日 9 時の天気図（図 99-5）は鹿児島県に上陸した台風 16 号が 965 hPa で四国にあり，枕崎で最大瞬間風速 44.5 m/s，115 mm/h など，各地で暴風や観測史上 1 位の猛烈な雨となった．

366　第IX章　九州・沖縄地方

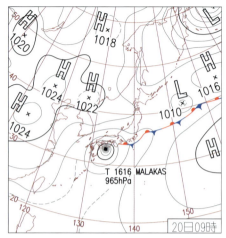

図99-5　開聞おろしが吹いた2016年9月20日9時の天気図［気象庁提供］

100. ニンガチ・カジマーイ（二月風廻り）

　ニンガチ・カジマーイの吹く地域の色別標高地図を図100-1に示す．沖縄は気候，地形的に特異であり，風光明媚な観光地が非常に多い（図100-2，図100-3，図100-4，図100-5）．

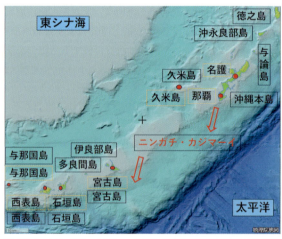

図100-1　ニンガチ・カジマーイの吹く沖縄県の南西諸島の色別標高地図［国土地理院の地図をもとに筆者作成］

沖縄地方は近海を黒潮が流れ，暖かい海に囲まれているため，一年を通して温暖な気候である．年間の気温差は小さく，沖縄地方の四季の変化は本土に比べて明瞭ではない．沖縄地方各地の年間降水量は多くの地域で 2000 mm を超える．沖縄本島がある琉球列島の中南部の亜熱帯海洋性気候の地域では，夏は蒸し暑く晴れた日が多く，冬は時折小雨を交えた曇りがちの日が多い．夏季は南東から南の季節風が吹き，6～7月が最盛期となる．冬季は北から北東の季節風が吹き，12月後半から2月が最盛期となる．季節風は本州では西から北西であるが，沖縄では強い北から北東となり，風向があまり変わらず長時間吹き続けるため海上では波が高くなる．那覇の年平均風速は

図 100-2　宮古島南東端の東平安名崎(ひがしへんなざき)灯台（2009年3月1日）
　　　　　［筆者撮影］

図 100-3　与那国島の日本最西端之地の記念碑（2008年12月6日）
　　　　　［筆者撮影］

図100-4　沖縄・石垣島の川平湾(かびら)(2008年12月14日)[筆者撮影]

図100-5　那覇市内の沖縄県護国神社(2009年6月11日)[筆者撮影]

5.3 m/s で，年間を通して全方向から吹くが夏は東南東から南東，冬は北から北北東，年間では北北東が卓越する．なお，平均風速・最多風向は与那国島 6.7 m/s 北北東，石垣島 5.4 m/s 北北東，宮古島 4.7 m/s 北東，南大東島 4.6 m/s 北東，西表島 4.3 m/s 北東である．

　沖縄にはニンガチ(旧暦2月)・カジマーイ(風廻り)と呼ばれる海の荒れる日があり，漁師たちのあいだでおそれられている．発生は旧暦の2月頃なので，3～4月上旬に風の廻り(変化)が早いことが由来となっている．西高東低の気圧配置が緩み移動性高気圧と低気圧が短い周期で移動する頃に，沖縄近海で発生した低気圧が急に発達しながら日本付近を通過し北寄りの強風が吹き始め荒れた天候になる．特に海上で

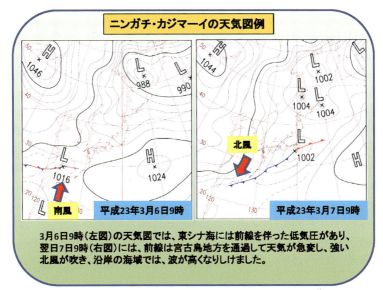

図100-6　2011年3月6〜7日の天気図［宮古島地方気象台ホームページ］[4)]

は穏やかな天候が一変して強風・高波が発生し大時化となり，レジャーや漁船の海難事故が発生することが多い（図100-6）．2011年3月6〜7日9時の天気図を示す．沖縄近海の低気圧が急発達する状況がわかる．すなわち，3月6日9時に沖縄近海に1016 hPaの低気圧が発生し7日9時には関東南岸に達し1002 hPaに発達している．

宮古島の冬の季節風は1〜2月が最盛期で3月まで続く．古くから「二月風廻り」と言われ，現行暦では3月中旬から4月初旬にかけての頃で，低気圧に伴う風向変化の激しさを物語っている（吉野，1978）[1)]．

したがって，1〜4月の北寄り風について，アメダス宮古島の最大風速は20.4 m/s 北（1950年2月2日），20.3 m/s 北東（1967年4月24日），20.0 m/s 北（1970年1月15日），19.9 m/s 北（1949年1月8日），19.6 m/s 東北東（1951年4月25日）であり，最大瞬間風速は31.9 m/s 北（1965年4月2日），30.8 m/s 北北東（1951年1月13日），29.6 m/s 北（1965年3月15日），29.1 m/s 北北東（1965年1月3日），27.7 m/s 北（1992年2月8日）である．最強風速と風向範囲を仮に集約すると最大風速は20 m/s，北から東北東，最大瞬間風速は32 m/s，北から北北東である．

宮古島の最大風速記録日1950年2月2日の気象は降水量17.5 mm，最低気温・最高気温15.9℃，23.7℃，最大風速20.4 m/sであり，最大瞬間風速記録日1965年4月2日の気象は降水量17.2 mm，最低気温・最高気温18.1℃，22.5℃，最小湿度59%，平均風速6.4 m/s，最大風速・最大瞬間風速（風向）18.3 m/s 北北東，31.9 m/s 北，

370 第Ⅸ章 九州・沖縄地方

日照時間 0 h である.

　また，1～4 月の北寄り風のアメダス那覇の最大風速は 23.7 m/s 北北東（1944 年 2 月 18 日），23.3 m/s 北（1943 年 2 月 6 日），21.8 m/s 北北西（1934 年 3 月 21 日），21.7 m/s 北（1956 年 1 月 4 日），21.6 m/s 北（1935 年 3 月 21 日）であり，最大瞬間風速は 30.8 m/s 西北西（1978 年 3 月 9 日），30.2 m/s 西（2006 年 4 月 10 日），30.0 m/s 北北西（1963 年 1 月 7 日），28.4 m/s 北北西（1969 年 3 月 12 日），27.7 m/s 北（1992 年 2 月 8 日）である．最強風速と風向範囲を仮に集約すると，最大風速は 24 m/s，北北西から北北東であり，最大瞬間風速は 32 m/s，西から北である．

　那覇の最大風速記録日 1944 年 2 月 18 日の気象は降水量 5.3 mm，平均気温 15.1℃ である．最大瞬間風速記録日 1978 年 3 月 9 日の気象は降水量 57 mm，最低気温・最高気温 16.8℃，21.0℃，最小湿度 71%，平均風速 4.0 m/s，最大風速・最大瞬間風速（風向）20.2 m/s 西北西，30.8 m/s 西北西，日照時間 0 h である．

　総合的に集約すると，宮古島と那覇との平均を取ると最大風速は 22 m/s，北北西から東北東（北から北東），最大瞬間風速は 32 m/s，西から北北東（西北西から北）となった．

　天気図関係では那覇の上記の最大瞬間風速 2 位（2 月の歴代 1 位）記録日 2006 年 4 月 10 日の気象は降水量 11.5 mm，最低気温・最高気温 21.7℃，24.1℃，最小湿度 76%，平均風速 8.0 m/s，最大風速・最大瞬間風速（風向）14.5 m/s 西，30.2 m/s 西，日照時間 0 h である．同日 9 時の天気図では東シナ海北部の 1004 hPa の低気圧による．仙台付近には 1026 hPa の高気圧があり，気圧の谷が近づき西日本は雨であった．

　宮古島の最大風速記録日 1950 年 2 月 2 日 9 時の天気図では沖縄付近に低気圧がある．最大瞬間風速記録日 1965 年 4 月 2 日 9 時の天気図では東シナ海の温暖前線による悪天で，北海道には 966 hPa の低気圧があった．那覇の最大風速記録日は古いため，那覇の最大瞬間風速記録日 1978 年 3 月 9 日の天気図（図 100-7）では東シナ海に 1010 hPa の前線を伴った低気圧により，沿海州には 1036 hPa の高気圧があった．

　沖縄の風位に関して①方位を意味単位とする風位語の分布には，ある程度のまとまりがあり，特に八重山地方での共通性があらわれている．②季節風をあらわす語のほか，風位変化をあらわす特徴的な語が分布する．③指示風位がつくる風位語彙体系には地点差があるが，おおむね 3 型（名護市，竹富町，平良市）がある（志村，2014）[2]．

　筆者は 2007 年 4 月～2009 年 3 月に沖縄の琉球大で勤務し，その際に多くの離島を訪問した．真木（2012）[3]は沖縄の各地域や季節による気象，特に風向と風速を簡潔に解説した．沖縄諸島と父島，東京との関係図を更新した結果を次のコラムで紹介する．

100. ニンガチ・カジマーイ（二月風廻り）　　371

図100-7　ニンガチ・カジマーイが吹いた1978年3月9日9時の天気図［国立情報学研究所提供］

▶▶▶ コラム⑪　沖縄の風向・風速の特徴

　まず代表的観測点の風速の極値として，最大風速・最大瞬間風速（風向）および観測日を表⑪-1に示す．
　那覇，南大東島，石垣島，与那国島と比較のために東京と小笠原の父島の風速・風向は次の通りである．沖縄の年平均風速を他地点と比較すると，年平均風速は東京2.9m/s，父島3.2m/s，那覇5.3m/s，南大東島4.6m/s，宮古島4.7m/s，波照間島4.9m/s，石垣島5.4m/s，与那国島6.7m/sである．
　東京と父島は小さいが石垣島と那覇が大きく，与那国島が最大である（真

表⑪-1　各地点の最大風速（風向）と最大瞬間風速（風向）の観測日

地点	最大風速風向（観測日）	最大瞬間風速風向（観測日）
東京	31.0m/s 南（1938年9月1日）	46.7m/s 南（1938年9月1日）
父島	31.8m/s 南南西（1997年10月22日）	59.7m/s 南東（1986年9月28日）
那覇	49.5m/s 東北東（1949年6月20日）	73.6m/s 南（1956年9月8日）
宮古島	60.8m/s 北東（1966年9月5日）	85.3m/s 北東（1966年9月5日）
南大東島	43.5m/s 南南東（1958年9月15日）	65.4m/s 北東（1961年10月2日）
石垣島	53.0m/s 南東（1977年7月31日）	71.0m/s 南南西（2015年8月23日）
与那国島	54.6m/s 南東（2015年9月28日）	81.1m/s 南東（2015年9月28日）
南鳥島	43.3m/s 西南西（1969年10月4日）	58.2m/s 西（1969年10月4日）

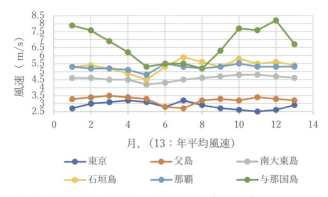

図⑪-1　6地点の風速の月別変化と年平均風速［筆者作成］

木，2012）[1].

　図⑪-1に6地点の平年の月平均風速の年変化を示す．石垣島，那覇が大きく，南大東島が小さい．那覇，南大東島ではその場所の特性で安定した変化形態であるが，石垣島はかなり変化が大きい．これは台風の影響が関与するが，その影響は春季に小さく，夏季に大きい特徴がある．与那国島では大陸の影響による季節風が寒候期に非常に大きく，暖候期には小さい．

　図⑪-2に最多風向を示す．北が0で，北北東が1で時計回りに北が16相当である．東京以外の5地点では暖候期中心に南寄りの風向であるが，寒候期には北寄りとなっており，モンスーンの特徴を示している．冬季から夏季に風向が時計回りに変わる一方，夏季から冬季には反時計回りに変わっている．そして，父島は3〜7月に南であり，ほかの地点より早く夏型に変わることは小笠原高気圧の影響が長く続くことを意味している．東京は9〜4月の北北西と暖候期5〜8月の南の2方向のみで典型的なモンスーン気候の特徴を示している．

　那覇では寒候期に北寄りであり，暖候期には南寄りで，特徴が明確に出ている．南大東島は那覇と類似しているが，5月に梅雨前線，低気圧の影響か東北東が卓越しており興味深い．与那国島と石垣島（プロット点の重複）では寒候期の北北東，暖候期の南であるが，大陸の影響を受けて4月でも北北東は特徴的であり，かつ早くも9月には北北東に変わる特徴がある．

　父島は冬季の12〜2月には北北東の北寄りであり，3〜7月は南に位置するため早く南風に変わっていて興味深い．8月以降も南寄りが続いても良さそうであるが，8〜11月には東北東となる特徴を示し，北東貿易風の影響が明確に出ている．

　南大東島では冬季12〜3月は北寄りであるが，東寄りを経て南南西になり，

100. ニンガチ・カジマーイ（二月風廻り）　373

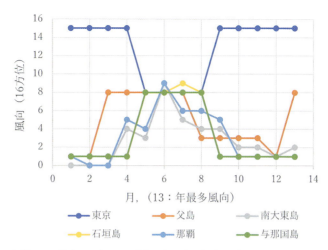

図⑪-2　6地点の風向の月別変化と年最多風向（石垣島と与那国島以外は同値）［筆者作成］

再び東寄りになり，北寄りに戻っている．

　図には示していないが南鳥島は寒候期の12～3月は北東寄りであり，暖候期の4～11月には東であり北東貿易風との関連が密接であるが，その貿易風の末端付近の風向の特徴を示している．

　なお，東京では暖候期のうちの5～8月は東京湾から吹く南の卓越風となっており，9～4月の寒候期には北北西でシベリア高気圧からの吹き出しによる三国山脈越えの風向になっており，南と北北西の2方向で最多風向は北北西である．

付　録　①

日本の100局地風の一覧（発生地域, 風速, 風向, 季節, 気圧配置など）

局　地　風	発生地域	風向・最大風速, 風向・最大瞬間風速（m/s）	季　節	気圧配置・高低気圧など
1．ひかた風 （ひかた）	北海道雄武町の雄武・興部付近	WSW・33, SW〜WSW・40	春季中心	北海道北方を低気圧通過
2．ルシャ風	北海道知床半島の北西部のルシャ湾付近	ESE〜SE・25, E〜SE・42	冬・春季	日本海低気圧,霧を伴う
3．羅臼だし （羅臼風）	北海道知床半島の南東岸側羅臼付近	NW・22, WNW〜NNW・42	秋〜春季	冬型の西高東低,千島付近低気圧
4．斜里おろし	北海道斜里岳の北から北西の平野域	SE〜S・24, SE〜S・38	秋〜春季	東高西低,優勢な高気圧の後面
5．十勝風	北海道十勝平野の帯広周辺域	W〜NW・20,WNW〜NNW・28	秋〜春季	北海道北方を低気圧通過
6．ひかただし （ひかた）	北海道小樽市・余市町付近	① SSE〜WSW・25, S〜WSW・32 ② SSW〜WSW・28, S〜WSW・44	①春季中心 ②全年（夏・秋季）	①南高北低,北方気圧 ②台風・日本海低気圧
7．手稲おろし	北海道札幌市西部の手稲山山麓域	S〜SW・22, S〜WSW・50	春・秋季	台風・日本海低気圧,高気圧の後面
8．寿都だし	北海道西部寿都町付近	① SE〜SSE・50, SE〜S・53 ② N・41, NW〜NNW・46	①全年 ②秋・冬季	①台風・日本海低気圧 ②東高西低
9．樽前おろし	北海道苫小牧市・千歳市の樽前山山麓域	NW〜N・22,WNW〜NNW・29	秋〜春季	日本海・東北地方の低気圧
10．日高おろし	北海道日高山脈北部の東側山麓域	SW〜WSW・23,SW〜WSW・36	秋〜春季	日本海・東北地方の低気圧
11．日高しも風・オロマップ風	北海道日高山脈南部の西側山麓域	ENE〜ESE・30,NE〜E・48	全年（秋〜春季）	日本海・東北地方の低気圧
12．襟裳岬風 （襟裳風）	北海道えりも町襟裳岬・半島域	NNE・40, NNE・47	秋・冬季	日本海・東北地方の低気圧
13．やませ	道南・東北（三陸）から関東地方の太平洋側沿岸域	NE〜E・8, NE〜E・15	梅雨期	オホーツク海や三陸沖に高気圧, 日本海に低気圧の梅雨型気圧配置
14．八甲田おろし	青森県十和田市・八戸市の平野域	W〜WNW・24,WSW〜W・33	秋〜春季	冬型の西高東低,低気圧通過後
15．岩木おろし	青森県弘前市・黒石市の平野域	WSW〜WNW・22,WSW〜WNW・30	冬季中心	冬型の西高東低,低気圧通過後
16．岩手おろし	岩手県盛岡市の平野域や岩手山周辺域	W〜NW・22, W・35	全年（秋〜春季）	冬型の西高東低,低気圧通過後

（続き）

	名称	地域	風向・風速	季節	気圧配置
17.	生保内だし （生保内東風）	秋田県仙北市田沢湖生保内付近	E〜ESE・12，E〜ESE・21	梅雨期	北東方高気圧・日本海低気圧の梅雨型気圧配置
18.	鳥海おろし	秋田県南部・山形県北部の鳥海山周辺域	WSW〜W・27，WSW〜W・36	秋〜春季 （冬・春季）	冬型の西高東低，低気圧通過後
19.	清川だし	山形県庄内町清川の最上川の平野出口付近	ESE・28，ESE・41	梅雨期	北東方高気圧・日本海低気圧の梅雨型気圧配置
20.	月山おろし	山形県中部の月山周辺域	SW〜WNW・21，SSW〜W・32	全年（春・秋季）	冬型の西高東低，低気圧通過後
21.	蔵王おろし	宮城県西部の仙台市・白石市付近	WSW〜WNW・24，WNW・41	秋〜春季	冬型の西高東低，低気圧通過後
22.	吾妻おろし	福島県福島市など吾妻山山麓東方地域	W〜WNW・21，WSW〜NW・35	冬・春季	冬型の西高東低，低気圧通過後
23.	安達太良おろし	福島県二本松市など安達太良山周辺域	W〜WNW・17，W・32	秋〜春季	冬型の西高東低，低気圧通過後
24.	磐梯おろし	福島県会津・猪苗代湖など磐梯山周辺域	NE〜ENE・21，NE〜ENE・35	秋〜春季	福島県南方の関東・東海地方に台風・低気圧
25.	三面だし	新潟県村上市三面川が平野に出る地域	E・18，ENE〜ESE・30	梅雨期	北東方高気圧・日本海低気圧の梅雨型気圧配置
26.	荒川だし	新潟県村上市荒川が平野に出る地域	E〜ESE・16，E〜ESE・29	梅雨期	北東方高気圧・日本海低気圧の梅雨型気圧配置
27.	胎内だし	新潟県胎内市胎内川が平野に出る黒川付近	E〜ESE・18，E〜ESE・30	梅雨期	北東方高気圧・日本海低気圧の梅雨型気圧配置
28.	飯豊おろし	山形県小国町・飯豊町の飯豊山周辺域	WSW〜WNW・15，WSW〜W・33	冬季中心	日本海低気圧
29.	安田だし （安田おろし）	新潟県阿賀野市阿賀野川の平野出口・安田	ESE〜SE・18，E〜SE・29	梅雨期	北東方高気圧・日本海低気圧の梅雨型気圧配置
30.	関川だし （関川おろし）	新潟県上越市関川が平野に出る高田付近	S・23，SSE〜SSW・42	春・秋季	日本海低気圧
31.	姫川だし （姫川おろし）	新潟県糸魚川市姫川が平野に出る地域	SSE〜S・21，SE〜S・37	春〜秋季	日本海低気圧
32.	白馬おろし	長野県小谷村・白馬村の白馬岳山麓	SW〜WNW・10，SW〜WNW・25	冬・春季	冬型の西高東低，低気圧通過後
33.	立山おろし	富山県上市町・立山町の立山山麓平野域	SSE〜S・12，ESE〜SSW・36	冬・春季	日本海低気圧
34.	神通川だし （神通川おろし）	富山市笹津の神通川が平野に出る地域	SSE〜SW・22，SSE〜SW・37	全年（春〜秋季）	日本海低気圧

（続き）

35. 庄川あらし（庄川だし）	富山県砺波市庄川町青島の砺波平野域	SSE〜WSW・24,SSE〜WSW・37	春〜秋季	岐阜県高山盆地の局地高気圧，庄川の山風
36. 井波風（井波だし）	富山県南砺市井波の庄川の砺波平野域	SSE〜SSW・23,SSE〜SSW・40	全年（春・秋季）	東高西低，日本海低気圧
37. 砺波だし	富山県南砺市福光の小矢部川の砺波平野域	S〜WSW・17,S〜WSW・31	春・秋季	南高北低，日本海低気圧
38. 白山おろし	①石川県白山市手取川が平野に出る鶴来城②石川県白山市北部の手取川上流の白峰城	① SE〜SW・20, SE〜SSW・36② SW・4, W〜WSW・7	①春・秋季②冬・春季	①冬型の西高東低②高気圧圏内
39. 那須おろし	栃木県那須野原から宇都宮市東方域	WNW〜NNW・16,W〜N・29	冬・春季	冬型の西高東低
40. 男体おろし（日光おろし）	栃木県男体山南東方の宇都宮市付近	WNW〜N・22,WNW〜N・33	冬・春季	冬型の西高東低
41. 上州おろし	群馬県内の関東平野北部域	WNW〜NNW・15,W〜NNW・24	冬・春季	冬型の西高東低
42. 赤城おろし	群馬県内関東平野の赤城山周辺域	NNW〜N・25, NW〜N・32	冬・春季	冬型の西高東低
43. 榛名おろし	群馬県内関東平野の榛名山周辺域	NW〜NNW・21,NW〜N・29	冬・春季	冬型の西高東低
44. 白根おろし（草津白根おろし）	群馬県西部長野原・嬬恋村周辺域	NNW・20, NNW〜N・26	冬・春季	冬型の西高東低
45. 浅間おろし	長野県軽井沢・群馬県長野原・高崎周辺域	W〜N・14, W〜N・24	冬・春季	冬型の西高東低
46. 妙義おろし	群馬県南西部の妙義山周辺域から高崎付近	W〜N・18, W〜N・28	冬・春季	冬型の西高東低
47. 筑波ならい	茨城県北東部の海岸寄り地域	NNE・16, N〜NNE・26	冬季	本州南部域低気圧（南岸低気圧）
48. 筑波おろし	茨城県南部関東平野域の筑波山周辺域	NW〜NNW・23,W〜NW・33	冬・春季	冬型の西高東低
49. 下総赤風	千葉県北部・茨城県南西部・東京都東部域	NW〜N・19, NNW〜N・27	冬・春季	冬型の西高東低
50. 下総ならい・下総ごち	東京都・伊豆諸島の海域・島嶼域	N〜NE・32, NNE〜NE・38	冬・春季	本州南方低気圧・北高南低
51. 秩父おろし	埼玉県秩父盆地から埼玉県中東部域	NW〜N・16, W〜N・26	冬・春季	冬型の西高東低
52. 練馬風	東京都練馬区から埼玉県南部域	NNW〜N・10,WNW〜NNW・22	冬・春季	冬型の西高東低
53. 丹沢おろし	①神奈川県中東部・横浜市方面域②丹沢山地から北東域の相模原地域	① NNW〜N・21, WNW〜N・28② SSW・23, S〜SSW・29	①冬・春季②冬・春季	①南岸低気圧②日本海低気圧，関東低気圧（前線）の前面

付　録　①　　377

（続き）

54.	大山おろし	神奈川県海老名市付近	① NNW～N・11, NW～N・19 ② SSW～SW・16, SSW・28	①冬・春季 ②冬・春季	①南岸低気圧 ②日本東低気圧・関東低気圧（前線）の前面
55.	箱根おろし	神奈川県小田原市付近	① WNW～N・10, W～NW・25 ② WSW・12, SW～WSW・28	①冬・春季 ②冬・春季	①冬型の西高東低（昼間） ②日本海低気圧
56.	八ヶ岳おろし	山梨県八ヶ岳東方山麓の甲府盆地	NNW～N・25, NW～NNW・32	冬・春季	冬型の西高東低
57.	笹子おろし	山梨県甲府盆地, 特に勝沼付近	ESE～SE・11, E～SE・21	春～秋季	夏型の南高北低, 高気圧圏内
58.	富士おろし	静岡・山梨県の富士山周辺域	NW～NNW・24, WNW～N・51	冬・春季	冬型の西高東低
59.	富士川おろし	静岡県富士市付近の富士川流域	① W～NW・15, W～NNW・29 ② E～SSE・17, ESE～SSW・31	①寒候期 ②暖候期	①冬型の西高東低 ②夏型の南高北低
60.	西山おろし	長野県長野市西部の西山山麓域	W～N・20, W～N・28	秋～春季	冬型の西高東低
61.	碓氷おろし	長野県東部上田盆地・佐久盆地付近	E～SE・13, NE～ESE・25	春～秋季	夏型の南高北低, 高気圧圏内
62.	鉢盛おろし	長野県塩尻市・岡谷市・諏訪市周辺域	WSW～WNW・19, WSW～WNW・28	冬季	冬型の西高東低
63.	乗鞍おろし	長野県中部松本市の松本盆地付近	S～SW・18, S～SW・26	冬季	冬型の西高東低
64.	御嶽おろし	長野県南部伊那市の伊那盆地付近	WNW・12, WSW～WNW・24	冬季	冬型の西高東低
65.	益田風	岐阜県下呂市萩原の飛騨川沿い中呂付近	N～NNE・13, N～NNE・25	秋～春季	冬型の西高東低, 西側の移動性高気圧
66.	遠州おろし	静岡県西部浜松市の遠州灘海岸地域	W～WNW・25, WSW～NW・33	冬・春季	冬型の西高東低
67.	三河空っ風 （三河の空っ風）	愛知県東部豊川・豊橋・豊田・岡崎市周辺域	W～NNW・19, WSW～NNW・30	秋～春季	冬型の西高東低
68.	伊吹おろし	岐阜県・滋賀県伊吹山南東山麓から濃尾平野	WNW～NNW・18, NW～NNW・28	冬季	冬型の西高東低
69.	鈴鹿おろし	三重県鈴鹿山脈の南東側山麓付近	W～NNW・21, W～NNW・32	冬季	西高東低や低気圧通過後
70.	平野風	奈良県吉野郡東吉野村平野付近の谷地	NE～SE・20, ENE～E・33	夏・秋季	太平洋側の台風や低気圧の接近
71.	風伝おろし （尾呂志）	三重県牟婁郡御浜町尾呂志（風伝峠東）	WNW～NW・10, W～NNW・19	冬季	高気圧圏内, 霧を伴う
72.	比良おろし （比良八荒）	滋賀県大津市比良山麓・琵琶湖西岸域	WNW～NW・20, WNW～NNE・44	春・秋季	南方に台風, 寒冷前線通過直後

（続き）

73. 比叡おろし	①京都市・滋賀県大津市の比叡山周辺域 ②京都盆地・京都市内全域	① W〜NNW・18, WSW〜NW・32 ② N〜E・4, N〜E・7	①秋・冬季 ②冬季	①冬型の西高東低 ②移動性高気圧
74. 三井寺おろし	滋賀県大津市琵琶湖南西の湖陸域	W〜WNW・12, W〜NW・26	秋〜春季	冬型の西高東低
75. 北山おろし	①京都盆地・京都市内全域 ②京都盆地・京都市北部域	① WNW〜NNW・17, NW〜N・31 ② NW〜N・4, NW〜N・7	①秋・冬季 ②冬季	①冬型の西高東低 ②移動性高気圧
76. 生駒おろし	大阪府・奈良県境の生駒山地周辺域	W, E・17, W・25	冬季中心	冬型の西高東低
77. 信貴おろし	奈良県生駒山地の信貴山周辺域	W〜WNW・15, W〜WNW・24	冬季中心	冬型の西高東低
78. 葛城おろし	大阪府・奈良県境金剛山地・葛城山周辺域	W〜N・15, W〜N・28	秋〜春季	冬型の西高東低
79. 金剛おろし	大阪府・奈良県境金剛山地・金剛山周辺域	W〜N・16, W〜N・29	秋〜春季	冬型の西高東低
80. 由良川あらし	京都府北西部福知山市の由良川下流・河口域	SSW・6, SSW・9	秋〜春季	移動性高気圧, 高気圧圏内
81. 円山川あらし	兵庫県北東部豊岡市の円山川下流・河口域	SSE・5, SSE・10	秋〜春季	移動性高気圧, 高気圧圏内
82. 六甲おろし・摩耶おろし	大阪府神戸市・西宮市の六甲山地山麓	NNW〜NE・20, NNW〜NNE・31	冬季中心	冬型の西高東低
83. 大山おろし	鳥取県北西部大山周辺, 特に北山麓域	SSE〜SW・20, SSE〜SSW・33	春・秋季	台風・低気圧の日本海西方通過時
84. 広戸風 （那岐おろし）	岡山県津山市勝北・奈義町の那岐山南麓	NNW〜NNE・33, NNW〜NNE・49	春・秋季	台風の四国から大阪湾など南から東への通過時
85. やまえだ （やまえだ風）	鳥取県境港市の弓ヶ浜一境水道沿い	NNW〜NE・5, NNW〜E・9	夏季	高気圧圏内（海風）
86. 弥山おろし	広島県宮島北西部の厳島神社付近	W〜N・19, W〜NW・27	冬季中心	冬型の西高東低
87. 剣おろし （剣山おろし）	徳島県中西部剣山の周辺域	SW〜W・19, SW〜W・30	冬季中心	冬型の西高東低
88. やまじ風	愛媛県四国中央市付近の法皇山麓域	SSE〜S・22, SSW〜SW・50	春・秋季	台風・低気圧の東シナ海・日本海西方通過時
89. 西条あらせ	愛媛県西条市石鎚山山麓神戸・氷見の山域	SSE〜SW・6, SSE〜SW・10	冬季中心	高気圧圏内（斜面下降風・冷気流・山風）
90. 石鎚おろし	①愛媛県東温市の石鎚山山麓域 ②愛媛県西条市の石鎚山山麓域	① ESE〜SE・17, E〜SE・32 ② SSW〜SW・16, SSW・29	①春〜秋季 ②春〜秋季	①夏型の南高北低 ②夏型の南高北低

付　録　①　　379

（続き）

91.　肱川あらし	愛媛県大洲市長浜町の肱川下流・河口域	SSE・7，SSE・13	秋～春季	高気圧圏内，霧を伴う
92.　わたくし風	愛媛県宇和島市高月山・三本杭北西の平野域	SE・11，SE～ESE・28	春・夏季	四国南方の低気圧通過時
93.　みのう山おろし	福岡県久留米市草野付近の耳納山山麓域	S～SSW・20，S～SW・33	夏・秋季	北西方の台風・低気圧
94.　大根風	長崎県西彼杵半島・西海市面高地区付近	W～NNW・21，W～N・31	冬季	西高東低・高気圧圏内
95.　まつぼり風 　（阿蘇おろし）	熊本県南阿蘇村立野の阿蘇火口・出口域	① NE～SE・7，NE～SE・9 ② NE～ESE・16，ENE～ESE・32	①冬季中心 ②夏・秋季	①高気圧圏内，阿蘇盆地黒川・白川の冷気流出 ②南西側の低気圧の前面，山越え気流
96.　白川だし 　（阿蘇おろし）	熊本県南阿蘇村立野の阿蘇火口域・白川流域	① ESE・5，E～SE・9 ② E～ESE・17，ENE～SE・29	①冬季中心 ②夏・秋季	①高気圧圏内，南阿蘇白川の冷気流出 ②南西側の低気圧の前面，山越え気流
97.　霧島おろし	宮崎県小林市・都城市の霧島周辺域	NW・17，NNW～NW・22	冬季中心	冬型の西高東低，都城盆地では冷気流
98.　川内川あらし	鹿児島県薩摩川内市の川内川下流・河口域	ESE・7，ESE～SE・12	秋～春季	高気圧圏内，放射霧・川霧を伴う
99.　開聞おろし	鹿児島県指宿市薩摩半島南端の開聞岳周辺	NE～SSE・26，NE～SSE・44	夏・秋季	南方の台風・低気圧，北高南低
100.　ニンガチ・ 　カジマーイ 　（二月風廻り）	沖縄県宮古島から沖縄本島・石垣島の海域	N～NE・22，WNW～N・32	冬・春季	先島北海上に前線・低気圧が発生し先島を通過

付録 ②

日本の100局地風の発生位置と風向の概略

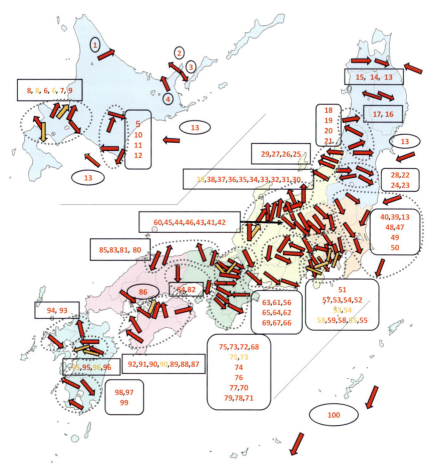

※図1（全国図）の中の赤色矢印，褐色矢印は，表1（全国表）の中の①，②をあらわす

お わ り に

　最後に，本書は筆者が長年研究してきた局地風を集大成したものである．筆者の単行本およびトップネームでの書籍は 24 冊になり，共著者としての書籍は 40 冊以上になった．

　直近では，2022 年 6 月に朝倉書店より『図説 日本の風』を編者として出版した．見えない風をあたかも見えるように表現するため多くの写真を利用した．今回も写真を多用したが，局地風の吹く地域の状況・特性をカラフルな写真的紹介とした結果，取っ付きやすく，相当程度の趣旨が伝わったと思っている．

　本書は局地風の研究者をはじめ，高校生，大学生や一般の方々にも十分読んでいただけるものと思っている．

　最近では，アメダス地点情報が増え，局地風の解析精度が上がった．ただアメダス観測点が観測適地にあれば良いが，そうでないと局地風の風速・風向のデータを補正・推測する必要がある．おもに過去の文献，観測値で補正するが，十分でない場合がある．また強風のデータは統計処理ができ，検索できるが，由良川あらし，肱川あらし，川内川あらしなど弱風を扱う場合にはアメダスデータからは検索が難しい．そのときは過去の文献情報等々から推定評価した．長期のアメダスデータが加わることで，多数の局地風が定量的に明らかになり，情報・精度が一段進んだと確信している．今後，局地風の一層の多数化，解析精度の向上化・精密化が進むことを期待している．

　さて，本書のおわりが近づくにあたり，少々記述すると，まず局地風は名称の発掘，検索から始まり，局地風の発生地域，発生時期，そして局地風の特性・評価を中心に解説してきたが，他方，重要なこととして局地風（強風）の防止としての防風施設（真木，1987）の利用があることと，逆に局地風の利用としては，乾物製造に乾寒風の利用をいくつか示した．そして風力発電では寿都だし・清川だしでの利用事例を一部紹介した．今後は風害防止と特に風力利用の一層の発展を期待している．

　一方，研究の方では人工降雨実験に成功した論文がいくつかの学会誌に掲

載されたが，それらは総説として2024年6月に日本沙漠学会誌『沙漠研究』に掲載された．液体炭酸散布による人工降雨は風速・風向に密接に関連する内容であり，本書では2例をコラムで紹介した．

これまでの人生を振り返ると，気象・気候学，農業気象学，気象環境学の研究者として，3学会の会長歴任や多くの学会賞受賞に加え，紫綬褒章と瑞宝中綬章を受章し，おおむね満足できる人生であると思う．今後は，執筆や学会等での講演発表を続けようと思っている．そして趣味である植物・巨樹観察，写真撮影を糧として，年々衰えつつある体を守り，残りの人生を有意義に過ごしたいと思っている．これまでの人生に感謝・感激である．

終わりに近づいたところで，書名『日本の局地風百科』の「百科の風」から，2006年流行のテノール歌手・秋川雅史氏の「千の風になって」を思い出した．秋川雅史氏と筆者は同じ愛媛県西条市出身である．ちなみに雅史氏の父親（音楽）は筆者の兄（英語）と同じ高校で教師をしていて親しかったと聞く．その他にも奇遇な関連がある中で，局地風に関しては，「百の風から千の風」になって，あの大きな空を吹きわたってほしい．

本書を出版するにあたり丸善出版株式会社の企画・編集部，特に小西孝幸氏および前川純乃氏に大変お世話になった．心より御礼申し上げたい．

最後に，研究生活等々で心配と苦労をかけている妻・みどりに本書を捧げることでお礼および本書の終わりの言葉にかえたい．

　毎年咲く庭の白梅を見ながら
　2025年2月

真　木　太　一

引用・参照文献

● 第 Ⅰ 章

1. ひかた風（ひかた）

1）真木太一 編. 図説 日本の風：人々の暮らしに関わる 50 の風. 朝倉書店，2022，pp.56‐57.
2）山川修治 ら編. 図説 世界の気候事典. 朝倉書店，2022，p.93.

2. ルシャ風

1）吉野正敏. 新版 小気候. 地人書館，1986，pp.238‐239.
2）真木太一 編. 図説 日本の風：人々の暮らしに関わる 50 の風. 朝倉書店，2022，p.175.

3. 羅臼だし（羅臼風）

1）真木太一. 75 歳・心臓身障者の日本百名山・百高山単独行. 海風社，2019，165p.
2）山川修治 ら編. 図説 世界の気候事典. 朝倉書店，2022，p.93.
3）真木太一 編. 図説 日本の風：人々の暮らしに関わる 50 の風. 朝倉書店，2022，pp.58‐59.

5. 十勝風

1）力石國男，蓬田安弘. 十勝平野における北西強風の発生機構に関する考察. 天気，2006，53(10)，pp.773‐784.
2）真木太一. 帯広地方の十勝風と関東地方の空っ風の類似点と相違点. 日本農業気象学会北海道支部 2022 年大会講演要旨集. 2022，pp.16‐17.

6. ひかただし

1）関口 武. 風の事典. 原書房，1985，961p.
2）真木太一 編. 図説 日本の風：人々の暮らしに関わる 50 の風. 朝倉書店，2022，pp.62‐63.

7. 手稲おろし

1）Yoshino, M. Climate in a small area. University of Tokyo Press, 1975, 549p.
2）吉野正敏. 気候学（自然地理学講座 2）. 大明堂，1978，350p.
3）小島 修. お天気キャスターの裏話. 細氷，2000，46，pp.63‐65.
4）真木太一 編. 図説 日本の風：人々の暮らしに関わる 50 の風. 朝倉書店，2022，pp.64‐65.
5）荒川正一. 北海道の局地風. 北海道の気象，1961，5(8)，pp.4‐6.

8. 寿都だし

1）真木太一 編. 図説 日本の風：人々の暮らしに関わる 50 の風. 朝倉書店，2022，pp.66‐67.

384

11. 日高しも風・オロマップ風
1) 荒川正一. 局地風のいろいろ 2 訂版（気象ブックス 004）. 成山堂書店, 2004, 192p.
2) 真木太一 編. 図説 日本の風：人々の暮らしに関わる 50 の風. 朝倉書店, 2022, pp.68‐69.
3) 関口　武. 風の事典. 原書房, 1985, 961p.
4) 吉野正敏. 新版 小気候. 地人書館, 1986, pp.238‐239.

12. 襟裳岬風（襟裳風）
1) 和達清夫. 地形と氣象. 農業気象. 1954, 9(2), pp.72‐74.

● 第　Ⅱ　章
13. や　ま　せ
1) 真木太一 編. 図説 日本の風：人々の暮らしに関わる 50 の風. 朝倉書店, 2022, pp.70‐71.
2) 日本農業気象学会編. 平成の大凶作. 農林統計協会, 1994, 234p.
3) 真木太一 編. 図説 日本の風：人々の暮らしに関わる 50 の風. 朝倉書店, 2022, pp.72‐73.

14. 八甲田おろし
1) 深田久弥. 日本百名山 新装版. 新潮社, 1991, 535p.

17. 生保内だし（生保内東風）
1) 真木太一 編. 図説 日本の風：人々の暮らしに関わる 50 の風. 朝倉書店, 2022, pp.78‐79.

19. 清　川　だ　し
1) 山形県. "山形ものがたり：山形の自然編". 山形県.
   https://www.pref.yamagata.jp/020026/kensei/shoukai/yamagatamonogatari/shizen/mo
   gamigawa.html（2024-12-04 参照）
2) 吉野正敏. 新版 小気候. 地人書館, 1986, pp.238‐239.
3) 真木太一 編. 図説 日本の風：人々の暮らしに関わる 50 の風. 朝倉書店, 2022, p.175.

21. 蔵　王　おろし
1) 真木太一 編. 図説 日本の風：人々の暮らしに関わる 50 の風. 朝倉書店, 2022, pp.76‐77.

23. 安達太良おろし
1) 大玉村地域おこし協力隊. "広報おおたま". 大玉村. https://otamaokoshi.com/syokai/
   （2024-08-31 参照）

コラム①　2 種類の『風の事典』
1) 関口　武. 風の事典. 原書房, 1985, 961p.

引用・参考文献 385

2）真木太一 ら編著．風の事典．丸善出版，2011，p.267.

● 第　Ⅲ　章

25. 三 面 だ し

1）吉野正敏．新版 小気候．地人書館，1986，pp.238‐239.

26. 荒 川 だ し

1）鴨宮亀保．荒川ダシ観測調査報告．研究時報．1970，22（9），pp.417‐427.

2）吉野正敏．新版 小気候．地人書館，1986，pp.238‐239.

27. 胎 内 だ し

1）新潟県観光協会．"にいがた観光ナビ（胎内渓谷）"．新潟県観光協会．
　 https://niigata-kankou.or.jp/spot/7257#（2024-08-31 参照）

2）新潟県観光協会．"にいがた観光ナビ（胎内川ダム）"．新潟県観光協会．
　 https://niigata-kankou.or.jp/spot/41779（2024-08-31 参照）

29. 安 田 だ し

1）阿賀野川河川事務所．"阿賀野川水系 阿賀野川左岸ライブカメラ"．国土交通省．
　 https://www.hrr.mlit.go.jp/agano/livecamera/726206.html（2024-04-27 参照）

2）阿賀野川河川事務所．"滝坂地区 福島県耶麻郡西会津町群岡 銚子ノ口上流ライブカメ
　 ラ"．国土交通省．https://www.hrr.mlit.go.jp/agano/livecamera/726303.html
　 （2024-04-27 参照）

31. 姫川だし（姫川おろし）

1）平井史生．"強風の時期と風向"．駒沢大学．
　 https://www.komazawa-u.ac.jp/~fumio/disaster/2016dec-itoigawa/itoigawa-2.html
　 （2024-01-12 参照）

33. 立 山 お ろ し

1）真木太一 編．図説 日本の風：人々の暮らしに関わる 50 の風．朝倉書店，2022，pp.92‐93.

2）吉村博儀．冬の南風：富山の冬は南風が多い．とやまサイエンストピックス．2012，
　 No.417，pp.1‐2.

3）森山義和．富山県内小・中・高等学校の校歌における「立山」に関する一考察，富山県
　 ［立山博物館］研究紀要．2020，26，pp.23‐44.

35. 庄川あらし（庄川だし）

1）平沢　正．高温低湿度強風条件における水稲の白穂の発生とその機構．北陸作物学会報．
　 2000，35，pp.81‐82.

2）吉野正敏. 砺波平野の南よりの局地風：井波風・庄川ダシなど. 暮らしの中のバイオクリ
マ. 2013. 37, pp.1 - 4.

36. 井波風（井波おろし）

1）真木太一 編. 図説 日本の風：人々の暮らしに関わる 50 の風. 朝倉書店, 2022, pp.96 - 97.

37. 砺 波 だ し

1）真木太一 編. 図説 日本の風：人々の暮らしに関わる 50 の風. 朝倉書店, 2022, pp.92 - 93.
2）吉村博儀. 冬の南風：富山の冬は南風が多い. とやまサイエンストピックス. 2012,
No.417, p.1.

38. 白山おろし

1）池田英助, 青木賢人. 白山市で吹走する「白山おろし」の実態と住人の認識について
［HGG01-P02］. Japan Geoscience Meeting 2021, オンライン.

● 第　Ⅳ　章

39. 那 須 おろし

1）真木太一 編. 図説 日本の風：人々の暮らしに関わる 50 の風. 朝倉書店, 2022, pp.98 - 99.
2）吉野正敏. 新版 小気候. 地人書館, 1986, pp.238 - 239.
3）真木太一. 大気環境学：地球の気象環境と生物環境. 朝倉書店, 2000, 140p.
4）小園　修. 那須野ヶ原北西部における「那須おろし」の風系分布. 東北地理. 1983, 35
（1）, pp.20 - 25.

40. 男体おろし（日光おろし）

1）吉野正敏. 新版 小気候. 地人書館, 1986, pp.238 - 239.
2）真木太一. 大気環境学：地球の気象環境と生物環境. 朝倉書店, 2000, 140p.
3）真木太一 編. 図説 日本の風：人々の暮らしに関わる 50 の風. 朝倉書店, 2022, pp.98 - 99.

41. 上 州 おろし

1）真木太一. 草津白根山・四阿山における高山気象の推定とボラ局地風の特性：2015 年
10 月 25〜26 日の事例. 生物と気象, 2021, 21, pp.26 - 35.
2）真木太一 編. 図説 日本の風：人々の暮らしに関わる 50 の風. 朝倉書店, 2022,
pp.100 - 103.

42. 赤 城 おろし

1）真木太一 編. 図説 日本の風：人々の暮らしに関わる 50 の風. 朝倉書店, 2022,
pp.100 - 103.

引用・参考文献　　387

2）山川修治 ら編. 図説 世界の気候事典. 朝倉書店, 2022. pp.91 - 92.

43. 榛名おろし
1）真木太一 編. 図説 日本の風：人々の暮らしに関わる 50 の風. 朝倉書店, 2022.
　pp.100 - 103.
2）山川修治 ら編. 図説 世界の気候事典. 朝倉書店, 2022. pp.91 - 92.
3）田口龍雄. 日本の風. 財団法人気象協会, 1962. 86p.

44. 白根おろし（草津白根おろし）
1）真木太一. 草津白根山・四阿山における高山気象の推定とボラ局地風の特性：2015 年
　10 月 25～26 日の事例. 生物と気象, 2021. 21, pp.26 - 35.

48. 筑波おろし
1）真木太一 編. 図説 日本の風：人々の暮らしに関わる 50 の風. 朝倉書店, 2022.
　pp.100 - 103.
2）山川修治 ら編. 図説 世界の気候事典. 朝倉書店, 2022. pp.91 - 92.

コラム③　山越え気流による局地風モデル
1）吉野正敏. 世界の風・日本の風（気象ブックス 020）. 成山堂書店, 2008. pp.20 - 23.

コラム④　関東地方の局地風のボラとフェーンの特徴
1）吉野正敏. 世界の風・日本の風（気象ブックス 020）. 成山堂書店, 2008. p.20.
2）吉野正敏. 新版 小気候. 地人書館, 1986. p.250.

コラム⑥　三宅島・御蔵島の風況と航空機による人工降雨実験
1）Maki, T. *et al*. Artificial rainfall technique based on the aircraft seeding of liquid carbon
　dioxide near Miyake and Mikura Islands. Tokyo, Japan. *Journal of Agricultural
　Meteorology*. 2013. 69(3), pp.147 - 157.
2）Maki, T. *et al*. Artificial rainfall experiments based on aircraft seeding with liquid
　carbon dioxide in 2012 and 2013 over the Izu Islands of Tokyo and at Karatsu of
　Kyushu and Saijo of Shikoku in Japan. *Journal of Arid Land Studies*. 2024, 34, pp.1 - 16.

コラム⑦　春一番・木枯らし 1 号と黄砂発生日数
1）真木太一 著. 黄砂と口蹄疫：大気汚染物質と病原微生物. 技報堂出版, 2012. 197p.
2）真木太一 ら編. 人工降雨：渇水対策から水資源まで. 技報堂出版, 2012. 176p.

388

● 第　Ⅴ　章

56. 八ヶ岳おろし

1) 真木太一. 75 歳・心臓身障者の日本百名山・百高山単独行. 海風社, 2019, 165p.

2) 真木太一. 日本百高山の完全単独踏破. 文芸社, 2023, 187p.

3) Maki, T. Estimations of weather-climate in a highland and livestock related to mountains, The XX CIGR World Congress 2022, Dec. 5 - 9, 2022, Kyoto International Conference Center, Japan, TS I-01, 1 - 2.

4) 真木太一 編. 図説 日本の風：人々の暮らしに関わる 50 の風. 朝倉書店, 2022, pp.104 - 105.

5) 山川修治 ら編. 図説 世界の気候事典. 朝倉書店, 2022, pp.91 - 92.

57. 笹子おろし

1) 真木太一 編. 図説 日本の風：人々の暮らしに関わる 50 の風. 朝倉書店, 2022, 175p.

2) 真木太一. 甲府盆地の局地風と雷雨の果樹栽培への影響と効果. 農業および園芸. 2023, 98(5), pp.406 - 409.

58. 富士おろし

1) 田口龍雄. 日本の風. 財団法人気象協会, 1962, 86p.

2) 山梨日日新聞社. "日本一の高所観測所の歴史". 山梨日日新聞社. https://www.fujisan-net.jp/post_detail/2000112 (2024-08-31 参照)

3) 富士市広報広聴課. "広報ふじ昭和 53 年：ふじ・あしたかの自然への招待 7". 富士市. https://photo.city.fuji.shizuoka.jp/kouhou/kiji/100531125_0262_10.htm (2024-08-31 参照)

59. 富士川おろし

1) 遠藤秀男. 富士川：その風土と文化. 静岡新聞社, 1981, pp.23 - 52.

2) 真木太一 編. 図説 日本の風：人々の暮らしに関わる 50 の風. 朝倉書店, 2022, pp.106 - 107.

3) 山川修治 ら編. 図説 世界の気候事典. 朝倉書店, 2022, pp.91 - 92.

61. 碓氷おろし

1) 上田市 丸子産業観光課. "シャトー・メルシャン　椀子ワイナリーを紹介". 上田市. https://www.city.ueda.nagano.jp/soshiki/msangyo/31080.html (2024-08-31 参照)

2) 真木太一. 75 歳・心臓身障者の日本百名山・百高山単独行. 海風社, 2019, 165p.

3) 真木太一. 日本百高山の完全単独踏破. 文芸社, 2023, 187p.

4) 真木太一 編. 図説 日本の風：人々の暮らしに関わる 50 の風. 朝倉書店, 2022, p.175.

5) 真木太一. 甲府盆地の局地風と雷雨の果樹栽培への影響と効果. 農業および園芸. 2023, 98(5), pp.406 - 409.

引用・参考文献　　389

6) 真木太一. 長野県上田市でのブドウ栽培と気象・局地風との関連性. 農業および園芸. 2024. 99(7), pp.578 - 585.

64. 御嶽おろし

1) 真木太一 編. 図説 日本の風：人々の暮らしに関わる50の風. 朝倉書店, 2022, pp.100 - 103.

65. 益田風（益田おろし，寺前風）

1) 服部真六. 岐阜県おもしろ地名考：すべての都市・町村名のいわれ辞典. 岐阜県知名文化研究会, 2000, 146p.
2) 中田裕一. 岐阜県の益田風と上層風について. 天気. 1996, 43(9), pp.601 - 612.
3) 中田裕一. "飛騨の寒風・益田風（ましたかぜ）". 飛騨地学研究会. http://hidatigaku.starfree.jp/climate2/climate3/mashitakaze.htm （2024-03-05 参照）
4) 真木太一 編. 図説 日本の風：人々の暮らしに関わる50の風. 朝倉書店, 2022, pp.108 - 109.

68. 伊吹おろし

1) 文化遺産オンライン. "伊吹山頂草原植物群落". 文化庁. https://bunka.nii.ac.jp/heritages/detail/207193#:~:text= （2024-03-05 参照）

● 第　Ⅵ　章
69. 鈴鹿おろし

1) 真木太一 編. 図説 日本の風：人々の暮らしに関わる50の風. 朝倉書店, 2022, pp.114 - 117.

70. 平　　野　　風

1) 吉野正敏 ら編. 気候学・気象学辞典. 二宮書店, 1985, p.459.
2) 東吉野村史編纂委員会 編. 東吉野村史 通史編. 東吉野村教育委員会, 1992, pp.364 - 367.
3) 真木太一 編. 図説 日本の風：人々の暮らしに関わる50の風. 朝倉書店, 2022, pp.126 - 127.

71. 風伝おろし（尾呂志）

1) 真木太一 編. 図説 日本の風：人々の暮らしに関わる50の風. 朝倉書店, 2022, pp.118 - 121.
2) 東紀州ほっとネット. "くまどこライブカメラ：南紀さぎりの里". 東紀州IT コミュニティ. http://www.kumadoco.net/camera/kinan.html （2024-11-14 参照）

72. 比良おろし（比良八荒）
1）真木太一 編. 図説 日本の風：人々の暮らしに関わる 50 の風. 朝倉書店, 2022, pp.122‐125.

73. 比叡おろし
1）朝倉　正, 関口理郎, 新田　尚 編. 新版 気象ハンドブック. 朝倉書店, 1995, p.683.

76. 生駒おろし
1）地震調査研究推進本部事務局. "生駒断層帯". 文部科学省. https://www.jishin.go.jp/regional_seismicity/rs_katsudanso/f077_ikoma/（2024-08-21 参照）

79. 金剛おろし
1）金剛錬成会, "金剛山山頂ライブ映像". 金剛錬成会. http://www.kongozan.net/live/live_f.html（2024-04-10 参照）

80. 由良川あらし
1）福知山河川国道事務所. "由良川リアルタイム防災情報". 国土交通省. https://www.fukuchiyama.kkr.mlit.go.jp/MapForm.aspx?m=4（2023-02-06 参照）

81. 円山川あらし
1）真木太一 編. 図説 日本の風：人々の暮らしに関わる 50 の風. 朝倉書店, 2022, p.163.

82. 六甲おろし・摩耶おろし
1）神戸市経済観光局観光企画係. "神戸公式観光写真ライブラリー". 神戸市経済観光局. https://www.feel-photo.info/（2024-08-31 参照）
2）真木太一 編. 図説 日本の風：人々の暮らしに関わる 50 の風. 朝倉書店, 2022, pp.128‐129.

コラム⑧　強風と鉄道事故
1）永澤義嗣. "気象予報の観点から見た防災のポイント 余部橋梁列車転落事故：12 月の気象災害". 新建新聞社. https://www.risktaisaku.com/articles/-/61479（2024-08-31 参照）
2）永澤義嗣. "気象予報の観点から見た防災のポイント 羽越本線列車転覆事故：12 月の気象災害". 新建新聞社. https://www.risktaisaku.com/articles/-/86397（2024-08-31 参照）

● 第　Ⅶ　章
83. 大山おろし

1) 牧田広道, 横山知生, 山本光徳. 「大山おろし」の実態解明へ向けた基礎的研究. 気象庁研究時報. 2001, 53(3・4), pp.65‑89.

84. 広戸風（那岐おろし）

1) 大阪管区気象台. 広戸風 総合調査報告. 大阪管区気象台, 1956, 57p.
2) 吉野正敏. 新版 小気候. 地人書館, 1986, pp.238‑239.
3) 廣幡泰治. 気象技能講習会講義ノート. 日本気象予報士会, 2019, pp.24‑26.
4) 真木太一 編. 図説 日本の風：人々の暮らしに関わる 50 の風. 朝倉書店, 2022, pp.130‑133.

85. やまえだ風（やまいだ風）

1) 吉野正敏. 気候学（自然地理学講座 2）. 大明堂, 1978, 350p.
2) 吉野正敏. 新版 小気候. 地人書館, 1986, 298p.
3) 真木太一. 風害と防風施設. 文永堂出版, 1987, 301p.
4) 境港市. 境港市史 上. 1986, 1008p.
5) 遠藤二郎. 気候雑稿. 1980, 129p.
6) 真木太一 編. 図説 日本の風：人々の暮らしに関わる 50 の風. 朝倉書店, 2022, pp.134‑137.
7) 関口　武. 風の事典. 原書房, 1985, 961p.

86. 弥山おろし

1) 廿日市市産業部観光課. "宮島物知り図鑑：宮島の地理". 廿日市市. https://www.city.hatsukaichi.hiroshima.jp/site/kanko/52602.html（2024‑03‑07 参照）
2) 中国新聞. たのもさん―農作物への謝意 海渡る 神宿る みやじまの素顔（総集編：自然と人 輝く舞台）.（2006 年 10 月 1 日）
3) 航附洋子. 厳島新絵図：宮島に生きた先人たちの足跡を綴る. ザメディアジョン, 2011, 276p.
4) 海洋気象学会 編. 瀬戸内海の気象と海象. 海洋気象学会, 2013, pp.9‑10.

● 第　Ⅷ　章
87. 剣おろし（剣山おろし）

1) NHK. "小さな旅 2016 年 1 月 31 日放送 ソラは風に包まれて：徳島県つるぎ町". NHK. https://www.nhk.or.jp/kotabi/archive/160131.html（2024‑08‑31 参照）

88. やまじ風

1) 斉藤和雄. 山越え気流について：おろし風を中心として. 天気. 1994, 41(11), pp.732 - 750.
2) 真木太一 編. 図説 日本の風：人々の暮らしに関わる50の風. 朝倉書店, 2022, pp.140 - 143.
3) 紀井伸章, 寺尾 徹, 森 征洋. やまじ風発生時の気象状況について：2003年4月29日の事例. 天気. 2019, 66(12) pp.799 - 807.

89. 西条あらせ

1) 真木太一, 黒瀬義孝. 愛媛県西条市のホウレンソウ栽培地域に吹く局地風アラセの特性解明. 農業気象. 1988, 43(4), pp.311 - 320.
2) 真木太一. 風で読む地球環境. 古今書院, 2007, pp.56 - 60.
3) 真木太一 編. 図説 日本の風：人々の暮らしに関わる50の風. 朝倉書店, 2022, pp.144 - 145.
4) 山川修治 ら編. 図説 世界の気候事典. 朝倉書店, 2022, pp.91 - 92.

90. 石鎚おろし

1) 愛媛県生涯学習センター. "データベース『えひめの記憶』". 愛媛県生涯学習センター. https://www.i-manabi.jp/system/regionals/regionals/ecode:1/73/view/4161 (2024-03-07 参照)

91. 肱川あらし

1) 吉野正敏. 風と人びと（ＵＰ選書）. 東京大学出版会, 1999, 220p.
2) 真木太一 編. 図説 日本の風：人々の暮らしに関わる50の風. 朝倉書店, 2022, pp.146 - 147.
3) 山川修治 ら編. 図説 世界の気候事典. 朝倉書店, 2022, pp.91 - 92.
4) 真木太一. 風で読む地球環境. 古今書院, 2007, pp.137 - 140.

92. わたくし風

1) 五十嵐 廉. 宇和島の「わたくし風」. 1993, 132p.
2) 真木太一 編. 図説 日本の風：人々の暮らしに関わる50の風. 朝倉書店, 2022, pp.148 - 149.

コラム⑨ 愛媛県西条市上空での液体炭酸散布による人工降雨

1) 真木太一 ら. 2013年12月における愛媛県西条市付近での液体炭酸散布による人工降雨実験. 沙漠研究. 2015, 25(1), pp.1 - 10.

引用・参考文献　393

2) Maki, T. *et al.* An artificial rainfall experiment based on the seeding of liquid carbon dioxide by aircraft on December 27, 2013, at Saijo, Ehime, in the Inland Sea of Japan. *Journal of Agricultural Meteorology.* 2015, 71(4), pp.245 - 255.

3) Maki, T. *et al.* Artificial rainfall experiments based on aircraft seeding with liquid carbon dioxide in 2012 and 2013 over the Izu Islands of Tokyo and at Karatsu of Kyushu and Saijo of Shikoku in Japan. *Journal of Arid Land Studies.* 2024. 34(1), pp.1 - 16.

● 第　Ⅸ　章

93. みのう山おろし

1) 真木太一 編. 図説 日本の風：人々の暮らしに関わる 50 の風. 朝倉書店, 2022, pp.150 - 151.

2) 山川修治 ら編. 図説 世界の気候事典. 朝倉書店, 2022, pp.91 - 92.

3) 日本気象協会. "福岡県のアメダス実況（風向・風速）（2020 年 11 月 19 日）". 日本気象協会. https://tenki.jp/past/2020/11/19/amedas/9/43/wind.html （2024-03-07 参照）

94. 大　根　風

1) 真木太一 編. 図説 日本の風：人々の暮らしに関わる 50 の風. 朝倉書店, 2022, p.162.

95. まつぼり風（阿蘇おろし）

1) 真木太一 編. 図説 日本の風：人々の暮らしに関わる 50 の風. 朝倉書店, 2022, pp.152 - 155.

2) 吉野正敏. 新版 小気候. 地人書館, 1986, pp.238 - 239.

3) 黒瀬義孝 ら. 局地風「まつぼり風」の特徴とその農業被害. 農業気象. 2002. 58(2), pp.103 - 113.

4) 黒瀬義孝 ら. 超音波風向風速計と GPS を用いた風の移動観測法. 農業気象. 2002, 58(3), pp.147 - 156.

5) 黒瀬義孝 ら. 局地風「阿蘇おろし」の特徴. 農業気象. 2002. 58(2), pp.93 - 101.

96. 白川だし（阿蘇おろし）

1) 国土交通省. "水管理・国土保全 白川". 国土交通省. https://www.mlit.go.jp/river/toukei_chousa/kasen/jiten/nihon_kawa/0913_shirakawa/0913_shirakawa_00.html （2024-03-07 参照）

2) 黒瀬義孝 ら. 局地風「まつぼり風」の特徴とその農業被害. 農業気象. 2002. 58(2), pp.103 - 113.

3) 黒瀬義孝 ら. 局地風「阿蘇おろし」の特徴. 農業気象. 2002. 58(2), pp.93 - 101.

97. 霧島おろし

1）真木太一 編. 図説 日本の風：人々の暮らしに関わる50の風. 朝倉書店，2022，pp.156‐157.
2）山川修治 ら編. 図説 世界の気候事典. 朝倉書店，2022，pp.91‐92.
3）吉野正敏. 新版 小気候. 地人書館，1986，pp.238‐239.
4）斉藤和雄. 山越え気流について：おろし風を中心として. 天気. 1994，41(11)，pp.732‐750.

98. 川内川あらし

1）真木太一 編. 図説 日本の風：人々の暮らしに関わる50の風. 朝倉書店，2022，pp.158‐159.
2）山川修治 ら編. 図説 世界の気候事典. 朝倉書店，2022，pp.91‐92.

99. 開聞おろし

1）指宿市役所観光課. "いぶすき観光ネット 開聞岳：かいもんだけ". 指宿市. https://tenki.jp/past/2020/11/19/amedas/9/43/wind.html（2024-03-08 参照）
2）カシオワールドオープン2000. "コースセッティング「この美しさには感動している」". 日本ゴルフツアー機構. https://www.jgto.org/tournament/619/news/5679（2024-03-08 参照）

100. ニンガチ・カジマーイ（二月風廻り）

1）吉野正敏. 宮古島の風の小気候的調査. 竹内常行教授古稀記念論文. 1978，29，pp.1‐7.
2）志村文隆. 沖縄県における風位語彙の分布：『風の事典』を資料として. 人文社会科学論叢. 2014，23，pp.47‐66.
3）真木太一. 気象・気候からみた沖縄ガイド（南島叢書93）. 海風社，2012，114p.
4）宮古島地方気象台 "ニンガチ・カジマーイ（2月風廻り）". 宮古島市. https://www.city.miyakojima.lg.jp/kurashi/bousai/bousaijyouhou/bousaimemo/2012/81.html（2024-12-04 参照）

コラム⑪ 沖縄の風向・風速の特徴

1）真木太一. 気象・気候からみた沖縄ガイド（南島叢書93）. 海風社，2012，114p.

索　引

■欧字

SDGs　　220

■あ行

会津盆地　　91
赤城おろし　　138
赤城山　　138
阿賀野川　　91, 94
亜寒帯湿潤気候　　1
朝倉　　334
浅間おろし　　146
浅間山　　146
吾妻おろし　　68
吾妻山　　68
阿蘇乙姫　　351
阿蘇おろし　　342
阿蘇くじゅう国立公園　　341, 348
阿蘇山　　341
阿蘇谷　　348
阿蘇盆地　　347
愛宕おろし　　268
安達太良おろし　　71
安達太良山　　71
余部風　　287
余目風　　287
荒川　　82
荒川だし　　82
飯豊おろし　　88
飯豊山　　85, 88
飯豊本山　　85
医王くだり　　118

幾寅　　15
いぐね（屋敷林）　　73
生駒おろし　　269
生駒山地　　269, 270
石鎚おろし　　316
石鎚国定公園　　316
石鎚山　　311, 316
伊豆大島　　167
伊勢崎　　143
伊勢平野　　246
厳島　　300
糸魚川　　99, 100
糸魚川-静岡構造線　　98
糸魚川ユネスコ世界ジオパーク
　　98
伊那　　229
井波風　　114
猪苗代湖　　74
伊吹おろし　　238
伊吹山頂草原植物群落　　240
伊吹山　　239
指宿　　365
岩木おろし　　49
岩木山　　49
岩手おろし　　52
岩手山　　52
上田　　217
上田盆地　　218
碓氷おろし　　215, 219
宇都宮　　132
宇登呂　　6
浦河　　34
宇和島　　326
液体炭酸　　186, 329

越後平野　79
海老名　177, 180
えりも岬（アメダス）　37
襟裳岬風　37
遠州おろし　233
遠州空っ風（遠州の空っ風）　233
雄武　1
大朝日岳　79
大島　169
大洲盆地　320, 324
大津　263
大山　179, 290
大山おろし　179, 289
小国　89
小樽　21, 23
小田原　183
帯広　14
オホーツク海高気圧　43
生保内だし　54
生保内東風　54
尾呂志　252
オロマップ風　34, 37
御嶽　227
御嶽おろし　227
御嶽山　227

■か行

カイニョ（屋敷林）　113
開聞おろし　362
開聞岳　362
風枕　246, 308
火山噴火　228
果樹栽培　197
『風の事典』　76, 77

月山おろし　64
勝沼　197
葛城おろし　274
葛城山　274
空っ風　125, 141, 149, 160, 233
狩勝峠　17
『刈千切唄』　357
軽井沢　147
河口湖　195, 204
韓国岳　353
季節風　162
木曽御嶽山　227
木曽川　243
北茨城　154
北山おろし　265
逆転層　347
京都　261, 267
清川だし　61
霧島おろし　353
霧島錦江湾国立公園　353
霧島屋久国立公園　362
霧島山　353
草津白根おろし　144
くだり風　105
久万　318
熊野岳　66
雲取山　171
倉吉河川国道事務所　291
黒石　50
黒檜山　138
華厳の滝　130
桁雲　308
高温乾燥風　151
黄砂　188
甲州空っ風（甲州の空っ風）　191
甲州三河岸　206
高知空っ風（高知の空っ風）　331

口蹄疫　　188
甲府　　192
甲府盆地　　194
五箇山　　113, 120
木枯らし1号　　188
五條　　275, 277
戸背　　295
金剛生駒紀泉国定公園　　270, 272,
　　274, 277
金剛おろし　　277
金剛山　　277

■さ行

西条　　313
西条あらせ　　311
西条市　　319
西条まつり　　311
さいたま　　172
蔵王おろし　　66
蔵王山　　66
境　　298
境港市　　296
笹子おろし　　196
佐世保　　340
散村（散居村）　　113
三本杭山城　　327
塩津　　290
信貴おろし　　272
信貴山　　272
四国中央　　310
支笏湖　　30
清水　　208
下総赤風　　163
下総ごち　　166

下総東風　　167
下総ならい　　166
下総北東風　　166
下関　　85
斜面温暖帯　　186
斜面下降風　　107, 122, 269, 302,
　　313
斜里おろし　　10
斜里岳　　10
庄川あらし　　111
庄川峡　　111, 114
上州おろし　　134
上州空っ風（上州の空っ風）　　139
上信越高原国立公園　　146
白川郷　　113
白川だし　　348
白根おろし　　144
知床国立公園　　5
白馬おろし　　101
白馬岳　　102
人工降雨　　329
人工降雨実験　　186
人工降雪　　330
新津　　93
神通川おろし　　108
神通川だし　　108
水蒸気爆発　　228
鈴鹿おろし　　245
鈴鹿山脈　　245
寿都　　26, 28
寿都だし　　26
諏訪　　222, 226
赤外線放射温度計　　314
関川おろし　　95
関川だし　　94
善光寺平　　211
仙台　　67

川内　361
川内川あらし　357
草生法　220
『祖谷のかずら橋』　307

■た行

第1種冷害　43
大観峰　349
大根風　338
胎内川　85, 87
胎内だし　85
第2種冷害　43
大日岳　84, 88
台風上陸　262
高田　95, 100
高月おろし　329
高見山　249
宝風　42, 54
竹田城　282
田沢湖　57
だし風　105
立山おろし　104
樽前おろし　29
樽前山　29
丹沢大山国定公園　176, 180
丹沢おろし　176, 184
丹沢山　176, 179
地球温暖化　214
地峡風　9, 63, 90, 231, 345
秩父　172
秩父おろし　170
秩父神社　171
千歳　29, 30
中部山岳国立公園　101, 104, 109

中部山岳国立公園乗鞍自然保護センター
　225
鳥海おろし　58
鳥海国定公園　58
鳥海山　58
津　247
津軽平野　52
月の砂漠記念公園　163
筑波おろし　157
筑波風　186
筑波山　154, 157, 186
筑波山地域ジオパーク　158
筑波ならい　154
剣おろし　305
剣ヶ峰　201
剣山　306
低温乾燥風　151
帝釈山脈　133
手稲おろし　23
鉄道事故　287
天狗岳　311, 316
天日干し　211
天竜川　229
当沸川（トーウツ川）　1
トーウツ岳　2
戸隠山　213
十勝岳　13
十勝風　13
徳島　307
砺波だし　118
砺波平野　113
富山　110
豊岡　283
豊橋　236

索　引　399

■な行

中条　　86
中田島砂丘　　234
長野市　　214
長野盆地　　211
長浜　　324
奈義　　295
那岐おろし　　292
名古屋　　242
那須おろし　　125, 128
那須高原　　127
那覇　　370
成田用水　　163
南岸低気圧　　195
南郷谷　　348
男体おろし　　126, 129
新潟　　93
二月風廻り　　369
西吾妻山　　68
西日本最高峰　　316
西山おろし　　211
日光国立公園　　129
日本三大悪風　　308
日本三大川あらし　　281
女体山　　154
ニンガチ・カジマーイ　　366
練馬　　174
練馬空っ風（練馬の空っ風）　　173
練馬大根　　174
練馬風　　173
乗鞍おろし　　223
乗鞍岳　　223

■は行

ハイドロリックジャンプ現象
　　135, 292, 308, 344
萩原　　231
白山おろし　　120
箱根　　182
箱根おろし　　182, 184
箱根山　　182
八戸　　48
鉢盛おろし　　220
鉢盛山　　220
八甲田おろし　　46
八方尾根　　212
八方尾根自然研究路　　212
跳ね水現象　　131, 135, 292, 308,
　　345
浜名湖　　234
浜松　　234
春一番　　188
榛名おろし　　141
榛名山　　141
磐梯朝日国立公園　　64, 71, 82, 88
磐梯おろし　　74
磐梯山　　74
比叡おろし　　260
比叡山延暦寺　　260
ひかた風　　1
ひかただし　　19
肱川あらし　　320
日高おろし　　31
日高山脈襟裳国定公園　　32, 37
日高しも風　　34, 37
日立　　157
姫川だし　　97
表面温度分布　　314
比良おろし　　256

比良山地　256
平野風　248
比良八荒　257
広島　302
広戸風　292
風位語　370
風害　137
風極の地　37
風食　18
風伝おろし　252
風伝峠　252, 254
風力発電　26, 63
フェーン　3, 11, 13, 42, 57, 87, 95,
　96, 118, 151, 337
フェーン風　18
フェーン現象　179
フォッサマグナ西緑　98
福島　70
福知山　279
福知山盆地　278
富士　208
富士おろし　201
富士川おろし　206
富士山　201
富士山観測所　204
富士市　202
富士箱根伊豆国立公園　182, 201
ブドウ栽培　198
ブドウの垣根式栽培法　216
ブロッキング高気圧　41
偏西風　162
偏東風　41
法皇山地　309
防風林　352
ホウレンソウの栽培適地　312
北東貿易風　373
北冷南暑型冷害　43

ポプラ台風　25
ボラ　8, 135, 144, 151
ボラ風　139, 160, 242
幌尻岳　32

■ま行

前橋　143
益田風　230
益田造り　231
まつぼり風　341
松本空っ風（松本の空っ風）　224
松山　318
摩耶おろし　286
摩耶山　285
円山川あらし　281
三面川　79
三面だし　79
三河空っ風（三河の空っ風）　236
ミカン栽培　186
三国山脈　134
岬風（三崎風）　39
弥山おろし　299
溝辺　355
三井寺おろし　263
南阿蘇　351
南小松　257
耳納山地（耳納連山）　333
みのう山おろし　333
三宅島　169
宮古島　369
都城　354
宮島　299
妙義荒船佐久高原国立公園　152
妙義おろし　152

妙義山　152
最上川　61

■や行

八尾　272
屋敷防風林　295
屋敷林（屋敷森）　129
　──（いぐね）　73
　──（カイニョ）　113
安田だし　91
八ヶ岳　191
八ヶ岳おろし　191
やまえだ風　296
岳おろし　103
山形　64
山形県立自然公園　61
山越え局地風モデル　150
山越え気流のまつぼり風　342
やまじ風　308
やませ　41
茹で干し大根　338
由良川あらし　278
由良川河口　280

余市　21, 22
横浜　177

■ら行

羅臼　6
羅臼岳　7, 9
羅臼だし　7
ルシャ風　4
冷夏　44
冷害　41, 44
冷害対策　45
冷気湖　324, 347
冷気流　107, 122, 198, 269, 302,
　　313
冷気流のまつぼり風　342
ローター雲　345
六甲おろし　284, 286
六甲山　285

■わ行

わたくし風　325

真木　太一（まき　たいち）

農学博士（東京大学）．日本学術会議会員，日本農業工学会長，
日本農業気象学会長，日本沙漠学会長などを歴任．専門は気象
環境学，農業環境工学，農業工学．1984 年日本農業気象学会
賞，2003 年日本農学賞，読売農学賞を受賞．2005 年紫綬褒章，
2017 年瑞宝中綬章を受章．著書に『風害と防風施設』（文永堂
出版），『大気環境学』（朝倉書店），『黄砂と口蹄疫』（技報堂出
版），共著に『風の事典』（丸善出版），『農業気象災害と対策』
（養賢堂）など．

日本の局地風百科

令和 7 年 3 月 10 日　発　行

著作者　　真　木　太　一

発行者　　池　田　和　博

発行所　　丸善出版株式会社

〒101-0051　東京都千代田区神田神保町二丁目17番
編集：電話（03）3512-3265 ／ FAX（03）3512-3272
営業：電話（03）3512-3256 ／ FAX（03）3512-3270
https://www.maruzen-publishing.co.jp

© Taichi Maki, 2025

組版印刷・創栄図書印刷株式会社／製本・株式会社　松岳社

ISBN 978-4-621-31034-2　C3044　　　　Printed in Japan

JCOPY〈（一社）出版者著作権管理機構　委託出版物〉
本書の無断複写は著作権法上での例外を除き禁じられています．複写
される場合は，そのつど事前に，（一社）出版者著作権管理機構（電話
03-5244-5088，FAX 03-5244-5089，e-mail：info@jcopy.or.jp）の許諾
を得てください．